80×86汇编语言程序设计基础

白洪欢 著

ZHEJIANG UNIVERSITY PRESS
浙江大学出版社
·杭州·

图书在版编目（CIP）数据

80×86 汇编语言程序设计基础／白洪欢著. — 杭州：
浙江大学出版社，2025．2． — ISBN 978-7-308-25926-2

Ⅰ．TP313

中国国家版本馆 CIP 数据核字第 20258Y4S60 号

80×86 汇编语言程序设计基础

白洪欢　著

策划编辑	吴昌雷
责任编辑	吴昌雷
责任校对	王　波
封面设计	周　灵
出版发行	浙江大学出版社
	（杭州市天目山路 148 号　邮政编码 310007）
	（网址：http://www.zjupress.com）
排　　版	杭州晨特广告有限公司
印　　刷	杭州杭新印务有限公司
开　　本	889mm×1194mm　1/16
印　　张	16.75
字　　数	396 千
版 印 次	2025 年 2 月第 1 版　2025 年 2 月第 1 次印刷
书　　号	ISBN 978-7-308-25926-2
定　　价	59.00 元

前　言

本书在教学内容上所做的变革

汇编语言的一个重要功能就是帮助学生理解高级语言，但国内汇编语言教学普遍存在的一个缺陷就是汇编语言只教汇编指令的含义及语法，却不教与高级语言有着千丝万缕联系的概念，从而造成了汇编语言与高级语言的脱节。

为了克服上述缺陷，本书在教学内容上做了一些变革，本书内容以8086指令集、汇编语言语法及调试技术为基础，再续以函数的参数传递、动态变量、递归、中断程序设计、混合语言编程等内容，目的是强调汇编语言的应用，并且在汇编语言与C语言之间建立关联，让学生在学习本课程后不仅学会用汇编语言编程，而且能动手调试各种有源代码及无源代码的程序，打通低级语言与高级语言的隔阂，为后续课程，包括"软件保护技术"以及"密码学"打下扎实的基础。

国内汇编语言教学的另一个缺陷是只教实模式汇编或Windows汇编，不教保护模式汇编。其中，保护模式本身极为复杂可能是原因之一。但我认为，另一个更为重要的原因是全球唯一可以用来调试保护模式程序的调试器——Bochs Enhanced Debugger并不为人所知。虽然有些学校或培训机构试图通过双机调试手段来进行保护模式教学，例如在物理机上用windbg调试虚拟机中的Windows系统，然而，Windows系统本身工作在保护模式下，这样搭建起来的实验环境必定无法执行lgdt、lidt、ltr指令，也无法支持实模式与保护模式之间的互相切换实验。显然，用这样的实验环境来进行保护模式教学纯属隔靴搔痒，其不仅达不到应有的训练效果，还极易造成系统蓝屏。若还要用其训练学生掌握操作系统的启动过程，那更是勉为其难了。

本书的内容以16位实模式汇编为主，32位保护模式汇编为辅，实验环境为运行在Vmware下的XP虚拟机以及运行在Bochs下的DOS虚拟机[1]。16位实模式汇编的优点是用户程序拥有与操作系统完全一样的权限，用户程序可以执行任何指令，包括但不限于如下这些在Windows及Linux中只有操作系统本身才可以执行的特权指令：cli、sti、lgdt、lidt、ltr。简而言之，程序员在16位实模式下是充分自由的。16位实模式汇编实验既可以在XP虚拟机中进行，也可以在Bochs虚拟机[2]中进行；而32位保护模式汇编实验则只能在Bochs虚拟机[3]中进行，因为Bochs虚拟机配备的32位保护模式调试器正是Bochs Enhanced Debugger，该调试器不仅可以用来调试32位保护模式程序，也可以用来调试16位实模式程序，甚至还可以用来调试操作系统如（DOS、XP）自上电起的整个启动过程。Bochs Enhanced Debugger之所以具有如此神通是因为其宿主Bochs是通过解释执行80×86的每条指令来运行DOS、XP虚拟机的。本书第

---

[1] 教材后续章节将把它简称为Bochs虚拟机

[2] 启动时选择 1. soft-ice

[3] 启动时选择 2.NO_soft-ice

5章不仅介绍16位实模式调试器Turbo Debugger、S-ICE的用法,还介绍32位保护模式调试器Bochs Enhanced Debugger的用法。本书第12章则不仅介绍保护模式编程基础知识,还写了3个例子分别用来演示gdt、call gate、idt。

本书在实验方式上所做的变革

以往汇编语言的作业都是学生写在作业本上或者上传到网上再由老师手工批改,这种方式不仅无法使学生获得即时反馈,也不能给学生提供纠错的机会,而且还徒增教师的工作量。

本书在实验方式上所做的变革是把上机作业题放到PTA①这个OJ系统上,学生可以多次提交解答直到正确为止,笔者开发的汇编语言OJ系统会在线判断解答是否正确,并在部分正确或者全错的情况下给出适当的提示信息。

如何获得本书的配套资源

本书的配套资源包括三部分,即虚拟机、源代码及中断大全、上机作业,其中虚拟机用于教学实验环境,源代码及中断大全指本书脚注中的链接所指向的源程序及中断调用参考文档,上机作业是指PTA中的汇编语言编程题。

虚拟机

XP虚拟机以及Bochs虚拟机的下载链接为:
https://pan.zju.edu.cn/share/02034f41a49f257243b14deee8

请注意XP虚拟机文件为xp.zip,Bochs虚拟机文件为bochs@bw.zip,这两个文件均需要下载到本地,再用WinRar或7-Zip软件解压缩,切勿直接双击打开使用。

xp.zip解压缩后会生成一个叫xp的文件夹,该文件夹中包含以下3个文件:

① VMWARE_BIOS_IBM.ROM

② xp.vmdk

③ xp.vmx

在提前安装了Vmware②软件的情况下,只须双击xp\xp.vmx即可启动XP虚拟机。当首次运行XP虚拟机时,Vmware会弹窗警告"此虚拟机可能已被移动或复制",我们只须点击"我已移动该虚拟机"这个按钮即可继续;若XP虚拟机启动过程中显示"无法启动",请点击"升级此虚拟机",升级时硬件兼容性选"Workstation 16.x",完成后再重新双击xp\xp.vmx即可解决问题。

bochs@bw.zip在解压缩后会生成一个叫bochs@bw的文件夹,读者可按第5.6节所述步骤启动Bochs虚拟机。若在启动Bochs虚拟机时看到Bochs弹出标题为"PANIC"的对话框且框内提示"Kill simulation",请先点"Ok"按钮结束Bochs,再在删除dos.img.lock这个文件后重新运行Bochs。Bochs虚拟机并不能像XP虚拟机那样可以用鼠标拖放来实现物理机与虚拟机之间的文件交换,故我们在使用Bochs虚拟机前一定要先安装一个硬盘镜像管理软件,如

---

①*PTA网址:https://pintia.cn。*

②*Vmware是商用软件,请读者在启动XP虚拟机前先购买该软件并安装,或者也可从Vmware官网下载免费的Vmware Player代替Vmware。*

WinImage① 或DiskExplorer②来管理bochs@bw\dos.img这个Bochs虚拟机硬盘镜像文件，只要在物理机上安装好 WinImage，那么双击bochs@bw\dos.img时就能看到虚拟机硬盘中的内容，接下去就可以很方便地通过鼠标拖放实现虚拟机与物理机之间的文件交换。在启动Bochs虚拟机前请确保dos.img未被WinImage打开。

源代码及中断大全

 源代码及中断大全的下载链接为：

https://pan.zju.edu.cn/share/0b5c261405c5e1f2d275d97bd8

请下载cc.zju.edu.cn.zip这个文件并解压缩得到cc.zju.edu.cn这个文件夹，该文件夹包含一个bhh子文件夹，而bhh又包含2个子目录，分别为asm和intr，其中asm里面是源代码，intr则包含中断大全的全部网页，鼠标双击cc.zju.edu.cn\bhh\rbrown.htm即可在浏览器中打开中断大全的首页。

本书脚注中的链接所指向的源代码、中断调用参考文档分别位于以下2个子目录：

cc.zju.edu.cn\bhh\asm

cc.zju.edu.cn\bhh\intr

例如，第1.4节脚注中的链接http://cc.zju.edu.cn/bhh/asm/hello.asm 指向的源程序就是：

cc.zju.edu.cn\bhh\asm\hello.asm

同理，与程序2.1相关的脚注中有个关于int 21h中断2号功能的中断大全链接为：

http://cc.zju.edu.cn/bhh/intr/rb-2554.htm

该链接指向的网页文件就是：

cc.zju.edu.cn\bhh\intr\rb-2554.htm

上机作业

本书配套的上机作业位于PTA，读者需要先用自己的邮箱或手机号在PTA上注册一个账号再登录PTA，登录成功后，在PTA网站首页找到与本书配套的题目集，输入读者码做题。

致谢

首先，我要感谢我的妻子和岳父岳母，在我撰写此书的连续几个月中，是他们承担了本属于我的家务；同时，我要感谢我的父母，是他们给了我力量并且一如既往地支持我的工作。

其次，我要感谢浙江大学计算机学院的孙凌云院长和陈梦娇老师，没有他们的支持，本书将只是讲义而不能付梓。

---

① *WinImage下载链接: https://www.winimage.com/download.htm。*

② *DiskExplorer下载链接: https://hp.vector.co.jp/authors/VA013937/editdisk/editd169e.rar。下载该软件后首先要解压缩，再双击editdisk.exe运行，在打开文件对话框中选择bochs@bw\dos.img，在Select Profile对话框中选择vmware plain disk即可打开dos.img这个硬盘镜像文件。*

然后，我要感谢浙江大学计算机学院的陈越教授以及她的PTA团队，没有他们的协助，我不可能在短时间内开发出汇编语言OJ系统。

再次，我要感谢俄罗斯高能物理所的科学家Basil K. Malyshev，没有他的伟大作品BaKoMa TEX，本书的排版将难以完成。

最后，我要感谢浙江大学出版社的相关编辑，没有他们的辛勤付出，本书将不能及时和读者见面。

我的联系方式

尽管我在撰写本书时尽了最大的努力以期达到尽善尽美，但因人谋不臧而引起的疏漏和错误恐怕还是难免，我殷切希望各位读者随时指正，对本书提出反馈意见，使这本教材得以成长，更臻完美。

我的联系方式是：iceman@zju.edu.cn

于浙江大学

目　录

第0章 绪论

0.1 我是怎样学习汇编语言的

20世纪90年代初，我在学习了BASIC、PASCAL、FORTRAN、C等计算机语言后，意识到必须学习80×86汇编语言才能真正了解计算机的底层知识并与CPU对话，于是开始了漫长的学习汇编语言的历程。

一开始，我是按照学习其他计算机语言的思路来学习汇编语言的，那就是从教材中抄一段代码将其输入电脑后观察运行结果，但非常遗憾的是，当时我购买的那本教材中的例子有诸多错误，代码虽然能正常编译却得不到正确结果，有些代码运行后干脆就死机了。这些包含错误例子的教材导致了很差的学习体验。

后来我虽然通过对比其他几本国内教材以及借鉴一些国外教材排除了错误例子中的bug，但很快又遇到了新的问题，那就是书上的例子总觉浅，这些教材除了常规的顺序、分支、循环结构，缺少诸如中断程序设计这类能充分体现汇编语言威力的演示代码。

由于当时国内的互联网才刚刚起步，我无法通过网络借鉴国外高手写的汇编代码，幸好计算机病毒却可以从国外传播到国内，于是我着手从机房电脑上提取计算机病毒，用debug对病毒进行跟踪分析，从而学到了任何一本书上都不曾记载的精妙技巧，如边解密边运行代码、单步中断技术等。

再后来，我尝试用汇编语言写杀毒程序，分析并破解商用加密软件如Lock89、Lock93、Lock93NT、Lock95、KeyMaker、Bitlok、Lockup[①]，我正是通过这种不断地在实战中学习的途径大大提升了自己的汇编语言水平。

0.2 我是怎样教汇编语言的

古人云："是故学然后知不足，教然后知困。知不足，然后能自反也；知困，然后能自强也。故曰教学相长也。"鉴于此，自2004年起，我在浙江大学开设了"汇编语言程序设计基础"公选课，2009年又开设了"软件逆向工程技术"以作为"汇编语言程序设计基础"的后续课程，2018年开设了研究生专业选修课"软件保护技术高阶"，2019年再开设"汇编语言"专业选修课，培养了大批热衷于研究信息安全的学生，同时自己的水平在教学过程中也得到了提高。

2015年起，我担任浙江大学信息安全战队AAA的指导老师，开始实施"以赛促学、以赛促教、学赛结合"的教学模式改革，激发了学生学习的自主意识、积极性、创新性。2020年AAA联合上海交大、复旦大学、腾讯组成混合战队A*O*E打败了美国队PPP，夺得世界黑客大赛DEFCON 2020决赛的冠军，这一成绩充分肯定了"学赛结合"这个教学模式的重要性。

[①] *Lockup是北京化工大学杨道沅教授的杰作，堪称20世纪90年代磁盘加密软件中的巅峰之作。*

俗话说"工欲善其事，必先利其器"，汇编语言的教学离不开强大的调试器，但非常遗憾的是 20世纪80年代末由Nu-Mega Technology公司开发的16位调试利器S-ICE并不能在任何一个虚拟机中正常工作，开源虚拟机Bochs也不例外，我决心修复Bochs虚拟机的bug让S-ICE在Bochs虚拟机中复活。于是，我从2020年6月起对开源虚拟机Bochs进行调试分析，在经历了9个月的艰辛调试后，即2021年3月，终于找到并修复了Bochs源代码中造成S-ICE崩溃的重大bug，这个bug的修复让Bochs从2.6.11版升级到了2.7版，也使得S-ICE能在Bochs中稳定运行，一举解决了二十多年来国内外一直悬而未决的难题①。

计算机语言的教学离不开即时反馈，其他计算机语言如C语言、Python、Java目前都有成熟的在线评测系统（Online Judge）如PTA，学生借助OJ不仅能提高学习效率，而且在考试时也易获得更为公正的分数，但是，汇编语言却一直没有OJ系统。由于在让S-ICE复活的调试经历中积累了丰富的经验，我决定趁热打铁，在继续修复了Bochs虚拟机的一些其他bug后，终于研制出能在 PTA中稳定运行的汇编语言OJ系统，该系统属全球首创。

0.3 我为什么要写这本书

我在自学汇编语言的过程中走过不少弯路，其中有些弯路是不良教材造成的。曾经的痛苦经历以及三十多年的经验积累驱使我要写这本书，这本当年我最想读到的书。

0.4 本书的编辑体例

为便于读者在阅读本书时精确理解作者想要表达的思想，同时也为了避免读者在阅读过程中可能发生的混淆，本书特制订以下编辑体例。

① 下划线
下划线用于强调链接或命令，例如：
❶源程序v2h32.asm下载链接: http://cc.zju.edu.cn/bhh/asm/v2h32.asm
❷此时输入命令td hello.exe将看到如图5.4（p.69）所示的界面
② 波浪线
波浪线用来强调这是一个整体，以免读者在阅读时产生混淆，例如：
❶在源程序中，可以用seg 变量名或标号名或段名来引用段地址
❷即a+i在汇编语言中是整数+整数的运算而非指针+整数的运算
❸改成mov ax, seg a或mov ax, seg s效果是一样的
③ 虚划线
虚划线用来强调这是一个错误的用法，例如：
❶如add ax, bl是错误的写法
❷但[bx+bp]以及[si+di]都是错误的组合
④ 注释
源代码或命令中用✐表示注释的开始，用†表示注释的延续，例如：

---

① 笔者提交的Bochs虚拟机bug链接: https://sourceforge.net/p/bochs/patches/558/

```
cd \masm          ✍ 进入虚拟机子目录c:\masm
masm bochs1st;    † 编译
link bochs1st;    † 连接
bochs1st          † 运行
```

⑤ 显式的空格与回车

显式的空格与回车分别用␣和↵表示，例如：

❶16位二进制数1010111110110010将记作1010␣1111␣1011␣0010

❷p↵p↵p↵p↵p↵   † 单步执行5次(按5次F8键或者输入5个p↵命令)

第1章　汇编语言基础知识

1.1　什么是汇编语言

1.1.1　计算机语言的地位和作用

众所周知，语言是人与人之间进行交流的重要手段。教师在课堂上讲课就需要用一种师生都懂的语言，比如中文，表达自己的思想，这样才能被学生接受；两个人交谈，同样需要双方都懂一种共同的语言才能进行；我们阅读一本书，实际上是基于我们所掌握的也是作者用来写作的语言，来理解作者的思想。总之，语言的作用可以用图1.1简要地概括。

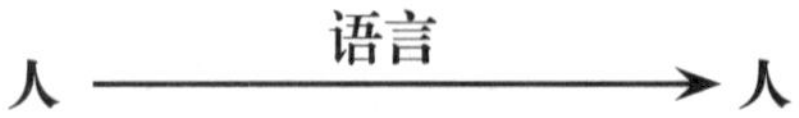

$$人 \xrightarrow{\quad 语言 \quad} 人$$

图 1.1 语言的作用

相对于人类语言，计算机所懂的语言就是机器语言（machine language）。机器语言是任何一台计算机生产出来之后"天生"就懂的语言。如果我们要与计算机进行交流，比如想让计算机算出 $\sum_{i=1}^{100} i$，那么我们通常可以有三种选择：（1）用人类语言描述解决问题的步骤；（2）用机器语言描述解决问题的步骤；（3）用计算机语言描述解决问题的步骤。

第一种方法实际上就是我们把计算机当成人并对它发号施令，比如，你对计算机说"请编程计算1+2+3+⋯+100的和"，计算机就立即按要求写出相应的代码并跑出结果。显然，这个方法涉及计算机对自然语言的理解。到目前为止，自然语言的理解仍是科学家们正在努力攻克的一个难题，虽然研究取得了一定的成果（如ChatGPT），但离实际应用还有相当的距离。所以，第一种方法目前是行不通的。

再来看第二种方法，既然机器语言是计算机的母语，那么我们用这种语言来表达解决问题的步骤，它就应该能够理解我们的意思并算出结果。事实确实如此，下面这段机器语言程序可以命令CPU算出5050的结果：

```
00110011 11000000
10111011 00000001 00000000
10111001 01100100 00000000
00000011 11000011
01000011
11100010 11111011
```

显然，这种语言很不容易被学习与掌握，如果我们要用这种语言与计算机进行交流的话，那实在是太困难了。

既然人类语言无法被计算机理解，而我们又不能接受机器语言，所以我们只能在两者之间寻求一个折中的手段，这就是第三种方法中提到的计算机语言。计算机语言是介于人类语言与机器语言之间的、由计算机专家人为创造出来的语言。这些计算机语言就像人类语言一样，包含一些基本词汇，又有一定的语法规范，学习起来要比机器语言容易许多，所以我们当然会选择计算机语言来与计算机交流。不过，这里存在一个问题，就是计算机只认机器语言，它并不能理解我们用计算机语言写的程序，为了解决这个矛盾，计算机专家在创造一种计算机语言的同时，会设计一个称为编译器（compiler）的专用程序把该计算机语言翻译成机器语言，如此一来，计算机就可以间接地接受任何一种计算机语言写的程序了。概括起来讲，计算机语言的作用如图1.2所示。

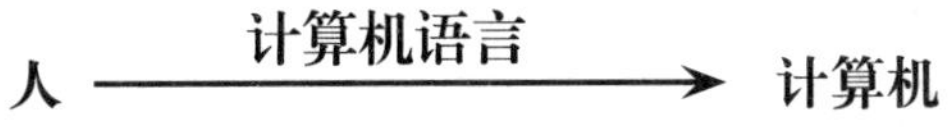

人 ——— 计算机语言 ——→ 计算机

图 1.2 计算机语言的作用

计算机语言大致可以分为高级语言、中级语言和低级语言三类。比如 BASIC、PASCAL、FORTRAN等都属于高级语言，C语言属于中级语言，汇编语言则属于低级语言。那么把计算机语言划分为高、中、低三个类别的标准是什么呢？是不是某种语言越好就越高级，而某种语言越差就越低级呢？当然不是，实际上，如果某种计算机语言接近人类语言，我们就把它归为高级语言；如果某种计算机语言接近机器语言，则我们把它归为低级语言。像C语言这种计算机语言兼有高级语言与低级语言的特点，则把它归为中级语言。

为了比较直观地说明高级语言与低级语言的区别，我们分别用BASIC、C、汇编、机器语言编写程序来计算1+1。

①BASIC语言：

```
x = 1
x = x + 1
```

②C语言：

```
int x;
x = 1;
x++;
```

③汇编语言：

```
mov ax, 1
inc ax
```

④机器语言：

```
10111000  00000001  00000000
01000000
```

从上面的例子不难看出，BASIC是最容易懂的，而机器语言是最难懂的，C语言相对来说比较接近BASIC，而汇编语言则与C、BASIC都不太一样，事实上它更接近机器语言。汇编语言实际上是对机器语言的符号化，比如上例中，机器码10111000就是mov ax的意思，00000001与00000000合在一起表示数字1，而01000000就是inc ax的意思。所以，汇编语言其实约等于机器语言，只不过它是把很难记忆的机器码用对应的符号来表示而已。

1.1.2　汇编语言

根据前面的分析，我们不难得出结论：汇编语言是最接近机器语言的低级语言。

汇编语言的英文名称是assembly language，简称ASM。汇编语言在我国港台地区被称为组合语言。

因为汇编语言与机器语言密切相关，而不同类型的CPU的机器语言各不相同，故不同类型的CPU对应的汇编语言也各不相同。比如，内置M1芯片的苹果电脑与内置Intel芯片的PC机，它们的汇编语言是不一样的。

另外，汇编语言与操作系统也密切相关，因为汇编语言并不具备像C语言那样的标准库函数，所以，只要程序中要做输入/输出，那么必然要调用操作系统的资源，而不同操作系统提供给用户的输入/输出接口是不相同的。例如，DOS下的汇编语言做输入/输出时要调用int 21h中断，Windows下的汇编语言做输入/输出要调用API实现，Linux下的汇编语言要做输入/输出则要调用 int 80h中断。不过，由于DOS与Windows都是基于Intel CPU的，所以这两种操作系统下的汇编语言有许多相同的地方，学好了DOS下的汇编语言可以很快地过渡到Windows下的汇编语言；同理，学好了DOS下的汇编语言，就可以为学习基于Intel CPU的Linux汇编打下良好的基础。

现代操作系统如Linux、Windows均对操作系统和用户程序的权限做了严格区分，故在这两个操作系统下运行的用户程序只能执行Intel指令集中的部分指令，无法执行特权指令如cli、sti、int。为充分体验每条指令的执行效果，同时也为了掌握中断这个重要的概念，我们的实验环境只能选择 DOS这个古老的操作系统，因为只有在该系统下用户程序才拥有跟操作系统完全一样的权限。本书要介绍的是DOS下的80×86汇编语言。

1.2　为什么要学习汇编语言

1.2.1　汇编语言的特点

汇编语言主要有三大特点：控制强、代码短、速度快。

控制强是指：与高级语言相比，使用汇编语言编程可以更好地控制计算机，最大限度地发挥计算机的潜能。这主要是因为汇编语言最接近机器语言，与计算机硬件的联系更密切，因而更容易控制计算机硬件；同时也是因为汇编语言使用的"材料"要比高级语言的小，因而可以编写出高级语言无法实现的程序。

这里所谓的汇编语言"材料"是指汇编语言指令（instruction）与中断调用，高级语言"材料"是指语句（statement）与函数调用。如果我们把计算机语言的"材料"比作建筑材料，那么汇编语言的"材料"与高级语言的"材料"的关系相当于泥与砖的关系，用高级语言编程序相当于用砖搭房子，而用汇编语言编程序必须先把泥做成砖再搭建房子。显然，汇编语言编程的效率肯定没有高级语言高，因为许多高级语言里现成的材料在汇编语言里是没有的，必须得自己制造。不过，自己造也有自己造的好处，比如建造房子时需要一种梯形的砖，那么高级语言将无能为力，因为高级语言的材料中只有方形的砖，而对于汇编语言来说，这不成问题，因为我们可以自己用泥捏出一块梯形的砖。图1.3与图1.4形象地展示了高级语言与汇编语言的上述对比。

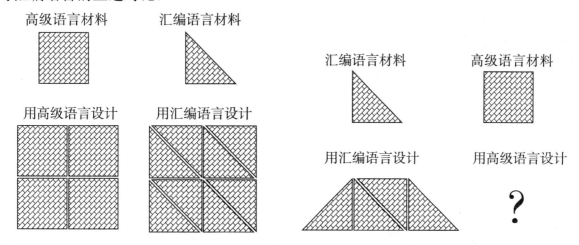

图 1.3 高级语言可以实现的汇编语言必定可以实现　图 1.4 汇编语言可以实现的高级语言未必可以实现

　　如上所述，汇编语言之所以能够写出高级语言无法实现的程序就是因为汇编语言使用的"材料"比高级语言的小，材料越小则组合的可能性就越多。而高级语言能够实现的功能用汇编语言必定可以实现是因为小材料必定可以组合成大材料。实际上，高级语言的一个语句可以分解为汇编语言的几条指令，高级语言的函数调用可以分解为汇编语言的多个系统调用。正是因为汇编语言在组合时比高级语言更有威力，所以世界上一些汇编语言的爱好者把用汇编语言写程序比作是"用DNA写程序"。

　　代码短是指：用汇编语言写的程序经编译后生成的可执行代码比高级语言要短，这一点可以用图1.5说明。

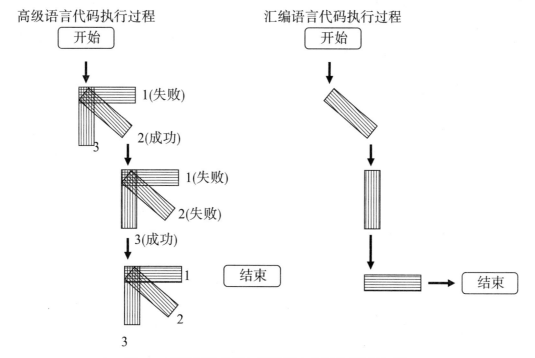

图 1.5 高级语言代码与汇编语言代码执行过程对比

　　分析一下图1.5，高级语言代码中无论走的是斜线、直线、横线，都使用了同一种三叉结构"材料"，这样在程序经过第一个三叉时会有一次尝试失败，在经过第二个三叉时会有两次尝试失败，只有在经过最后一个三叉时才是一次成功。而在汇编语言代码中，则是针对不同情况采用了三种不同的材料，因此从"开始"到"结束"没有一次失败的尝试。显而易见，从"开始"到"结束"，汇编语言代码要比高级语言代码短。不过，高级语言在三种不同的场合使用同一种三叉结构也有非常合理的原因，因为三叉结构能够自动处理分支，程序员在编程时可以不用考虑这些分支处理。

正是因为汇编语言的代码短，所以程序运行速度自然就快。速度快的特点是由代码短的特点决定的。

尽管汇编语言并不容易学，但是因为它有以上三个特点，所以世界上仍有许多汇编语言的爱好者。

1.2.2　汇编语言的应用

尽管大多应用程序的设计都是使用高级语言，但这并不意味着高级语言可以替代汇编语言。事实上，汇编语言的应用也是很广的，而且在有些场合，我们必须使用汇编语言编程。

1.2.2.1　开发操作系统、设备驱动、应用软件、编译器、调试器

汇编语言通常用于编写操作系统、设备驱动程序以及其他一些对控制、速度有要求的程序。比如DOS就是用汇编语言写的，Windows与Linux的部分核心代码是用汇编语言写的。

汇编也可以用来开发应用软件，如十六进制编辑工具QuickView[①]是用纯汇编语言写的，Windows下的一款EXE压缩工具PeCompact也是用纯汇编语言写。

汇编语言甚至可以用来开发编译器，例如Borland公司于20世纪80年代开发的Turbo Pascal以及Turbo C就是由著名程序员Anders Hejlsberg[②]用纯汇编语言写的。

编写调试器（debugger）更是离不开汇编语言，像Turbo Debugger、SoftICE这些调试器的绝大部分代码需要用汇编语言来写。

当然，使用汇编语言编程并不排斥高级语言，在许多应用程序的设计中，我们可以结合高级语言与汇编语言进行混合语言编程，这样既可以提高编程效率，又可以高效地控制硬件。

除了用于编写操作系统、设备驱动程序、应用软件、编译器、调试器，汇编语言还广泛用于反病毒、软件加密、逆向工程（reverse-engineering）等领域。

1.2.2.2　反病毒

我们知道，病毒（virus）实际上是一种程序，它是人为制造出来的。DOS下的计算机病毒是用汇编语言写的，因为使用汇编语言编写病毒可以保证病毒程序代码短、速度快，以及对计算机的随意控制。代码短与速度快使得病毒不容易被用户发现，对计算机的随意控制可以达到病毒自我复制及破坏计算机数据的目的。

显然，反病毒软件的编写必定要用到汇编语言。要编写一个针对某个病毒的杀毒程序，首先得分析病毒的原理，即要先读懂病毒代码，要做到这一点，没有汇编语言的功底是不行的；其次，具体写一个程序来"解毒"一般也要用到汇编语言，有时候甚至还要参考病毒程序的写法来个"以其人之道还治其人之身"。

---

① *QuickView源代码下载链接：* *http://old-dos.ru/dl.php?id=8908*

② *Anders Hejlsberg是Borland公司创始人，也是C#之父*

1.2.2.3　软件加密

为了达到防盗版的目的，一些软件开发商需要对软件进行加密。软件加密通常有三种方式：①磁盘加密；②软件狗加密；③序列号加密。

磁盘加密是指在配套软件中有一张包含"指纹"信息的软盘称为钥匙盘，（如图1.6所示）。这种"指纹"信息存放在软盘某条经过特殊格式化处理的磁道上，并且该信息虽可读取却无法被复制到另一张软盘中。经过加密的软件会包含一段代码对磁盘中的"指纹"信息进行检查，若"指纹"不存在或者"指纹"信息不符，软件就终止运行。由于包含"指纹"信息的软盘无法复制，而经过加密的软件又会在运行时检查这张软盘，因此软件就与软盘捆绑在一起，只要软盘不被复制，软件也就无法复制。

加密锁也称软件狗（dongle），是一种硬件设备，如图1.7所示。老式的软件狗插在并行口上，尺寸约5.5cm×4.2cm，新式的软件狗插在USB口上，大小与U盘类似。软件狗中可以写入一些数据，并且这些数据是掉电保护的。用软件狗加密的软件在运行时会对软件狗进行检测，如果软件狗不存在或者软件狗中的数据不正确则软件终止运行。软件狗不像软盘那样容易损坏，所以一些大型商业软件都采用软件狗加密。

图 1.6 钥匙盘

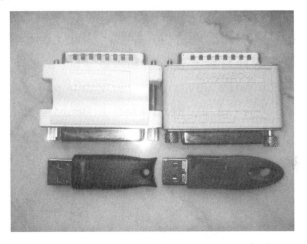

图 1.7 Hasp加密锁与Rainbow加密锁

序列号加密是指软件在运行时要求用户输入注册码，如果用户输入的注册码不正确，则软件会在一段试用期后自动失效。不管是使用哪种方式加密，软件中都必须额外增加一段代码用来检测注册码。这段代码与软件原有功能无关，但起到关联软件与注册码的作用。如果这段代码被盗版者去除，则这个软件就被破解了，软件就可以被任意盗拷。为了保护这段代码，防止这段代码被解密者轻易读懂和篡改，软件作者就需要故意把这段代码写得深奥难懂，要做这一点，通常只有使用汇编语言才行。

1.2.2.4　逆向工程

因为计算机只懂机器语言，所以，任何一个源程序都必须经过编译变成机器码才能被CPU执行。这种经过编译生成的包含机器码的程序称为可执行程序。

通常软件商只把可执行程序提供给用户，而不会公开源程序。在没有源程序的情况下，如果我们想学习那些软件的编程技巧或者想修改软件的某些功能，我们只能分析可执行程序中包含的机器码，而要分析机器码就必须懂汇编语言。

静态反编译工具如IDA Pro及动态跟踪工具如OllyDbg、Turbo Debugger、SoftICE均可

以自动把机器码反向转化成汇编语言代码①。只要我们懂汇编语言，就可以借助这些工具读懂软件中的机器语言代码从而读懂软件作者的思想。

1.2.2.5　帮助理解其他计算机语言

除了上述应用，学习汇编语言还有一个好处，就是可以帮助我们深入理解其他计算机语言。比如掌握汇编语言可以帮助我们理解C语言中的指针、函数参数的传递、变量的存储类别、递归这些概念的本质及细节。

1.2.2.6　培养调试能力

因为汇编语言约等于机器语言，所以我们学会了汇编语言就相当于掌握了机器语言，借助于调试器我们不仅可以调试有源代码的程序也可以调试无源代码的程序，故学习汇编语言对于调试能力的培养有着深远的意义。

1.3　怎样学好汇编语言

学习汇编语言其实与学习其他计算机语言一样，最重要的是上机练习。汇编语言中的指令特别多，死记硬背很难掌握，因此不断地进行编程练习显得尤为重要。下面引用两段名家名言，或许对读者会有所启发。

The only way to learn a new programming language is by writing programs in it. —— Brian W. Kernighan & Dennis M. Ritchie

The best way to become a better programmer is to write programs. —— James Sinnamon

1.4　第一个汇编语言程序

几乎所有计算机语言教材的第一个例子都是在屏幕上显示"Hello,world！"，我们就用汇编语言来写一个这样的程序hello.asm②。

程序 1.1 hello.asm—第一个汇编程序

```
data segment
s db "Hello,world!", 0Dh, 0Ah, '$'
data ends

code segment
assume cs:code, ds:data
main:
    mov ax, data
    mov ds, ax
    mov ah, 9
```

---

①机器码就是机器语言代码。把机器码反向转化成汇编语言代码的过程称为反汇编（disassemble）；把汇编语言代码编译成机器码的过程则称为汇编（assemble）

②源程序hello.asm下载链接：http://cc.zju.edu.cn/bhh/asm/hello.asm

```
        mov dx, offset s
        int 21h
        mov ah, 4Ch
        int 21h
code ends
end main
```

　　程序1.1各个部分的具体含义请参考第4章（p.45）。要编译并运行该程序，我们需要先进入DOS命令行。在Windows XP下，进入DOS命令行的步骤是：点击"开始"→"运行"，再输入 <u>command</u>。进入DOS命令行后，接下去输入以下6条命令即可完成对上述程序的编辑、编译、连接、运行。

```
1  d:
2  cd \masm
3  edit hello.asm
4  masm hello;
5  link hello;
6  hello
```

第1条命令表示进入d盘，第2条命令表示进入 d:\masm目录①。第3、4、5条命令中提到的edit、masm及link均为位于d:\masm目录内的可执行程序，它们分别用来编辑、编译、连接hello程序。其中第3条命令是用DOS下的编辑软件edit来编辑源程序hello.asm，该软件的编辑功能可以通过按F1键查看，输入源代码完毕后请按F3再输入E保存。不过edit软件并不支持鼠标操作，要是读者对此编辑软件的操作不适应，也可以改用Windows下的源代码编辑软件如editplus对hello.asm进行编辑，但请特别注意编辑好的源程序hello.asm一定要保存到d:\masm目录内，否则第4条命令会因为找不到源程序导致编译失败。注意第4条命令及第5条命令的末尾各有一个分号，在输入命令时不要遗漏。第4条命令的作用是把hello.asm编译成目标文件hello.obj，第5条命令的作用是把hello.obj连接成可执行文件hello.exe，第6条命令的作用是运行hello.exe②。

习题

1. 机器语言能用来编程吗？为什么？
2. 计算机语言分成高、中、低三类的标准是什么？
3. 请列举汇编语言的三大特点。
4. 用汇编语言能写出高级语言无法实现的程序的核心原因是什么？
5. 请列举汇编语言的应用。
6. 请列举软件加密的三种方式。
7. 什么是逆向工程？
8. 在XP虚拟机下如何编辑、编译、运行一个汇编语言程序？
9. 请仿照程序1.1写一个汇编程序，实现在屏幕上输出"Hello,Tom!"及"Hello,Jerry!"两行字符串。

---

①目录（directory）就是文件夹（folder）

②运行一个exe程序时只需要输入该程序文件的主名即可，扩展名.exe可以省略

第2章 数据的表示方式和运算

计算机最重要的功能是处理信息，如数值、文字、语音和图像等。在计算机内部，各种信息都必须采用数字化的形式存储、处理，所以信息必须进行数字化编码。所谓编码就是用少量、简单的基本符号，选用一定的组合规则，以表示大量复杂多样的信息。计算机中广泛采用的是仅用"0"和"1"两个基本符号组成的二进制编码。

2.1 数制

汇编语言编程时引用的常数可以用十六进制、十进制、八进制、二进制表示。其中十六进制数用H或h作后缀，若最高位是字母还需要加前缀0，如0F89Ah；八进制用Q或q作后缀，如377Q；二进制数用B或b作后缀如1011B；十进制数不需要后缀。

2.1.1 二进制

二进制（binary）数的基本符号为0、1共2个，第i位的权值为2^i。所以二进制数1011B代表的值为：

$$1 \times 2^3 + 0 \times 2^2 + 1 \times 2^1 + 1 \times 2^0 = 11$$

二进制数的各个位如图2.1所示按从右到左顺序编号，以一个8位二进制如10110110B为例，该数的最右边那位即最低位[①]称为第0位，最左边那位即最高位[②]称为第7位。

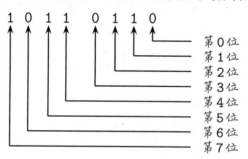

图 2.1 二进制位的编号

为了便于读者阅读位数较多的二进制数，在本教材中我们将按每4位一组，相邻两组间用空格分隔的形式来表示二进制常数。例如16位二进制数

    1010111110110010

将记作

    1010␣1111␣1011␣0010

[①]最低位在英文中记作LSB（*Least Significant Bit*）

[②]最高位在英文中记作MSB（*Most Significant Bit*）

但请注意在程序中引用二进制常数时中间不能有空格，如要把本例中的常数赋值给寄存器ax，则应该写成：

mov ax, 1010111110110010B; 不能写成 mov ax, 1010 1111 1011 0010B

与十进制数的加减运算法则"逢十进一，借一当十"类比，二进制数的加减运算法则是"逢二进一，借一当二"。如：

$$
\begin{array}{r}
0011\ 1010B \\
1001\ 0011B\ +) \\
\hline
=1100\ 1101B
\end{array}
$$

再如：

$$
\begin{array}{r}
1100\ 0111B \\
0101\ 1101B\ -) \\
\hline
=0110\ 1010B
\end{array}
$$

2.1.2 十六进制

十六进制（hexadecimal）数的基本符号为 0、1、2、3、4、5、6、7、8、9、A、B、C、D、E、F共16个，其中字母A、B、C、D、E、F也可以用对应的小写字母表示。这16个字符对应的十进制值和二进制值如表 2.1所示。

表 2.1 十六进制数与十进制、二进制的对应关系

十六进制	十进制	二进制
0	0	0000
1	1	0001
2	2	0010
3	3	0011
4	4	0100
5	5	0101
6	6	0110
7	7	0111
8	8	1000
9	9	1001
A	10	1010
B	11	1011
C	12	1100
D	13	1101
E	14	1110
F	15	1111

十六进制第i位的权值为16^i，故十六进制数1A2Ch代表的值为：

$$1 \times 16^3 + 10 \times 16^2 + 2 \times 16^1 + 12 \times 16^0 = 6700$$

由于4个二进制位相当于1个十六进制位，故二进制数与十六把制数之间的转换非常简单。

二进制数转换为十六进制数只需按每4位二进制转成1位十六进制即可，若二进制位数不能被4整除，则需要左边补0把位数凑成4的倍数。十六进制数转换为二进制数则只需将1位十六进制转成4位二进制。如：

$$1110\ 0101B = 0E5h$$
$$3E57h = 0011\ 1110\ 0101\ 0111B$$

　　十六进制实际上是二进制的一种压缩表示形式，把二进制数转换成十六进制显然更易于阅读和书写。

　　十六进制数的加减运算法则是"逢十六进一，借一当十六"。如：

$$\begin{array}{r} 56789ABCh \\ 1234CDEFh\ +) \\ \hline =68AD68ABh \end{array}$$

　　再如：

$$\begin{array}{r} 8086C0DEh \\ 1234BEEFh\ -) \\ \hline =6E5201EFh \end{array}$$

2.1.3　十进制与二进制、十六进制之间的转换

2.1.3.1　十进制与二进制之间的转换

1. 二进制转十进制

　　要把二进制转换为十进制，只需将每个二进制位与该位的权相乘再求累加和即可。例如：

$$10110110B = 1 \times 2^7 + 0 \times 2^6 + 1 \times 2^5 + 1 \times 2^4 +$$
$$0 \times 2^3 + 1 \times 2^2 + 1 \times 2^1 + 0 \times 2^0$$
$$= 182$$

2. 十进制转二进制

　　十进制数转换为二进制数可以用短除法，即把要转换的十进制数不断除以2并记下余数，直到商为0为止。用此方法先得到的是最低位，逐次取得较高位。例如，把十进制数228转化成8位二进制数1110 0100B，其计算过程如图2.2所示。

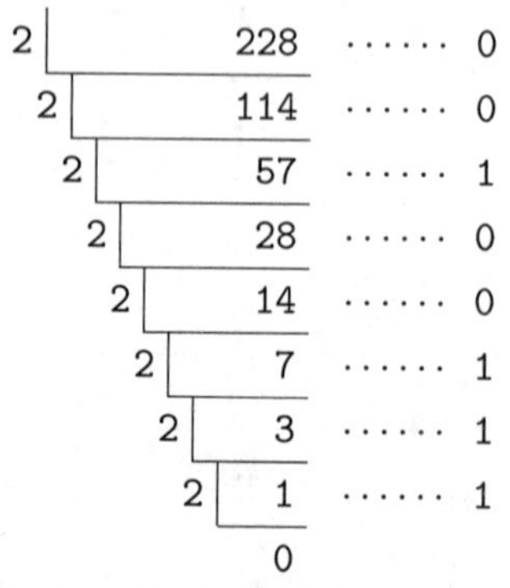

```
2 ┃ 228 …… 0
  2 ┃ 114 …… 0
    2 ┃ 57 …… 1
      2 ┃ 28 …… 0
        2 ┃ 14 …… 0
          2 ┃ 7 …… 1
            2 ┃ 3 …… 1
              2 ┃ 1 …… 1
                  0
```

图 2.2 用短除法把十进制数转换成二进制数

2.1.3.2　十进制数与十六进制数之间的转换

1.　十六进制转十进制

把十六进制数转换为十进制数也是采用按权展开相加法。例如，把十六进制数 3C4Dh 转换成十进制值数，计算过程如下：

$$3C4Dh = 3 \times 16^3 + 12 \times 16^2 + 4 \times 16^1 + 13 \times 16^0$$

$$= 15437$$

2.　十进制转十六进制

十进制转十六进制可以用短除法，即把要转换的十进制数不断除以 16 并记下余数，直到商为 0 为止。把十进制数 64206 转化成十六进制数 FACE，其计算过程如图 2.3 所示。

```
16 |  64206  ……  E
16 |   4012  ……  C
16 |    250  ……  A
16 |     15  ……  F
         0
```

图 2.3　用短除法把十进制数转换成十六进制数

2.2　二进制数据的组织

汇编语言中，数的宽度有 bit（1 位）、byte（8 位）、word（16 位）、dword（32 位）、qword（64 位）、tbyte（80 位）共 6 种。

2.2.1　位

位（bit）是指二进制位（BInary digiT），它是度量计算机数据的最小单位。byte、word、dword、qword、tbyte 中包含的各个位均按照从右到左顺序排列且以 0 为基数编号，见图 2.1。

2.2.2　字节

字节（byte）是计算机存储与处理信息的基本单位，一个字节包含 8 个二进制位。在 80×86 微型机中，有资格分配地址的最小数据单位是字节，而不是位，即内存中的任何一个二进制位都没有地址，而每个字节则各有一个地址，且这些地址以 0 为基数按从小到大顺序编号从而保证每个地址各不相同。

一个字节可以用来表示 [0,255] 即 [00h,0FFh] 范围内的非符号数，也可以用来表示 [-128,127] 即 [80h,7Fh] 范围内的符号数。另外，字节还可以用来存放字符的 ASCII 码。汇编语言中用关键词 db 定义字节类型的变量或数组，例如：

```
a db 10,20,30,40 ; 定义一个字节类型的数组a，该数组包含4个元素
b db 0FFh ; 定义一个字节类型的变量b，其值为0FFh
c db 'A' ; 定义一个字节类型的变量c，其值为字符'A'即65
```

db 相当于 C 语言中的 char 或 unsigned char 类型。

2.2.3　字

字（word）的宽度为16位，1个字包含2个字节。字的低8位即第0位至第7位称为低字节，字的高8位即第8位至第15位称为高字节，如图2.4所示。

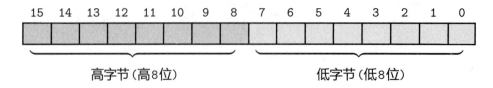

图 2.4　1个字由2个字节构成

一个字可以用来存放[0,65535]即[0000h,0FFFFh]范围内的非符号数，也可以存放[-32768,32767]即[8000h,7FFFh]范围内的符号数，另外，字还可以用来存放16位的段地址及16位的偏移地址[①]。汇编语言中用关键字dw定义字类型的变量或数组，例如：

```
a dw 8086h, 0FACEh ; 定义一个字类型的数组a，该数组包含2个元素
b dw 65535         ; 定义一个字类型的变量b，其值等于65535即0FFFFh
c dw -2            ; 定义一个字类型的变量c，其值等于-2即0FFFEh
```

dw相当于C语言的short int或unsigned short int类型。

2.2.4　双字

双字（double word）简称dword，1个双字相当于2个字或4个字节或32位，见图2.5。双字的低字是它的第0位至第15位，双字的高字是它的第16位至第31位；双字的低字节是它的第0位至第7位，双字的高字节是它的第24位至第31位。

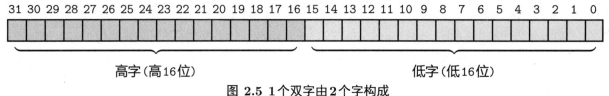

图 2.5　1个双字由2个字构成

一个双字可以用来存放[0,4294967295]即[00000000h, 0FFFFFFFFh]范围内的非符号数，也可以存放[-2147483648,2147483647]即[80000000h,7FFFFFFFh]范围内的符号数。双字还可以用来存放一个float类型的小数。汇编语言中用关键字dd定义双字类型的变量或数组，例如：

```
a dd 8086C0DEh, 0DEADBEEFh ; 定义一个双字类型的数组a，含2个元素
b dd 2147483647 ; 定义一个双字类型的变量b，其值等于2147483647即7FFFFFFFh
c dd -2         ; 定义一个双字类型的变量c，其值等于-2即0FFFFFFFEh
x dd 3.14       ; 定义一个双字类型的变量x，其值等于3.14
```

dd相当于C语言的long int、unsigned long int或float类型。

2.2.5　四字

四字（quadruple word）简称qword，1个四字相当于4个字或8个字节或64位。一个四字可以用来存放 [0, 0FFFFFFFFFFFFFFFFh]即[0, $2^{64} - 1$]范围内的非符号数，也可以存放

[①]有关段地址和偏移地址的概念请参考第3.1.1节（p.26）

$[-2^{63}, 2^{63} - 1]$ 即 $[8000000000000000h, 7FFFFFFFFFFFFFFFh]$ 范围内的符号数。四字还可以用来存放一个 double 类型的小数。汇编语言中用关键字 **dq** 定义一个四字类型的变量或数组，例如：

```
a dq 8086C0DEDEADBEEFh ;定义一个四字类型的变量a
x dq 3.1415926          ;定义一个四字类型的变量x
```

dq 相当于 C 语言的 long long[1] 或 double 类型。

2.2.6 十字节

十字节（ten byte）简称 tbyte，其宽度为 80 位即 10 个字节。tbyte 可以用来存放一个 80 位的小数。汇编语言中用 **dt** 定义一个十字节类型的变量或数组，例如：

```
x dt 3.1415926535897932 ;定义一个十字节类型的变量x
y dt -1.23456, 3.14E1024 ;定义一个十字节类型的数组y
```

dt 相当于 C 语言的 long double 类型。

2.3 整数的两个类别：非符号数和符号数

计算机中，整数分成非符号数（unsigned number）和符号数（signed number）两类。非符号数的每个二进制位的权均为正数，故非符号数一定大于等于 0 即恒为正[2]；符号数的二进制最高位的权为负数而其余各位的权则为正数，故符号数可能是正数，也可能是负数。

2.3.1 非符号数的表示

若 N 位非符号数的二进制记作 $a_{N-1}a_{N-2}\ldots a_0$，其中 a_0 是二进制最低位，a_{N-1} 是二进制最高位，则该数的值 v 可用公式 2.1 计算：

$$v = \sum_{i=0}^{N-1} a_i 2^i \tag{2.1}$$

2.3.1.1 8位非符号数

8 位非符号数的范围为 $[0000\ 0000B, 1111\ 1111B]$ 或 $[00h, 0FFh]$ 即 $[0, 255]$。

2.3.1.2 16位非符号数

16 位非符号数的范围为 $[0000\ 0000\ 0000\ 0000B, 1111\ 1111\ 1111\ 1111B]$ 或 $[0000h, 0FFFFh]$ 即 $[0, 65535]$。

2.3.1.3 32位非符号数

32 位非符号数的范围为 $[0000\ 0000\ 0000\ 0000\ 0000\ 0000\ 0000\ 0000B, 1111\ 1111\ 1111\ 1111$ $1111\ 1111\ 1111\ 1111B]$ 或 $[00000000h, 0FFFFFFFFh]$ 即 $[0, 4294967295]$。

---

[1] *VC2002(即VC7.0)或以上版本、gcc均支持long long；VC2002以下版本包括VC6不支持long long，但可以用___int64表示64位整数类型*

[2] *0在计算机中属于正数*

2.3.2 符号数的表示

符号数无论正负均用补码（two's complement）表示。若N位符号数的二进制补码记作$a_{N-1}a_{N-2}\ldots a_0$，其中a_0是二进制补码最低位，a_{N-1}是二进制补码最高位，则该数的值v可用公式2.2计算：

$$v = -a_{N-1}2^{N-1} + \sum_{i=0}^{N-2} a_i 2^i \tag{2.2}$$

注意最高位a_{N-1}的权为-2^{N-1}，所以当$a_{N-1}=1$时，该符号数一定是负数，而当$a_{N-1}=0$时，该符号数一定是正数。

根据公式2.2很容易计算出某个给定宽度的符号数的二进制补码。例如8位符号数-16的补码可按以下步骤计算：

```
-16 = -128 + 112 = 1000 0000B + 0111 0000B = 1111 0000B
```

另外，根据补码理论，x的补码与$-x$的补码相加一定等于0，因此8位符号数-16的补码还可以按以下步骤计算：

```
-16 = 0 - 16 = 0000 0000B - 0001 0000B = 1111 0000B
```

2.3.2.1 8位符号数

8位正数范围为$[0000\ 0000B, 0111\ 1111B]$或$[00h, 7Fh]$，即$[0, 127]$，8位负数的范围为$[1000\ 0000B, 1111\ 1111B]$或$[80h, 0FFh]$，即$[-128, -1]$。8位符号数的范围为$[1000\ 0000B, 0111\ 1111B]$或$[80h, 7Fh]$，即$[-128, 127]$。

2.3.2.2 16位符号数

16位符号数的范围是$[1000\ 0000\ 0000\ 0000B, 0111\ 1111\ 1111\ 1111B]$或$[8000h, 7FFFh]$，即$[-32768, +32767]$。

2.3.2.3 32位符号数

32位符号数的范围是$[1000\ 0000\ 0000\ 0000\ 0000\ 0000\ 0000\ 0000B, 0111\ 1111\ 1111\ 1111\ 1111\ 1111\ 1111\ 1111B]$或$[80000000h, 7FFFFFFFh]$，即$[-2147483648, +2147483647]$。

2.4 零扩充与符号扩充

汇编语言的绝大多数双操作数指令如mov、add、sub、and、or、xor等都要求两个操作数等宽，如$add\ ax, bl$是错误的写法，因为ax是16位寄存器而bl是8位寄存器，两者不等宽。正确的写法为：

```
mov bh, 0; 把bh赋值为0后，bx和bl相等
add ax, bx
```

其中指令$mov\ bh, 0$的用途是把寄存器bl中的8位值扩充成16位并保存到寄存器 bx 中。

把8位非符号数扩充成16位或32位以及把16位非符号数扩充成32位都属于零扩充（zero extension）；把8位符号数扩充成16位或32位以及把16位符号数扩充成32位则属于符号扩充

（sign extension）。

零扩充的规则是在左侧补0，符号扩充的规则是在左侧补原数的最高位，即正数左侧补0，负数左侧补1。例如，8位非符号数1011 0110B扩充成16位后为0000 0000 1011 0110B；16位非符号数1101 0001 0000 1110B扩充为32位数后为0000 0000 0000 0000 1101 0001 0000 1110B。8位数符号数1011 0110B扩充成16位后为1111 1111 1011 0110B；8位数符号数0011 0110B扩充成16位后为0000 0000 0011 0110B。

2.5 字符的表示

2.5.1 ASCII码

ASCII（American Standard Code for Information Interchange，用于多方信息交换的美国标准码）是一种用于表示英文字母、数字、标点符号等字符的编码方案。

标准ASCII码使用7位二进制数来表示一个字符，共能表示128个不同的字符。

扩充ASCII码则使用8位二进制数来表示一个字符，可表示的字符数量为256个。

ASCII码表定义了256个字符，每个字符等价于[00h，0FFh]范围内的某个整数，如'0'=30h、'9'=39h、'@'=40h、'A'=41h、'a'=61h。和字符有等价关系的那个整数称为该字符的ASCII码。

标准ASCII码仅需要8个二进制位中的低7位，最高位即第7位恒为0。如表2.2所示，标准ASCII码表定义了ASCII码为[00h, 7Fh]范围的128个字符，其中[00h,1Fh]以及7Fh共33个为不可打印字符，[20h, 7Eh]范围内的95个为可打印字符。

表 2.2 标准 ASCII 码表

字符（低4位 / 高4位）	0	1	2	3	4	5	6	7	8	9	A	B	C	D	E	F
0		☺	☻	♥	♦	♣	♠	•	◘	○	◙	♂	♀	♪	♫	☼
1	►	◄	↕	‼	¶	§	▬	↨	↑	↓	→	←	∟	↔	▲	▼
2	␣	!	"	#	$	%	&	'	(	)	*	+	,	-	.	/
3	0	1	2	3	4	5	6	7	8	9	:	;	<	=	>	?
4	@	A	B	C	D	E	F	G	H	I	J	K	L	M	N	O
5	P	Q	R	S	T	U	V	W	X	Y	Z	[	\	]	^	_
6	`	a	b	c	d	e	f	g	h	i	j	k	l	m	n	o
7	p	q	r	s	t	u	v	w	x	y	z	{			}	~	⌂

扩充ASCII码向下兼容ASCII码，即前128个字符的编码与标准ASCII码完全一致。由于扩充ASCII码多出了128个编码位置，不同国家和地区可以根据自己的需要，对这128个编码位进行不同的定义，从而形成各种各样的扩充ASCII码字符集。例如，西欧语言采用了ISO 8859-1字符集，而中欧和东欧语言则采用了ISO 8859-2字符集。

表2.3列出了[80h, 0FFh]范围内的128个扩充ASCII码，该字符集中包含了一些欧文字符、希腊字母、制表符以及数学符号。

表 2.3 扩充ASCII码表

字符 低4位 / 高4位	0	1	2	3	4	5	6	7	8	9	A	B	C	D	E	F
8	Ç	ü	é	â	ä	à	å	ç	ê	ë	è	ï	î	ì	Ä	Å
9	É	æ	Æ	ô	ö	ò	û	ù	ÿ	Ö	Ü	¢	£	¥	₧	ƒ
A	á	í	ó	ú	ñ	Ñ	ª	º	¿	⌐	¬	½	¼	¡	«	»
B	▒	▒	▓	│	┤	╡	╢	╖	╕	╣	║	╗	╝	╜	╛	┐
C	└	┴	┬	├	─	┼	╞	╟	╚	╔	╩	╦	╠	═	╬	╧
D	╨	╤	╥	╙	╘	╒	╓	╫	╪	┘	┌	█	▄	▌	▐	▀
E	α	ß	Γ	π	Σ	σ	µ	τ	Φ	Θ	Ω	δ	∞	φ	∈	∩
F	≡	±	≥	≤	⌠	⌡	÷	≈	°	•	·	√	ⁿ	²	■	

2.5.2 数字字符与数字的相互转化

设 c 是 ['0', '9'] 范围内的数字字符，则通过以下公式可以将它转化成对应的数字 d：

$$d = c - \text{'0'}$$

例如，c='3'，则 d = '3' - '0' = 33h - 30h = 3。

设 d 是 [0, 9] 范围内的数字，则通过以下公式可以将它转化成对应的数字字符 c：

$$c = d + \text{'0'}$$

例如，d=4, 则 c = 4 + '0' = 4 + 30h = 34h = '4'。

2.5.3 大小写字母的相互转化

根据表2.2，任何一个大写字母与其对应的小写字母之间的距离都是20h，故大写字母 U 转化成小写字母 L 的计算公式为：

$$L = U + 20\text{h}$$

小写字母 L 转化成大写字母 U 的计算公式为：

$$U = L - 20\text{h}$$

2.6 二进制数据的运算

2.6.1 算术运算

汇编语言中跟算术运算相关的指令见表2.4。

2.6.2 逻辑运算和移位运算

汇编语言中跟逻辑运算和移位运算相关的指令见表2.5，其中 and运算的真值表见表2.6，or运算的真值表见表2.7，xor运算的真值表见表2.8，not运算的真值表见表2.9。

表 2.4 算术运算指令

指令	含义	用法
add	加法	add ax, bx
sub	减法	sub ax, bx
mul	非符号数乘法	mul bx
imul	符号数乘法	imul bx
div	非符号数除法	div bx
idiv	符号数除法	idiv bx
fadd	小数加法	fadd st(0), st(1)
fsub	小数减法	fsub st(0), st(1)
fmul	小数乘法	fmul st(0), st(1)
fdiv	小数除法	fdiv st(0), st(1)

表 2.5 逻辑运算和移位运算指令

指令	含义	用法	C语言等价运算符
and	与	and ax, bx	&
or	或	or ax, bx	|
xor	异或	xor ax, bx	^
not	非（求反）	not ax	~
shl	逻辑左移	shl ax, 1	<<
shr	逻辑右移	shr ax, 1	>>
sal	算术左移	sal ax, 1	<<
sar	算术右移	sar ax, 1	>>
rol	循环左移	rol ax, 1	无
ror	循环右移	ror ax, 1	无
rcl	带进位循环左移	rcl ax, 1	无
rcr	带进位循环右移	rcr ax, 1	无

表 2.6 and真值表

and	0	1
0	0	0
1	0	1

表 2.7 or真值表

or	0	1
0	0	1
1	1	1

表 2.8 xor真值表

xor	0	1
0	0	1
1	1	0

表 2.9 not真值表

not	0	1
	1	0

　　利用rol及and指令可以很容易地把一个32位的整数转化成16进制并输出，具体如程序 2.1[1]所示。有关rol及and指令的详细含义及用法请参考第6.6节（p.106），关于int 21h中断的2号功能及4Ch功能的含义及用法请参考网页"中断大全"[2]。

---

[1] 源程序v2h32.asm下载链接: *http://cc.zju.edu.cn/bhh/asm/v2h32.asm*

[2] "中断大全"网页链接: *http://cc.zju.edu.cn/bhh/rbrown.htm*

int 21h/AH=2的链接: *http://cc.zju.edu.cn/bhh/intr/rb-2554.htm*

程序 2.1 v2h32.asm—把32位整数转化成16进制并输出

```
.386                         ✐ .386表示允许使用32位寄存器，且偏移地址为32位
data segment use16           † use16对.386做修正，表示偏移地址仍旧使用16位
abc dd 2147483647
data ends


code segment use16           † 和data段的use16类似，code段内的偏移地址也为16位，
                             † 因为运行在实模式下的dos系统不支持32位偏移地址
assume cs:code, ds:data
main:
    mov ax, seg abc
    mov ds, ax               † ds=变量abc的段地址
    mov eax, abc             † 把变量abc赋值给eax
    mov cx, 8
again:
    rol eax, 4               † 循环左移4位，把高4位移至低4位
    push eax                 † 把eax的当前值压入堆栈
    and eax, 0Fh             † 保留eax的低4次，清除eax的高28位
    cmp al, 10               † 把AL和10作比较
    jb is_digit             † 若AL<10则跳到is_digit
is_alpha:                    † 若AL≥10则到达is_alpha
    sub al, 10
    add al, 'A'             † AL=AL-10+'A'，把AL中10～15的值转化成'A'～'F'
    jmp finish_4bits
is_digit:
    add al, '0'
finish_4bits:
    mov ah, 2                † AH=2表示要调用int 21h中断的2号功能
    mov dl, al               † int 21h中断的2号功能要求DL被赋值为待输出字符的ASCII码
    int 21h                  † 输出DL中的字符
    pop eax                  † 从堆栈中弹出eax的值，即恢复push eax时的eax值
    sub cx, 1
    jnz again               † 若cx≠0则跳到again继续循环
    mov ah, 4Ch
    int 21h                  † 结束程序运行
code ends
end main
```

要编译并运行、调试程序2.1，需要先做一些预备工作：把源程序 v2h32.asm 保存到xp虚拟机的d:\masm目录中，点"开始"→"运行"→输入"command"进入 dos命令行。

做完上述预备工作后，再输入以下命令：

```
1  d:
2  cd \masm
3  masm v2h32;
4  link v2h32;
5  v2h32
6  td v2h32.exe
```

---

int 21h/AH=4Ch的链接: http://cc.zju.edu.cn/bhh/intr/rb-2974.htm

其中第6条命令中的td是指程序文件td.exe，该命令的含义是用调试器Turbo Debugger调试v2h32.exe。调试时按F8单步执行一条指令，按Alt+F5查看程序的输出结果，按Alt+X结束调试，有关TD的详细用法请参考第5.5节（p.68）。调试完毕后，请在DOS命令行输入"exit"关闭DOS命令行窗口。

习题

1. 汇编语言程序中的十六进制、八进制、二进制常数的后缀分别是什么字符？十六进制常数若以字母开头，则还需添加什么字符作为前缀？

2. 二进制位的编号是从左到右还是从右到左？编号的基数是0还是1？

3. 二进制数的最低位及最高位的英文简称是什么？

4. 二进制数的加减运算法则是什么？

5. 1个十六进制位相当于几个二进制位？

6. 十六进制数的加减运算法则是什么？

7. 计算机存储与处理信息的基本单位是位还是字节？为什么？

8. 汇编语言中的db、dw、dd、dq、dt对应的C语言类型分别是什么？

9. 8位、16位、32位非符号数的取值范围分别是什么？

10. 8位、16位、32位符号数的取值范围分别是什么？

11. 已知8位符号数−1的二进制补码是11111111B，那么16位符号数−1以及32位符号数−1的二进制补码分别是多少？

12. 已知8位符号数的最大值是127，若对它再加1会变成多少？

13. 已知8位符号数的最小值是−128，若对它再减1会变成多少？

14. 零扩充及符号扩充的规则分别是什么？

15. 请把以下8位二进制数转化成十六进制数：

    10110110B　　10100101B　　11011110B　　10101101B　　10111110B

    11101111B

16. 请把以下十六进制数转化成16位二进制数：

    8086h　　0C0DEh　　0BEADh　　0CAFEh　　0BADEh　　0DEEDh

17. 请把以下8位二进制补码转化成十进制符号数：

    11111110B　　00011000B　　11110000B　　01110111B　　10001000B

    00110011B

18. 请把以下十进制符号数转化成8位二进制补码：

    126　　−127　　72　　−36　　100　　−99

19. 设以下是16位符号数的十进制值，请把它们转化成4位十六进制数：

    −8　　32766　　−32767　　127　　−128　　12345

20. 设以下是16位符号数的十六进制值，请把它们转化成十进制数：

    0FFFCh　　01111h　　0ABCDh　　7086h　　0FF00h　　50A0h

21. 设以下是8位符号数的十六进制值，请把它们符号扩充成16位并转化成4位十六进制数：

      87h   7Ah   90h   6Bh   0AAh   55h

22. 标准ASCII码若用一个字节表示，那么它的最高位一定等于几？

23. 标准ASCII字符中，哪些是不可打印字符？

24. 如何把一个位于[0,9]范围内的数转化成['0','9']范围内的与该数对应的数字字符？

25. 如何把一个位于['0','9']范围内的数字字符转化成[0,9]范围内的与该字符对应的数？

26. 英文大小写字母如何转换？

27. 修改程序2.1，把变量abc的值转化成32位二进制并输出。

第3章　CPU、内存和端口

CPU（Central Processing Unit）由三个部分组成：算术逻辑单元（ALU）、控制单元（CU）、寄存器（register），其中ALU（Arithmetic Logic Unit）的作用是做算术、逻辑、移位运算，CU（Control Unit）的作用是取指令、解释指令、执行指令，register则可以理解成CPU内部的全局变量。CPU的三个组成部分中只有寄存器是可编程控制的。

内存（memory）用来存储指令和变量，它是程序的运行空间。当我们在 DOS命令行输入某个程序文件名如link时，DOS系统会打开并读取link.exe文件并把它载入内存，此时内存中既载入该文件中包含的机器语言指令又载入了该文件中定义的变量，接下去DOS系统会把控制权交给link，于是link就在内存中运行起来。

端口（port）是CPU与I/O设备之间的接口（interface），端口起到了连接CPU与I/O设备的桥梁作用，CPU必须借助端口才能控制I/O设备。

3.1　内存

内存以字节为单位分配地址，地址以0为基数按从小到大顺序编号从而保证每个地址各不相同。

DOS系统运行在CPU的实模式（real mode）下，可访问的地址范围为 [00000h, 0FFFFFh]，即最多只能访问1MB内存空间。

我们把单个数值表示的地址如0FFFFFh称为物理地址（physical address）。由于8086的每个寄存器均为16位宽度，故没有一个寄存器可以容纳一个20位的物理地址如0FFFFFh，那么在编程时我们如何访问1M内存空间呢？Intel公司在设计8086时定义了4个段地址寄存器和4个偏移地址寄存器以便我们用逻辑地址（logical address）的形式即*段地址：偏移地址*这种组合形式来间接访问物理地址。

段地址和偏移地址这两个概念都和段（segment）有关，偏移地址是指段内某个变量或标号与段首之间的距离，而段地址是指20位段首地址的高16位。那么什么叫段？段就是符合以下两个条件的一块内存：

- 内存块的长度为10000h字节即64KB
- 内存块的20位首地址的低4位必须等于0

例如：位于物理地址区间[12340h, 2233Fh]的这块内存可以构成一个段，因为该块内存的长度 = 2233Fh − 12340h + 1 = 10000h，并且内存块首地址12340h的低4位(即5位十六进制的个位)等于0。

由于段首地址12340h的高16位就是1234h，因此位于区间[12340h, 2233Fh] 内的每个内存单元的段地址均等于1234h。如何计算区间内某个内存单元的偏移地址呢？偏移地址就是该单元的物理地址减去段首地址之差，以物理地址等于12398h的内存单元为例，它的偏移地

址 = 12398h − 12340h = 0058h。于是，物理地址为12398h的这个内存单元的逻辑地址就是 1234h:0058h。

3.1.1 逻辑地址

在8086中，逻辑地址由16位段地址:16位偏移地址构成。我们可以根据公式 3.1把逻辑地址seg_addr : off_addr转化成物理地址phy_addr：

$$phy\_addr = seg\_addr \times 10\mathrm{h} + off\_addr \tag{3.1}$$

例如，逻辑地址1234h:5678h转化成物理地址就是1234h*10h+5678h=179B8h。

在汇编语言程序中，若我们要访问逻辑地址1234h:5678h指向的字节并把它赋值给寄存器 AL，则可以这样写：

```
mov ax, 1234h
mov ds, ax
mov al, ds:[5678h]
```

由此可见，在已知某个变量的段地址seg_addr及偏移地址off_addr的情况下，要在程序中引用该变量，则先要把seg_addr赋值给某个段寄存器如ds，再用ds : [off_addr]的形式引用它。请注意，尽管变量的偏移地址可以用常数表示，但变量的段地址只能用段寄存器表示而不能用常数表示，例如：$mov\ al, 1234h : [5678h]$是错误的写法。$mov\ al, ds : [5678h]$这条指令若翻译成C 语言，就是以下这条语句：

```
AL = *(char *)(ds:0x5678);
```

通过对比这条汇编语言指令和对应的C语言语句，可以发现汇编语言的方括号实际上起到了C语言中的指针运算符*的作用。

3.1.1.1 偏移地址

变量或标号离它所在段的首字节之间的距离称为偏移地址（offset address）。例如在程序 3.1[①]中，数组s和数组a的所在段均为 data 段，data段的首字节为a[0]，而s[0]与a[0]的距离为3字节，故数组s的偏移地址 offset s=3；同理，标号main、next的所在段为code段，code段的首字节为位于main标号处的那条指令的首字节，即$mov\ ax, data$的机器码的首字节，而位于next标号处的指令$mov\ dl, s[bx]$的首字节与code段首字节的距离为8字节，故标号next的偏移地址offset next=8。

程序 3.1 outs.asm——输出一个C标准字符串

```
1 data segment
2 a db "ABC"
3 s db "Hello$world!", 0Dh, 0Ah, 0
4 data ends
5 code segment
6 assume cs:code, ds:data
7 main:
8     mov ax, data
9     mov ds, ax        ✐ds=data段址
```

[①]源程序 outs.asm 下载链接：http://cc.zju.edu.cn/bhh/asm/outs.asm

```
10      mov bx, 0           † 设i=0是数组s首元素的下标，那么当bx=0时s[bx]即为s[i]
11  next:
12      mov dl, s[bx]       † dl = s[i];
13      cmp dl, 0           † if(dl == 0)
14      je exit             †     goto exit;
15      mov ah, 2           † 调用int 21h的2号功能
16      int 21h             † 输出dl中的字符
17      add bx, 1           † i++;
18      jmp next            † goto next;
19  exit:
20      mov ah, 4Ch         † 调用int 21h的4Ch功能
21      int 21h             † 结束程序运行
22  code ends
23  end main
```

为了看清楚next和main之间的距离，我们可以在DOS命令行下输入以下命令对outs.asm进行编译并调试：

```
1  d:
2  cd \masm
3  masm outs;
4  link outs;
5  td outs.exe
```

用td调试outs.exe时可以清晰地观察到offset s=3以及offset next=8，详见图3.1 。

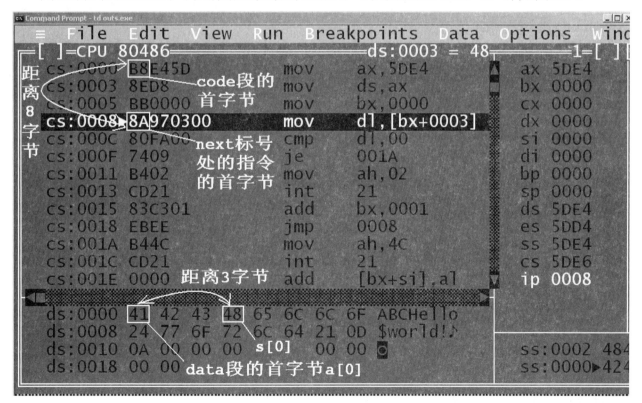

图 3.1 用td观察偏移地址

源程序3.1的第8、9、10、12行编译成机器语言后就是图3.1中的 CS:0000、CS:0003、CS:0005、CS:0008处的4条指令，其中CS:0000处的指令*mov ax,5DE4*的机器码为3个字节：B8、E4、5D，

CS:0003处的指令*mov ds, ax*的机器码为2个字节：8E、D8，CS:0005处的机器码为3个字节：BB、00、00。很明显，CS:0008处的指令*mov dl, [bx + 0003]*的机器码首字节8A离CS:0000处的指令的首字节B8的距离就是8。

在源程序中，用*offset 变量名或标号名*引用变量或标号的偏移地址。

3.1.1.2　段地址

段地址就是20位段首地址的高16位，例如：若段首地址为12340h，则段地址就是1234h。同一段内的变量及标号的段地址一定相同，因为段地址相当于是段首地址的简化形式，而段首地址是唯一的。

在源程序中，可以用*seg 变量名或标号名* 或*段名*来引用段地址，例如：程序3.1的第8行*mov ax, data*是用段名data引用data段的段地址，改成 *mov ax, seg a*或*mov ax, seg s*效果是一样的。

3.1.2　直接寻址和间接寻址

在引用变量或数组元素时，若用常数表示它们的偏移地址，则这种寻址方式称为直接寻址；若它们的偏移地址中含有寄存器，则这种寻址方式称为间接寻址。

例如：*mov ax, ds : [5678h]*这条指令中，变量ds:[5678h]的偏移地址是用常数5678h表示的，故这条指令引用变量时采用了直接寻址方式；再如：*mov ax, ds : [bx + 2]*这条指令中，变量ds:[bx+2]的偏移地址bx+2含有寄存器bx，故这条指令引用变量时采用了间接寻址方式。

3.1.2.1　直接寻址

直接寻址的一般形式是：*段寄存器:[常数]*，如cs:[1000h]、ds:[2000h]、es:[3000h]、ss:[4000h]均为直接寻址。

在源程序中，设某个变量或数组的名字为var，则直接寻址的一般形式是：

　　段寄存器:var[常数]

或

　　段寄存器:[var+ 常数]

如ds:s[1]、ds:[s+1]、ds:s[-2]、ds:[s-2]均为直接寻址。源程序中的变量名或数组名经过编译后都会变成它们的偏移地址，假设offset s=8，那么ds:s[1]、ds:[s+1]、ds:s[-2]、ds:[s-2]编译后会变成ds:[9]、ds:[9]、ds:[6]、ds:[6]。

3.1.2.2　间接寻址

8086一共有以下四类间接寻址形式：

- *[寄存器]*　如:[bx]、[bp]、[si]、[di]
- *[寄存器+ 常数]*　如:[bx+1]、[bp-2]、[si+3]、[di-4]
- *[寄存器+ 寄存器]*　如:[bx+si]、[bx+di]、[bp+si]、[bp+di]
- *[寄存器+ 寄存器+ 常数]*　如:[bx+si+1]、[bx+di-1]、[bp+si+2]、[bp+di-2]

注意上述四类间接寻址形式中，仅有BX、BP、SI、DI这四个寄存器才允许出现在方括号内，其他寄存器如AX、CX、DX、SP是不能放在方括号内用于间接寻址的。另外，当方括号内有两个寄存器相加时，其中一个寄存器必须从BX、BP中选，另外一个则必须从SI、DI中选，例如：[bx + si]、[bp + di]是正确的组合，但[bx + bp]以及[si + di]都是错误的组合。概括起来讲，间接寻址的一般形式是：*段寄存器:[寄存器$_1$ + 寄存器$_2$ + 常数]*，其中寄存器$_1$、寄存器$_2$可以同时存在也可以缺少一个，常数可以是正整数、负整数，也可以是0。

在源程序中，若变量名或数组名为var，则间接寻址的一般形式是：

var[寄存器$_1$ + 寄存器$_2$ + 常数]

或

[var + 寄存器$_1$ + 寄存器$_2$ + 常数]

如ds:s[bx+2]、ds:[s+bx+2]、ds:s[bx+si+2]、ds:[s+bx+si+2]、ds:s[bx+di-2]、ds:[s+bx+di-2]均为间接寻址，假设offset s=6，那么它们经过编译后会分别变成 ds:[bx+8]、ds:[bx+8]、ds:[bx+si+8]、ds:[bx+si+8]、ds:[bx+di+4]、ds:[bx+di+4]。

80386的间接寻址一般形式是：*段寄存器:[寄存器$_1$ + 寄存器$_2$ × N + 常数]*，其中N是集合$\{1, 2, 4, 8\}$内的一个元素，寄存器$_1$及寄存器$_2$从以下8个寄存器中任选一个：

EAX,EBX,ECX,EDX,ESP,EBP,ESI,EDI

例如，以下均为80386的间接寻址形式：ds:[esi]、ds:[ebx+2]、ds:[ebx+esi+4]、es:[ebx+ebp*4-8]、ss:[esi+edi*8+0Ch]、cs:[eax+eax*2+10h]。

3.1.3　小端规则

80×86遵循小端规则（little-endian），当CPU把宽度大于8位的数据保存到内存中时，会按照低8位在前8高位在后的顺序写入内存单元，同理，当CPU从内存读取数据时，先读取的是该数据的低8位，最后读取的是该数据的高8位。例如：假定DS=1000h, BX=2000h, AX=1234h, EDX=5678ABCDh，则执行指令❶*mov ds : [bx], ax*以及❷*mov ds : [bx + 2], edx*后，内存布局如表3.1所示。

表 3.1 小端规则

地址	值
1000 : 2000	34h
1000 : 2001	12h
1000 : 2002	0CDh
1000 : 2003	0ABh
1000 : 2004	78h
1000 : 2005	56h

指令❶中，ax的低8位34h存放在1000:2000，高8位12h存放在1000:2001；指令❷中，edx的低8位0CDh存放在1000:2002中，高8位56h存放在1000:2005。若接着执行指令 *mov ecx, ds : [bx + 1]*，则ecx的值会等于78ABCD12h，因为1000:2001中的12h是32位的低8位，而1000:2004中的 78h是32位的高8位。

3.1.4 缺省段址和段覆盖

3.1.4.1 缺省段址

在使用直接寻址或间接寻址的指令中，如果操作数的地址中省略段地址(即只含偏移地址)，则该操作数的段址就使用缺省值。缺省段址的规则如下：

① 直接寻址方式的缺省段址为DS

② 使用间接寻址方式的操作数偏移地址中若含有寄存器BP，则缺省段址为SS

③ 使用间接寻址方式的操作数偏移地址中若不含寄存器BP，则缺省段址为DS

3.1.4.2 段覆盖

如果我们不想使用操作数的缺省段址，而想使用其他段址，就应在操作数前添加一个段前缀如CS:、DS:、ES:、SS:来强制改变操作数的段址，这就是段覆盖（segment overriding）。

假设如下表所示从地址1000:10A0起存放了一个字1234h，从地址2000:10A0起存放了另一个字5678h：

地址	值	地址	值
1000:10A0	34h	2000:10A0	78h
1000:10A1	12h	2000:10A1	56h

现执行以下这些指令，我们可以通过比较使用段前缀与不使用段前缀的指令来理解段覆盖的意义：

```
mov ax,1000h
mov ds,ax          🖘 DS=1000h
mov ax,2000h
mov es,ax          † ES=2000h
mov ss,ax          † SS=2000h
mov ax,[10A0h]     † AX=1234h, 缺省段址为DS, 相当于mov ax,ds:[10A0h]
mov ax,es:[10A0h]  † AX=5678h, ES:是段前缀
mov bx,10A0h
mov ah,[bx+1]      † AH=12h, 缺省段址为DS, 相当于mov ah,ds:[bx+1]
mov ah,ss:[bx+1]   † AH=56h, SS:是段前缀
mov bp,10A0h       † BP=10A0h
mov al,[bp]        † AL=78h, 缺省段址为SS, 相当于mov al,ss:[bp]
mov al,ds:[bp]     † AL=34h, DS:是段前缀
```

3.1.5 1M内存空间划分和显卡地址映射

3.1.5.1 1M内存空间划分

16位CPU只能访问0000:0000至F000:FFFF之间的1M内存空间，其中操作系统和用户程序可用的内存空间位于1M内存的前640K，其地址范围为[0000:0000, 9000:FFFF]，而1M内存的后384K（地址范围为[A000:0000, F000:FFFF]）则用来映射显卡内存和ROM，其中文本模式（text mode）下的显卡内存映射到[B800:0000, B800:7FFF]这个内存区间，图形模式（graphics mode）下的显卡内存映射到[A000:0000, A000:FFFF]这个内存区间，具体如表3.2所示。

表 3.2 1M内存空间划分

地址范围	用途
[0000:0000, 9000:FFFF]	操作系统和用户程序
[A000:0000, A000:FFFF]	映射显卡内存
[B000:0000, B000:7FFF]	映射显卡内存
[B800:0000, B800:7FFF]	映射显卡内存
[C000:0000, F000:FFFF]	映射ROM

3.1.5.2 显卡地址映射

1. 文本模式下的显卡地址映射

80×25文本模式的屏幕坐标系统如图3.2所示。

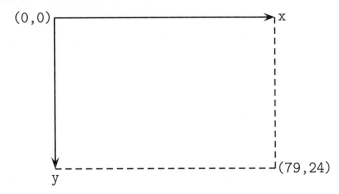

图 3.2 文本模式下的屏幕坐标系统

在文本模式下，显卡地址被映射到B800这个段，当我们对B800段进行读写时相当于对显卡内存进行读写。在显卡内存中，每2个内存单元决定屏幕上的一个字符，其中前一个内存单元填字符的ASCII码，后一个内存单元填字符的颜色，例如在B800:0000处填入41h，再在B800:0001处填入17h，那么屏幕坐标（0,0）处会显示一个蓝色背景白色前景的字符'A'，这里的41h为'A'的ASCII码，而17h则是'A'的颜色，它代表蓝色背景白色前景。

文本模式下字符的颜色是一个8位数，其中高4位是背景色，低4位是前景色，背景色4个位及前景色4个位的含义见图3.3。

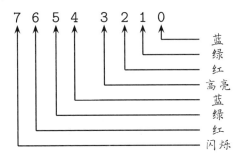

图 3.3 文本模式下背景色4个位及前景色4个位的含义

例如颜色值9Eh的高4位1001B代表背景是闪烁的蓝色，低4位1110B代表前景是高亮的红绿合成色即黄色。

80×25文本模式下，屏幕坐标（x,y）对应的显卡偏移地址 **text_mode_offset** 按以下公

式计算:

$$text\_mode\_offset = (y * 80 + x) * 2$$

通过写显卡内存的方式,我们可以把屏幕填满2000个'A',详见程序3.2[①]。

程序 3.2 2000A.asm——输出2000个'A'

```
 1  code segment
 2  assume cs:code
 3  main:
 4      mov ax, 0B800h
 5      mov es, ax
 6      mov di, 0
 7      mov al, 'A'
 8      mov ah, 71h          ✎白色背景,蓝色前景
 9      mov cx, 2000
10  again:
11      mov es:[di], ax      † AX=7141h
12      add di, 2
13      sub cx, 1
14      jnz again
15      mov ah, 1            † AH=1表示要调用int 21h的1号功能输入一个字符[②]
16      int 21h              † 等待键盘输入,AL=所敲字符的ASCII码
17                           † 这里起到了敲任意键继续的作用
18      mov ah, 4Ch
19      int 21h
20  code ends
21  end main
```

2. 图形模式下的显卡地址映射

320×200图形模式的屏幕坐标系统如图3.4所示。

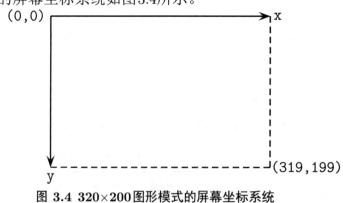

图 3.4 320×200图形模式的屏幕坐标系统

在320×200图形模式下,显卡地址被映射到A000这个段,当我们对A000段进行读写时相当于对显卡内存进行读写。在显卡内存中,一个内存单元决定屏幕上的一个点,该内存单元的值代表该点的颜色,故每个点的颜色一共有256种变化,例如在A000:0000处填入04h,那么屏幕坐标(0,0)处会显示一个红色的点。

[①]源程序2000A.asm下载链接: http://cc.zju.edu.cn/bhh/asm/2000A.asm

[②]关于int 21h中断的1号功能请参考网页链接: http://cc.zju.edu.cn/bhh/intr/rb-2552.htm

在320×200图形模式下，屏幕坐标（x,y）对应的显卡偏移地址graphics_mode_offset按以下公式计算：

$$graphics\_mode\_offset = y * 320 + x$$

通过写显卡内存的方式，我们可在屏幕左上角画一个16×16点阵的汉字"我"，详见程序 3.3[①]。

程序 3.3 cn.asm——在屏幕左上角画一个16×16点阵的汉字"我"

```
 1  data segment
 2  hz db 04h,80h,0Eh,0A0h,78h,90h,08h,90h
 3     db 08h,84h,0FFh,0FEh,08h,80h,08h,90h
 4     db 0Ah,90h,0Ch,60h,18h,40h,68h,0A0h
 5     db 09h,20h,0Ah,14h,28h,14h,10h,0Ch
 6  data ends
 7  code segment
 8  assume cs:code, ds:data
 9  main:
10      mov ax, data
11      mov ds, ax
12      mov ax, 0A000h
13      mov es, ax
14      mov di, 0
15      mov ax, 0013h              [②]
16      int 10h                   † 切换到320×200图形模式
17      mov dx, 16                 † 行数
18      mov si, 0
19  next_row:
20      mov ah, hz[si]            †
21      mov al, hz[si+1]          † AX中的16个位代表"我"字其中一行包含的16个点，
22                                † 当位值=0代表此处有一个背景色点，
23                                † 而位值=1则代表此处有一个前景色点
24      add si, 2
25      mov cx, 16                 † 每行的点数
26  check_next_dot:
27      shl ax, 1                 † 刚移出的位会自动进入进位标志CF
28      jnc no_dot                † 若CF==0表示这是一个背景色点，故跳到no_dot不画此点
29  is_dot:
30      mov byte ptr es:[di], 0Ch
31                                † 若CF==1则画一个高亮红点
32  no_dot:
33      add di, 1
34      sub cx, 1
35      jnz check_next_dot
36      sub di, 16                † 调整偏移地址使其重新指向当前行的行首
37      add di, 320               † 调整偏移地址使其指向下一行的行首
38      sub dx, 1                 † 行数--
39      jnz next_row
```

[①] 源程序 cn.asm 下载链接：*http://cc.zju.edu.cn/bhh/asm/cn.asm*

[②] 关于 int 10h 的 00h 号功能调用请参考主页"中断大全"链接：*http://cc.zju.edu.cn/bhh/intr/rb-0069.htm*

```
40    mov ah, 1
41    int 21h                ; 敲任意键继续
42    mov ax, 0003h
43    int 10h                ; 切换回80×25文本模式
44    mov ah, 4Ch
45    int 21h
46 code ends
47 end main
```

3.1.6 宽度修饰

在C语言中，我们可以根据指针变量p的类型知道它指向的对象是什么宽度，比如p的类型是char *，那么p指向的对象一定是一个char，其宽度为8位，再如p的类型是short int *，那么p指向的对象是一个short int，其宽度为16位。

汇编语言中的地址如ds:1000h或者ds:bx并不具备C语言的指针那样的类型，即我们无法知道ds:[1000h]以及ds:[bx]究竟是一个byte、word还是一个dword，不过汇编语言的语法中有3个宽度修饰词允许我们在编程时限定变量的宽度：

- byte ptr
- word ptr
- dword ptr

请注意这3个宽度修饰词只能用来修饰变量，不能用来修饰常数。其中byte ptr表示变量的宽度是8位，word ptr表示变量的宽度是16位，dword ptr表示变量的宽度是32位。例如 $mov\ ah, byte\ ptr\ ds:[1000h]$ 这条指令的含义是把地址ds:1000h指向的字节赋值给寄存器AH；再如 $mov\ word\ ptr\ ds:[bx], ax$ 这条指令的含义是把AX的值保存到ds:bx指向的字中，而指令 $mov\ dword\ ptr\ ds:[bx], eax$ 的含义则是把寄存器EAX的值保存到ds:bx指向的双字中。

很显然，这3个宽度修饰词解决了地址指向的对象的宽度不明确的问题。那么，程序中的每个变量是否都得加上宽度修饰词呢？这要看情况而定，比如以下两种情形中的变量就不必加宽度修饰：

① 指令中的变量有变量名时不需要加宽度修饰
② 指令的另外一个操作数有明确宽度时，变量不需要加宽度修饰

举例说明，指令 $mov\ s[1], 0$ 就属于①这种情形，因为若指令引用的变量有变量名那就说明该变量一定是事先用db、dw、dd等类型定义过的，编译器在编译这条指令时就会自动在该变量前加上跟定义的类型一致的宽度修饰，假如s是用db定义的，那么mov s[1],0在编译时就会转化成mov byte ptr s[1],0；指令 $mov\ ds:[bx], ax$ 则属于②这种情形，虽然ds:[bx]既没有宽度修饰也没有变量名，但ax是一个16位的寄存器，根据2.4节（p.18）提到的等宽规则，ds:[bx]一定也是16位的，于是这条指令就是相当于mov word ptr ds:[bx], ax，因此这条指令中的 ds:[bx] 加不加word ptr都对。

以上讨论了不必加宽度修饰的两种情形，接下去讨论在什么情况下必须对变量加宽度修饰。当指令中的变量没有变量名并且无法根据另外一个操作数推断变量的宽度时必须对

该变量加上宽度修饰。举例说明，在 *mov ds : [bx]*, 1 这条指令中，ds:[bx] 这个变量没有变量名，而另外那个操作数是个没有确定宽度的常数 1，故 ds:[bx] 前必须要加上宽度修饰，比如改成 *mov byte ptr ds : [bx]*, 1 就是其中一种正确的写法；在 *inc ds : [si]* 这条指令中，变量 ds:[si] 没有变量名，而另外的操作数又并不存在，故 ds:[si] 前必须要加上宽度修饰，比如改成 *inc dword ptr ds : [si]* 就是其中一种正确的写法。

3.1.7　变量引用

在汇编语言的源程序中，我们可以采用多种形式来引用已定义的变量。程序 3.4[①] 的第 12 至 25 行用了 4 种形式来引用变量 abc[1]，其中 13 行和 14 行的写法是等价的，即变量名或数组名既可以出现在 [的左侧，也可以移到 [] 里面；和 13、14 行的直接寻址相比，第 17 行 *mov ah, [bx + 1]* 采用了间接寻址，其中 bx 表示数组 abc 的首地址，1 表示 abc[1] 与 abc[0] 的距离；20、21 行是等价的写法，它们仍旧是间接寻址，不过 BX 变成了 abc[1] 与 abc[0] 的距离，而数组的首地址则用数组名 abc 表示；25 行也是间接寻址，其中 BX 表示数组 abc 的首地址，SI 表示 abc[1] 与 abc[0] 的距离。

程序 3.4 varref.asm—— 用多种形式引用已定义的变量

```
 1 data segment
 2 abc db 1,2,3,4              ; 首元素为 abc[0]，末元素为 abc[3]
 3 xyz dw 789Ah, 0BCDEh, 9876h  ; 首元素为 xyz[0]，末元素为 xyz[4]
 4 asd dd 12345678h, 56789ABCh  ; 首元素为 asd[0]，末元素为 asd[4]
 5 data ends
 6
 7 code segment
 8 assume cs:code, ds:data
 9 main:
10    mov ax, data
11    mov ds, ax
12                            ; 形式（1）
13    mov ah, abc[1]          ; 编译后变成: mov ah, ds:[1]
14    mov ah, [abc+1]         ; 编译后变成: mov ah, ds:[1]
15                            ; 形式（2）
16    mov bx, offset abc
17    mov ah, [bx+1]          ; 编译后变成 mov ah, ds:[bx+1]
18                            ; 形式（3）
19    mov bx, 1
20    mov ah, abc[bx]         ; 编译后变成 mov ah, ds:[bx]
21    mov ah, [abc+bx]        ; 编译后变成 mov ah, ds:[bx]
22                            ; 形式（4）
23    mov bx, offset abc
24    mov si, 1
25    mov ah, [bx+si]         ; 编译后变成 mov ah, ds:[bx+si]
26
27    mov ax, xyz[2]          ; 编译后变成 mov ax, ds:[6]
28    mov ax, [xyz+2]         ; 编译后变成 mov ax, ds:[6]
```

[①] 源程序 *varref.asm* 下载链接：*http://cc.zju.edu.cn/bhh/asm/varref.asm*

```
29
30      mov ah, abc              † 编译后变成mov ah, ds:[0]
31      mov ah, [abc]            † 编译后变成mov ah, ds:[0]
32      mov ah, abc[0]           † 编译后变成mov ah, ds:[0]
33
34      mov ax, xyz              † 编译后变成mov ax, ds:[4]
35      mov ax, xyz[0]           † 编译后变成mov ax, ds:[4]
36      mov ax, [xyz]            † 编译后变成mov ax, ds:[4]
37
38      mov ah, 4Ch
39      int 21h
40 code ends
41 end main
```

在C语言中a[i]表示数组a的第i个元素，但是在汇编语言中a[i]却有着不同的含义，因为a[i]在汇编语言中相当于[a+i]，并且在计算a+i时a并不具备C语言指针的类型而只是一个整数，即a+i在汇编语言中是整数＋整数的运算而非指针＋整数的运算。因此，在汇编语言中要引用dw类型数组xyz的中间那个元素时不能写成xyz[1]，而必须写成xyz[2]，程序3.4的27行和28行是等价的，它们都把ax赋值为0BCDEh。要是不慎把mov ax, xyz[2]写成mov ax, xyz[1]的话，那么AX将被赋值为0DE78h，而绝不会是0BCDEh，这是因为xyz这个数组的3个dw类型元素在内存中是以下6个字节：9Ah, 78h, 0DEh, 0BCh, 76h, 98h，很显然，78h的偏移地址是offset xyz+1，而0DEh的偏移地址是offset xyz+2，于是xyz[1]就是[xyz+1]也就是word ptr [xyz+1]，其值等于0DE78h。同样道理，引用asd这个数组的末元素必须写成asd[4]，而不能写成asd[1]。

在汇编语言中引用一个数组的首元素或者一个变量时，可以如程序3.4第30至32行那样或者第34至36行那样从3种形式中任选一种，其中*mov ah, abc*这种形式之所以和*mov ah, [abc]*等价是因为编译器会把没有方括号的mov ah, abc先转化为mov ah, [abc]再编译。

3.2 寄存器

8086中一共有14个寄存器：AX、BX、CX、DX、SP、BP、SI、DI、CS、DS、ES、SS、IP、FL，这些寄存器均为16位宽度。

80386中除了段寄存器仍旧保持16位外，其他寄存器均扩充为32位宽度，14个寄存器的名称为：EAX、EBX、ECX、EDX、ESP、EBP、ESI、EDI、CS、DS、ES、SS、EIP、EFL。

寄存器按用途可分成四类：

- 通用寄存器：包括AX、BX、CX、DX，用于算术、逻辑、移位运算
- 段地址寄存器：包括CS、DS、ES、SS，用来表示段地址
- 偏移地址寄存器：包括IP、SP、BP、SI、DI，用来表示偏移地址
- 标志寄存器：包括FL，用来存储标志位

3.2.1 通用寄存器

通用寄存器的作用是做算术、逻辑、移位运算。8086中的通用寄存器包括AX、BX、CX、DX[①]；80386中的通用寄存器包括EAX、EBX、ECX、EDX。其中AX的高8位及低8位分别称为AH、AL，同理，BX由BH、BL组成，CX由CH、CL组成，DX由DH、DL组成。EAX的低16位就是AX而高16位则没有名字，同理，EBX的低16位为BX，ECX的低16位为CX，EDX的低16位为DX。EAX、AX、AH、AL的关系如图3.5所示。

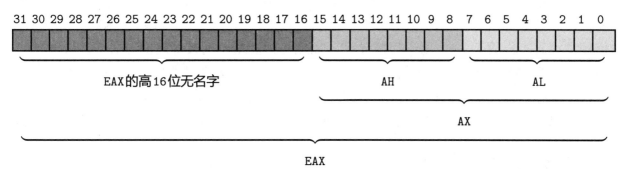

图 3.5 EAX、AX、AH、AL的关系

3.2.2 段地址寄存器

段地址寄存器包括CS、DS、ES、SS[②]，其中CS是代码段寄存器，DS是数据段寄存器，ES是附加段寄存器，SS是堆栈段寄存器。

CS不能用mov指令赋值，其值只能用jmp far ptr、jmp dword ptr、call far ptr、call dword ptr、retf、int、iret等指令间接改变。DS、ES、SS可以用mov指令赋值，但源操作数不能是常数，只能是寄存器或变量，例如$mov\ ds, 1000h$是错误的写法，而 $mov\ ax, 1000h$ 再$mov\ ds, ax$才是正确的写法，另外，先$mov\ word\ ptr\ ds:[bx], 1000h$ 再$mov\ es, ds:[bx]$也是正确的写法。请注意能作为源操作数对段寄存器赋值的寄存器限AX、BX、CX、DX、SP、BP、SI、DI这8个，能作为源操作数对段寄存器赋值的变量必须是word ptr宽度的。

DOS把某个EXE载入到内存后，即将把控制权交给该EXE前，会对以下寄存器赋初始值：

- CS＝代码段的段地址
- IP＝首条指令的偏移地址
- SS＝堆栈段的段地址
- SP＝堆栈段的长度
- DS＝PSP段址
- ES＝PSP段址

CS:IP指向当前将要执行的指令，即CS是当前指令的段地址，IP是当前指令的偏移地址。SS:SP指向堆栈顶端。PSP是程序段前缀（program segment prefix），它是一个由DOS分配给当前EXE的，位于首段之前的，长度为100h字节的内存块，PSP中存储了与当前EXE进程相

[①] Intel公司在给AX、BX、CX、DX命名时分别给了如下助记含义：accumulator、base、count、data

[②] CS代表code segment，DS代表data segment，ES代表extra segment，SS代表stack segment

关的一些信息如该EXE程序的命令行参数 [①]。

由于DS的初始值是PSP段址而不是数据段的段地址，因此在程序刚开始运行时我们不能用DS的当前值作为段地址去引用数据段内的任何一个变量，而是应该先把DS赋值为data再引用数据段内的变量。

3.2.3 偏移地址寄存器

偏移地址寄存器包括IP、SP、BP、SI、DI，其中IP需要跟CS搭配构成CS:IP指向当前将要执行的指令且该寄存器的名字不能在任何指令中引用，SP则需要跟SS搭配构成SS:SP指向堆栈顶端且不能置于[]内用于间接寻址，如此一来能用于间接寻址的寄存器就剩BP、SI、DI这三个，跟四个段寄存器相比还缺了一个，于是Intel公司就安排了通用寄存器BX来补这个缺，即实际能放在[]内用于间接寻址的寄存器为：BX、BP、SI、DI。

BX、BP、SI、DI这四个寄存器除了用于间接寻址外，还可以参与算术、逻辑、移位运算。

3.2.4 标志寄存器

FL是标志寄存器，它里面的有些位用于反映当前指令的执行状态，称为状态标志，有些位则用于控制CPU，称为控制标志。状态标志共6个，包括：CF、ZF、SF、OF、PF、AF；控制标志共3个，包括：DF、IF、TF。

FL寄存器中除了6个状态标志及3个控制标志外还剩余7个位是保留位，详见图3.6。图3.6中打×号的就是保留位，这些保留位的值除了第1位恒为1外，其他保留位恒为0。

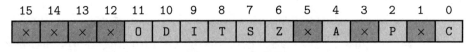

15	14	13	12	11	10	9	8	7	6	5	4	3	2	1	0
×	×	×	×	O	D	I	T	S	Z	×	A	×	P	×	C

图 3.6 FL 寄存器

3.2.4.1 进位标志CF

add、sub、mul、imul及移位指令均会影响CF（Carry Flag）。当两数相加产生进位时CF置1，当两数相减产生借位时CF置1，当两数相乘的乘积宽度超过被乘数宽度时 CF置1，移位指令最后移出的那一位保存在CF中。举例如下：

```
mov ah, 0FFh
add ah, 1; AH=00h, CF=1, 产生进位
add ah, 2; AH=02h, CF=0, 没有进位
sub ah, 4; AH=0FEh, CF=1, 产生借位
shr ah, 1; AH=07Fh, CF=0, shr右移1位, AH的第0位进入CF, 故CF=0
```

与CF相关的指令有jc、jnc、clc、stc、cmc、adc，其中jc表示有进位则跳（jump if carry），jnc表示没有进位则跳（jump if no carry），clc表示把CF清零（clear carry），stc表示把 CF置1（set carry），cmc表示把CF反转（compelment carry），adc表示带进位加（add with carry）。

运用逻辑左移指令shl及jc、jnc指令可以很容易地把一个16位整数转化成二进制格式并

输出，具体如程序3.5[①]所示。

程序 3.5　val2bin.asm—把16位整数转化成二进制格式并输出

```
 1  data segment
 2  abc dw 32767
 3  data ends
 4  code segment
 5  assume cs:code, ds:data
 6  main:
 7     mov ax, data
 8     mov ds, ax
 9     mov ax, [abc]
10     mov cx, 16          ✎ 共16次循环
11  again:
12     shl ax, 1           † 左移1位
13  ;  mov dl, '0'
14  ;  adc dl, 0           † DL = DL + 0 + CF
15     jc is_one           † 有进位则跳到is_one
16  is_zero:               † 没进位则执行到is_zero
17     mov dl, '0'
18     jmp output
19  is_one:
20     mov dl, '1'
21  output:
22     push ax             † 把AX压入堆栈，即保存AX的当前值
23     mov ah, 2
24     int 21h             † 输出DL中的字符
25     pop ax              † 从堆栈中弹出AX，即恢复AX的原值
26     sub cx, 1           † cx--
27     jnz again           † 若cx不等于0则跳到again
28     mov ah, 4Ch
29     int 21h
30  code ends
31  end main
```

若要消除程序3.5中第15行至20行的二分支结构，只要把这几行用分号注释掉，再取消第13、14行的注释即可。

3.2.4.2　零标志ZF

算术运算指令、逻辑运算指令、移位指令均会影响ZF（Zero Flag）。当运算结果为0时，ZF=1；当运算结果不等于0时，ZF=0。举例如下：

```
sub ax, ax    ; AX=0, ZF=1, CF=0
add ax, 1     ; AX=1, ZF=0, CF=0
add ax, 0FFFFh; AX=0, ZF=1, CF=1
```

与ZF相关的指令有jz、jnz、je、jne，其中jz表示值为零则跳（jump if zero），jnz表示值非零则跳（jump if not zero），je表示相等则跳（jump if equal），jne表示不等则跳（jump if not equal）。jz和je指令在跳转时都是依据ZF==1，而jnz和jne指令在跳转时都是依据ZF==0，故

① val2bin.asm下载链接：http://cc.zju.edu.cn/bhh/asm/val2bin.asm

jz、je等价，记作jz ≡ je，同理jnz ≡ jne。

3.2.4.3　符号标志SF

算术运算指令、逻辑运算指令、移位指令均会影响SF（Sign Flag）。SF等同于运算结果的最高位，当运算结果为正时SF=0，当运算结果为负时SF=1。举例如下：

```
mov ah, 7Fh
add ah, 1  ; AH=80h=1000 0000B, SF=1
sub ah, 1  ; AH=7Fh=0111 1111B, SF=0
```

与SF相关的指令有js、jns，其中js表示有符号则跳（jump if sign），jns表示没符号则跳（jump if no sign）。js跳转的依据是SF==1，jns跳转的依据是SF==0。

3.2.4.4　溢出标志OF

add、sub、mul、imul、移位指令均会影响OF（Overflow Flag）。当两个正数相加变负数时OF=1，当两个负数相加变正数时OF=1，当两数相乘的乘积宽度超过被乘数宽度时OF=1，当仅移动1位且移位前的最高位≠移位后的最高位时OF=1。举例如下：

```
mov ah, 7Fh
add ah, 1   ; AH=80h, OF=1(因为127+1=-128), ZF=0,CF=0,SF=1
mov ah,  80h
add ah, 0FFh; AH=7Fh, OF=1(因为-128 + -1=127), ZF=0,CF=1,SF=0
mov ah, 80h
sub ah, 1   ; AH=7Fh, OF=1(因为-128-1=127), ZF=0,CF=0,SF=0
```

与OF相关的指令有jo、jno，其中jo表示有溢出则跳（jump if overflow），jno表示没溢出则跳（jump if no overflow）。jo跳转的依据是OF==1，jno跳转的依据是OF==0。

3.2.4.5　奇偶校验标志PF

当运算结果低8位中二进制1的个数为偶数个时PF（parity flag）置1，否则PF清零。举例如下：

```
mov ah, 4
add ah, 1     ; AH=0000 0101B, PF=1(因为AH中有2个1)
mov ax, 0101h
add ax, 0014h; AX=0115h=0000 0001 0001 0101B, PF=0(因为AL中有3个1)
```

和PF相关的指令有jp、jnp、jpe、jpo，其中jp表示PF==1时则跳（jump if parity），jnp表示PF==0时则跳（jump if no parity），jpe表示PF==1时则跳（jump if parity even），jpo表示PF==0时则跳（jump if parity odd）。jp ≡ jpe，jnp ≡ jpo。

3.2.4.6　辅助进位标志AF

若执行加法指令时第3位向第4位产生进位则AF（Auxiliary Flag）置1，若执行减法指令时第3位向第4位产生借位则AF置1。举例如下：

```
mov ah, 2Dh      ; 0010 1101
add ah, 4        ; 0000 0100 +)
                 ; 0011 0001   ; AH=31h, AF=1, 第3位向第4位产生进位
add ah, 8        ; 0000 1000 +)
```

```
                     ; 0011 1001   ; AH=39h, AF=0
sub ah, 0Ch          ; 0000 1100 -)
                     ; 0010 1101   ; AH=2Dh, AF=1, 第3位向第4位产生借位
```

AF并没有相关的跳转指令,它跟BCD码（Binary Coded Decimal）调整指令如AAA、AAS、DAA、DAS有关。

3.2.4.7　方向标志DF

DF（Direction Flag）用于控制字符串操作指令如rep movsb的运行方向,当DF=0时,字符串操作指令按正方向(先操作低地址再操作高地址)运行,当DF=1时,字符串操作指令按反方向(先操作高地址再操作低地址)运行。

跟DF相关的指令有cld、std,其中cld（clear direction）使DF=0,std（set direction）使DF=1。

有关DF如何控制字符串指令的运行方向请参考第6.7（p.113）节。

3.2.4.8　中断标志IF

IF（Interrupt Flag）用于禁止、允许硬件中断,当IF=0时禁止硬件中断,当IF=1时允许硬件中断。

跟IF相关的指令有cli、sti,其中cli（clear interrupt）使IF=0,sti（set interrupt）使IF=1。

在设计中断程序时需要设置IF,具体请参考第9（p.179）章。

3.2.4.9　陷阱标志TF

TF（Trap Flag）位于FL寄存器的第8位,它用于设置CPU的运行模式,当TF=1时CPU进入单步模式（single-step mode）,当TF=0时CPU进入常规模式。当CPU进入单步模式后,每执行一条指令后都会跟随着执行一条int 01h中断指令;CPU进入常规模式后,每执行一条指令后都会跟随着执行下一条指令,中间并不会插入int 01h指令。

Intel指令集中并不存在单条指令使得TF=1或者TF=0。要设置TF的值,需要用到pushf、popf指令,具体过程如下所示:

```
;----------以下5条指令把TF置1-----------
pushf           ; 把FL压入堆栈
pop ax          ; 从堆栈中弹出FL的值并保存到AX中
or ax, 100h     ; 把AX的第8位置1
push ax
popf            ; 从堆栈中弹出AX的值并保存到FL中, 此时TF=1
;----------以下5条指令把TF清零-----------
pushf
pop ax
and ax, 0FEFFh  ; 把AX的第8位清零
push ax
popf            ; 从堆栈中弹出AX的值并保存到FL中, 此时TF=0
```

CPU的单步模式跟调试有密切关系,调试器利用单步模式时产生的int 01h中断来获得控制权。有关单步模式编程的细节请参考第9.3（p.187）节。

3.3　端口

CPU不能直接控制I/O设备，它必须向I/O设备相关的端口发送信号才能把控制信号输出到I/O设备，同理，CPU必须从I/O设备相关的端口读取信号才能获取I/O设备的反馈信息。

端口地址独立于内存地址，并且它不像内存那样既有段地址又有偏移地址而是仅有16位偏移地址，其取值范围是[0000h, 0FFFFh]。读写端口地址的指令是in、out，例如*in al, 61h*表示从61h号端口读取一个字节的信号并保存到AL中，再如*out 21h, al*表示把AL中的信号输出到21h号端口。

程序3.6[①]展示了用in、out指令读取并输出CMOS中存储的当前时间信息。

程序 3.6 readtime.asm—读取并显示CMOS中的时间信息

```
 1  .386
 2  data segment use16
 3  ;                   0  3  6
 4  current_time db "00:00:00", 0Dh, 0Ah, '$'
 5  data ends
 6  code segment use16
 7  assume cs:code, ds:data
 8  main:
 9     mov ax, data
10     mov ds, ax
11     mov al, 4
12     out 70h, al      ✍ 向70h端口发送信号4表示接着要读或写CMOS的4号内存单元
13     in al, 71h       † 从71h端口读取CMOS的4号单元之值(BCD码格式的小时值)
14                      † e.g. AL=19h means 7 pm
15     call convert     † 调用函数convert把AL中的小时值如19h转化成AL='1', AH='9'
16     mov word ptr current_time[0], ax
17     mov al, 2
18     out 70h, al      † 向70h端口发送信号2表示接着要读或写CMOS的2号内存单元
19     in  al, 71h      † 从71h端口读取CMOS的2号单元之值(BCD码格式的分钟值)
20                      † e.g. AL=56h means 56 minutes
21     call convert     † 调用函数convert把AL中的分钟值如56h转化成AL='5', AH='6'
22     mov word ptr current_time[3], ax
23     mov al, 0
24     out 70h, al      † 向70h端口发送信号0表示接着要读或写CMOS的0号内存单元
25     in  al, 71h      † 从71h端口读取CMOS的0号单元之值(BCD码格式的秒钟值)
26     call convert     † 调用函数convert把AL中的秒钟值如07h转化成AL='0', AH='7'
27     mov word ptr current_time[6], ax
28     mov ah, 9
29     mov dx, offset current_time
30     int 21h          † 调用int 21h中断的9号子功能输出ds:dx指向的字符串[②]
31     mov ah, 4Ch
32     int 21h
33  ;--------Convert---------------
```

[①]源程序*readtime.asm*下载链接: *http://cc.zju.edu.cn/bhh/asm/readtime.asm*

[②]*int 21h/AH=09h*用于输出一个 '$' 结束的字符串但不输出 '$' 本身，其用法请参考"中断大全"网页链接*http://cc.zju.edu.cn/bhh/intr/rb-2562.htm*

```
34    ;Input:AL=hour or minute or second
35    ;       format:e.g. hour 19h means 7 pm.
36    ;Output: (e.g. when AL=19h as input)
37    ;       AL='1'
38    ;       AH='9'
39    convert:
40        mov ah, al      † e.g. assume AL=19h
41        and ah, 0Fh     † AH=09h
42        shr al, 4       † AL=01h
43        add ah, '0'     † AH='9'
44        add al, '0'     † AL='1'
45        ret
46    ;--------End of Convert---------
47    code ends
48    end main
```

习题

1. 请列举ALU、CU的作用。

2. 内存以什么为单位分配地址，地址以什么为基数按从小到大顺序编号？

3. 运行在实模式下的程序可访问的地址范围是什么？

4. 8086每个寄存器的宽度是几位？

5. 逻辑地址由哪两部分构成？

6. 设物理地址12345h落在段首地址=10000h的段内，请计算该物理地址的段地址及偏移地址。

7. 段地址跟段首地址是什么关系？物理地址必须满足什么条件才能成为段首地址？一个段的最大长度是多少字节？

8. 请把逻辑地址8CBAh:0FFFFh转化成物理地址。

9. 汇编指令*mov 寄存器, 段地址 : [偏移地址]*可以把*段地址 : 偏移地址*指向的对象赋值给*寄存器*，其中的偏移地址除了可以用常数表示外还可以用什么表示？段地址必须用什么表示？

10. 程序3.1第2行定义的数组a的偏移地址等于多少？第3行定义的数组s中的元素'$'的偏移地址等于多少？第19行定义的标号exit的偏移地址等于多少？第7~21行指令的机器码总共是多少字节？

11. 汇编源程序中如何引用变量或标号的偏移地址及段地址？

12. 汇编源程序中，直接寻址的一般形式是什么？

13. 间接寻址一共有哪几类形式？每类各举一个例子。

14. 可以放在[]内用于间接寻址的寄存器一个有哪4个？当[]内有2个寄存器相加时，一共有哪几种组合？

15. 汇编源程序中，间接寻址的一般形式是什么？

16. 80386的间接寻址的一般形式是什么？

17. 根据表3.1，若DS=1000h, BX=2000h，那么执行指令$mov\ ax,\ ds:[bx+3]$后，寄存器 BX的值等于多少？执行指令$mov\ eax,\ ds:[bx]$后，EAX的值等于多少？

18. 直接寻址的缺省段址是什么？

19. 在什么情况下，间接寻址的缺省段址是SS？

20. 指令$mov\ ax,\ [bx+6]$中源操作数的缺省段地址是什么？若要把它的段地址变成SS则应该怎么改？

21. 在实模式下，操作系统及用户程序可用内存空间位于1M内存的前640K，其地址范围是什么？

22. 文本模式以及图形模式下的显卡内存分别被映射到1M内存中的哪个地址范围？

23. 仿照程序3.2，从坐标(27,12)起输出26个大写英文字母，其中字符i的颜色为 $(i - 'A')\ \%\ 7 + 1$，并且$i \in ['A', 'Z']$。

24. 修改程序3.3，要求在文本模式下坐标(0,0)处输出一个"我"字，其中原本在图形模式下输出的每个高亮红点在文本模式下改成输出一个*号代替，原本在图形模式下不输出的背景色点在文本模式下改成输出一个空格。

25. 修改程序3.3，要求在图形模式下坐标(0,0)处输出一个"我"字的镜像"狨"。

26. 用byte ptr、word ptr、dword ptr修饰的变量的宽度分别是多少个字节？

27. 在哪些情况下，变量可以不加宽度修饰？在什么情况下，变量必须加宽度修饰？

28. 设a、b、c是分别用db、dw、dd定义的数组，那么把a、b、c的第2个元素分别赋值给寄存器al、ax、eax的指令应该怎么写？

29. 用mov指令给段寄存器ds、es、ss赋值时，应该用什么作为源操作数？

30. DOS把EXE载入内存后，会对哪些寄存器做初始化赋值？这些初始值的含义是什么？

31. 为什么在code段中引用data段的变量前需要先把data赋值给ds？

32. 请列举在哪些情况下会使CF、ZF、SF、OF置1，与这些标志位相关的跳转指令有哪些？

33. 哪条指令可以把DF清零？哪条指令可以把DF置1？DF=0和1分别有什么意义？

34. 哪条指令可以把IF清零？哪条指令可以把IF置1？IF=0和1分别有什么意义？

35. 如何把TF清零、置1？TF=1后CPU会在执行一条指令后跟随着执行一条什么指令？

36. 读写端口需要使用什么指令？

第4章 汇编语言源程序格式

4.1 构成汇编语言源程序的三类语句

汇编语言的源程序由语句构成，而语句可以分成三类：

① 指令语句(instruction statement)

② 伪指令语句(pseudo-instruction statement)

③ 汇编指示语句(assembler directive statement)

指令语句是构成汇编语言源程序的核心成分，每条指令经过编译后都会变成机器码。伪指令用来定义数组或变量，伪指令语句在编译后仅剩数组或变量的初始值，数组名、变量名以及它们的类型均在编译后消失。汇编指示语句的作用是告诉编译器如何编译源程序，它们在编译后会自动消失，并不会被编译成任何代码或数据。

程序 4.1 sample.asm—汇编语言源程序样本

```
1  .386
2  data segment use16
3  c db 0FFh
4  s db "ABCD", 0
5  i dw 1234h, 5678h
6  d dd 8086C0DEh
7  data ends
8
9  code segment use16
10 assume cs:code, ds:data, ss:stk
11 main:
12     mov ax, data
13     mov ds, ax
14     mov eax, [d]
15     rol eax, 16
16     push eax
17     pop dword ptr [i]
18     mov ah, 4Ch
19     int 21h
20 code ends
21
22 stk segment use16 stack
23 db 100h dup('S')
24 stk ends
25 end main
```

程序4.1[①]中，第12至19行是指令语句；第3至6行、第11行、第23行是伪指令语句；第1、

[①]源程序 *sample.asm* 下载链接: *http://cc.zju.edu.cn/bhh/asm/sample.asm*

2、7、9、10、20、22、24、25行是汇编指示语句。

4.2　段的定义、假设与引用

4.2.1　段的定义

4.2.1.1　段定义的一般格式

段定义的一般格式如下：

```
segmentname   segment   [use]   [align]   [combine]   ['class']
        statements
segmentname   ends
```

以上格式中的粗体字部分为关键字，在段定义时是必不可少且是固定不变的；斜体字部分不是关键字，它们在段定义时是可变的；斜体加方括号部分是可选的，即这些内容在某些情况下可以省略。

关键字segment表示段定义的开始，关键字ends表示段定义的结束（end of segment）。segmentname表示段名，任何一个段都必须有段名，并且段定义开始时设定的段名必须与段结束时设定的段名一致，段名的命名规范跟变量名、数组名、标号名一致，即名字中可以包含大小写英文字母、下划线、数字及3个特殊字符但不能以数字开头，具体请参考4.4.3.1节（p.53）。

statements表示汇编语言的语句，包括指令语句、伪指令语句、汇编指示语句。

use表示段内偏移地址宽度，它是指以下2个关键字中的其中之一：

use16   use32

其中use16表示段内偏移地址是16位宽度，而use32表示段内偏移地址是32位宽度。若源程序开头有.386 这条汇编指示语句，那么接下去每个段的偏移地址宽度默认都是use32，反之，每个段的偏移地址宽度默认都是use16。

align表示对齐方式，它是指以下5个关键字中的其中之一：

byte   word   dword   para   page

这些关键字用来规定所定义的段以字节、字、双字、节（paragraph）、页（page）为边界，其中节是指16字节，页是指256字节。如果在段定义时省略对齐方式，则缺省的对齐方式为para。这里所谓的以对齐方式为段边界是指段首地址能被对齐方式整除，例如，当本段的对齐方式为para时，段首地址必须是10h的倍数，这就要求前一个段的长度n必须是 10h的倍数，万一n不能被10h整除，那么连接程序（linker）会在连接（link）时对前一个段末尾进行填充，填充的内容为0x10 - (n % 0x10)个00h。再如，当本段的对齐方式为byte时，不管段首地址为何值因其一定能被1整除故不需要连接程序对前一个段进行填充，此时若前一个段的对齐方式为para且其长度n不是10h的倍数，那么本段的段首地址必定不能被10h整除，即本段的段首地址无法转化成seg_addr:0000，这就意味着本段内的首字节的偏移地址不可能等于0，而是等于前一个段的长度n，并且本段的段地址一定等于前一个段的段地址。

'class'表示类别名，其中class名可变且必须用单引号括起来。尽管具有相同类别名的段在源程序中可能并不邻近，但是它们在连接时一定会被连接程序重新安排顺序使得它们在生成的EXE中是邻近的。

　　combine表示合并类型，它是指以下2个关键字中的其中之一：

```
public   stack
```

　　public用于代码段或数据段的定义，凡是段名相同且类别名相同且合并类型为public的段在连接时将合并为一个段。stack用于堆栈段的定义，凡是段名相同且类别名相同且合并类型为stack的段在连接时将合并为一个堆栈段，并且在程序载入内存准备运行时，段寄存器SS会自动初始化为该堆栈段的段址，堆栈指针SP自动初始化为该堆栈段的长度。如果在程序中并不存在同名的代码段或数据段，例如只有一个data segment和一个code segment，那就可以省略合并类型public。如果在程序中定义了堆栈段，则必须指定该段的合并类型为stack，否则编译器会把该段当作一个普通的数据段并且SS会被初始化为首段的段地址而不是指向该段，同时SP会被初始化为0而不是该段的长度。

4.2.1.2　段定义的简化格式

　　由于段定义的一般格式非常繁琐也不易记忆，所以在实际应用中我们应设法把能够省略的部分尽量省去。在大多数情况下，我们可以采用段定义的简化格式。

　　数据段和代码段定义的简化格式如下所示：

```
segmentname   segment
    statements
segmentname   ends
```

　　堆栈段定义的简化格式如下所示：

```
segmentname   segment stack
    statements
segmentname   ends
```

　　堆栈段中的语句通常是用db、dw、dd定义一个无名数组，如 *db 400h dup*(0)、*dw 200h dup*(0)、*dd 100h dup*(0)均能定义一个长度为400h字节的堆栈空间。

4.2.2　段的假设

　　编译器在把汇编源程序编译成目标程序的过程中不仅需要确定变量和标号的偏移地址，而且还需要知道变量和标号所在的段具体对应哪个段寄存器。

　　汇编指示语句assume可以用来建立编译器所需要的段与段寄存器的关联，assume语句的格式如下：

```
assume   segreg:segmentname
```

　　*segreg*表示四个段寄存器（CS、DS、ES、SS）的其中之一，*segmentname*为某个段的段名。

　　假设已定义了一个代码段并取名为code，现要使code段与CS建立关联，则可以这样写：

```
assume cs:code
```

　　假设有四个段分别为code、data、extra、stk，现要把它们与CS、DS、ES、SS建立关联，则可以这样写：

```
assume cs:code, ds:data, es:extra, ss:stk
```

用assume建立段地址与段寄存器的关联并不表示对段寄存器进行赋值，而是帮助编译器在编译源程序时把变量或标号的段地址替换成关联的段寄存器。例如code段中用指令 *mov ah, [abc]* 来引用data段中的变量abc，那么编译器在编译这条指令时需要确定abc的偏移地址及段地址，假定abc的偏移地址等于3，而abc的段地址显然等于data，于是这条指令会被替换成 *mov ah, data : [3]*，由于汇编指令引用某个变量时该变量的段地址不能用常数表示只能用段寄存器表示，因此这条指令会被进一步替换成 *mov ah, ds : [3]*，编译器之所以把data替换成ds就是依据assume语句中的假设 *assume ds : data*。

综上所述，用assume建立起来的段寄存器与段的关联仅仅是帮助编译器把段地址替换成段寄存器，它并不会对段寄存器进行赋值。参照第3.2.2（p.37）节，我们可以了解到，在程序开始运行时，DS和ES并不会被赋值为首段的段地址，而是被赋值为PSP段址，因此，若想要在程序中正确引用数据段内的数组元素或变量，我们必须在代码段的一开始对ds做如下赋值：

```
mov ax, data
mov ds, ax
```

4.2.3　段的引用

在程序中可以用以下两种方式引用某个段的段地址：

① *段名*

② seg *变量名或标号名*

例如，在程序4.1中，第12行既可以写成mov ax, data也可以写成mov ax, seg c或mov ax, seg s或 mov ax, seg i或mov ax, seg d。

4.3　程序的结束

4.3.1　源程序的结束

汇编源程序用汇编指示语句end结束。end的格式如下：

```
end    labelname
```

end表示源程序到此结束，labelname是标号名，它用来指定程序首条指令的位置，当源程序编译成可执行程序并开始运行时，寄存器IP会被赋值为该标号的偏移地址，寄存器CS会被赋值为该标号的段地址即代码段的段址。如果在end后省略labelname，则程序开始运行时IP等于0，CS等于代码段段址，即程序从代码段的首条指令开始运行。

4.3.2　程序的终止

汇编源程序中的 end 是一条汇编指示语句,它在编译后并不会转化成任何代码,因此 end 并不能起到终止程序运行的作用。

要让程序终止运行通常都是调用 DOS 的 4Ch 号功能。4Ch 号功能的调用格式如下:

```
mov ah, 4Ch
mov al, 返回码
int 21h
```

其中 AL 中的返回码(return code)用来传递本程序的运行状态给父程序。所谓父程序就是当前正在运行的程序的调用者,比如我们在 DOS 命令行下输入一个可执行程序名运行该程序时,操作系统 DOS 就是该程序的父程序。由于 DOS 命令行并不使用子程序的返回码,故我们在调用 4Ch 号功能时用不着对 AL 进行赋值,即 4Ch 号功能调用实际上可以简化为:

```
mov ah, 4Ch
int 21h
```

如果在程序运行结束时不调用 int 21h 的 4Ch 号功能,那么 CPU 会继续执行位于当前程序后面的内存空间中的指令,而构成这些指令的往往是一堆随机的机器码,于是 CPU 极有可能会因为无法解释这些指令而死机,由此可见,在程序结束时调用 int 21h 的 4Ch 功能是必须的。

4.4　汇编语句的语法成分

4.4.1　汇编语句的一般格式

参照 4.1 节(p.45),汇编语句一共有三类:指令语句、伪指令语句、汇编指示语句。无论是哪类语句,它们的一般格式如下所示:

```
name        mnemonic        operand ; comment
```

例如:

main: mov ax, data ; 把 data 段址赋值给 AX

是符合一般格式的一条汇编语句,其中双下划线部分是 name,单下划线部分是 mnemonic,波浪线部分是 operand,点下划线部分是 comment。

name 称为名字项,它通常是指变量名和标号名,也可以是段名、过程名(procedure name)。名字项在汇编语句中并不是必需的,大多数的语句并不需要名字项。

mnemonic 称为助记符项,它主要指 80×86 指令如 mov、add、jmp,也可以是汇编指示指令如 segment、assume、end 和伪指令如 db、dw、dd。

operand 称为操作数项,它是助记符项的参数,操作数项中操作数的类型和个数(0 个、1 个或多个)决定于助记符项中具体是什么指令。操作数项依赖于助记符项,没有助记符项就没有操作数项。

comment 称为注释项,它总是以分号开始。注释项是对源程序中的语句起说明、注解作用。当编译器对源程序进行编译时,注释项全被忽略,因此注释项对于编译生成目标程序以及连接生成可执行程序并不产生任何影响，它只是对源程序的作者和读者有意义。请注意分号只能用于单行注释，若要在汇编源程序中对多行进行注释则可以采用以下两种方法：

  ① comment #

    注释

    #

  ② IF 0

    注释

    ENDIF

其中方法①中的两个#号用来标记注释的开始与结束，它们也可以换成其他字符如%、@、|，但要注意开始标记和结束标记一定要相同，另外，还要注意注释内容中不能含有标记符。

在汇编源程序中，规定一行最多只能写一条语句，因此，我们不能把两条或两条以上的语句写在同一行上。另外，名字项、助记符项、操作数项、注释项可以用空格或TAB分隔，空格与TAB的数量可以是一个或多个。助记符项与操作数项必须位于同一行，不能用回车把他们断成两行。

4.4.2　常数与常数表达式

4.4.2.1　常数

汇编语言支持的常数（constant）包括整型常数、浮点型常数、字符常数、字符串常数。

1. 整型常数

整型常数可以用十进制、二进制、八进制、十六进制等多种进制表示，例如：

```
32767, -10, 65535, 0          ; 十进制, 无后缀
10110110B, 1010110011001011B  ; 二进制, B为后缀
177Q, 177777Q                 ; 八进制, Q为后缀
3Fh, 7B9Eh, 0FFFFh, 0A78Dh    ; 十六进制, h为后缀
```

同一个整型常数可以用不同的进制来表示，在效果上是没有区别的，例如以下四条指令是完全等价的：

```
mov   ah, 83
mov   ah, 01010011B
mov   ah, 123Q
mov   ah, 53h
```

2. 浮点型常数

浮点型常数可以用作变量定义的初始值，例如：

```
x dd 3.14        ; float类型的变量, 值为3.14
y dq 1.6E-307    ; double类型的变量, 值为 1.6 × 10^{-307}
z dt 3.14159E4096 ; long double类型的变量, 值为 3.14159 × 10^{4096}
```

3. 字符常数

字符常数是指用单引号或双引号括起来的单个字符，如 'A' 和 "A" 都是字符常数并且它们是等价的。字符常数在数值上等于该字符的ASCII码，例如 'A' 与65或41h是等价的。字符常

数既可以用作变量定义的初始值，也可以用作指令的操作数。例如：

```
abc  db  'A'
mov  dl, 'A'
```

4. 字符串常数

字符串常数是指用单引号或双引号括起来的一串字符，如'ABC'及"ABC"都是字符串常数并且它们是等价的。在汇编语言中，单引号和双引号没有区别，即无论是单个字符还是一个字符串均可以用单引号或双引号引起来。与C语言不同，汇编语言中的字符串常数所含的字符即是引号内的字符，字符串末尾并没有隐含的结束符00h。事实上，如果把汇编语言中的字符串常数分解成它所含的各个字符，并把各个字符按原来的顺序排列，且字符之间用逗号隔开，则这样所得的字符数组与原字符串常数是等价的。例如：

```
s  db  'H', 'e', 'l', 'l', 'o';  等价于s db "Hello"
```

汇编语言中的字符串常数常用作定义字符数组时的初始值。

4.4.2.2 常数表达式

常数与运算符（operator）结合就构成常数表达式，例如80*2+30就是一个常数表达式，该表达式中的*与+称为运算符。汇编语言常数表达式中可以使用表4.1中列出的运算符。

表 4.1 常数表达式中的运算符

运算符	格式	含义
+	+表达式	正
−	−表达式	负
+	表达式 + 表达式	加
−	表达式 − 表达式	减
*	表达式 * 表达式	乘
/	表达式 / 表达式	除
MOD	表达式 MOD 表达式	求余
SHR	表达式$_1$ SHR 表达式$_2$	表达式$_1$ 右移 表达式$_2$ 位
SHL	表达式$_1$ SHL 表达式$_2$	表达式$_1$ 左移 表达式$_2$ 位
NOT	NOT 表达式	求反
AND	表达式 AND 表达式	求与
OR	表达式 OR 表达式	求或
XOR	表达式 XOR 表达式	求异或
SEG	SEG 变量名或标号名	取段地址
OFFSET	OFFSET 变量名或标号名	取偏移地址
SIZE	SIZE 变量名、数组名或结构类型名	求宽度

常数表达式既可用在变量定义中，也可用作指令的操作数。程序4.2[①]展示了常数表达式的一些用法。

[①] 源程序const.asm下载链接：*http://cc.zju.edu.cn/bhh/const.asm*

程序 4.2 const.asm—常数表达式举例

```
 1  data    segment
 2  abc       dw   80*10+20   ; 相当于abc dw 820
 3  x         dw   offset abc ; 定义字类型变量x，并初始化为变量abc的偏移地址
 4  y         dw   seg abc    ; 定义字类型变量y，并初始化为变量abc的段地址
 5  var       db   (7 shl 3) or (not 0FEh) ; 相当于var db 39h
 6  z         dd   100h dup(0)
 7  data    ends
 8  code    segment
 9  assume cs:code, ds:data
10  main:
11      mov   ax, seg abc                ; 相当于mov ax, data
12      mov   ds, ax
13      mov   si, size z                 ; SI = 数组z的宽度 = 400h
14      mov   bx, offset var             ; BX = 变量var的偏移地址
15      mov   dl, 5 mod 3                 ; 相当于mov dl, 2
16      add   dl, -2                      ; 相当于add dl, 0FEh
17      add   dl, [bx]                    ; DL = 0 + 39h = 39h
18      mov   ah, (7/2) xor 1             ; 相当于mov ah, 2
19      int   21h                        ; DOS中断，调用2号功能，显示字符'9'
20      mov   ah, 4Ch
21      int   21h                        ; 终止程序运行
22  code ends
23  end main
```

请注意常数表达式中只能包含运算符和常数，不能含有寄存器或对变量值的引用，例如下列语句都是错误的：

```
mov ax, bx+2
mov cx, (-dx * si)/2
mov bx, (not ax) xor (3 and cx)
mov dx, (byte ptr [si])*3
```

另外，还应注意常数表达式中的运算符如SHL、SHR、NOT、AND、OR、XOR与80×86指令的区别，它们虽然名字相同，但用法不同。

4.4.2.3 符号常数

符号常数（symbolic constant）是指以符号形式表示的常数，EQU和＝可以用来定义符号常数，它们的用法如下所示：

```
symbol   equ   expression
symbol    =    expression
```

其中，symbol为符号名，expression为表达式。EQU和＝的用法举例如下：

```
count    equ   10*10
fun       =    2
code segment
assume cs:code
main:
    mov cx, count ; 相当于mov cx, 100
again:
```

```
    mov ah, fun   ; 相当于mov ah, 2
    mov dl, 'A'
    int 21h
    loop again
    mov ah, 4Ch
    int 21h
code ends
end main
```

=与EQU略有差别，=的操作数只能是数值类型或字符类型的常数或常数表达式，=可以对同一个符号进行多次定义；EQU的操作数除了数值类型或字符类型的常数、常数表达式外，还允许是字符串，甚至可以是一条汇编语言的语句，但EQU不可以对同一个符号进行多次定义。举例如下：

```
char      =     'A'
exitfun   equ   <mov ah, 4Ch>
dosint    equ   <int 21h>
code segment
assume cs:code
main:
    mov ah, 2
    mov dl, char; 相当于mov dl, 'A'
    dosint      ; 相当于int 21h
    char  =  'B'; 重新定义char
    mov ah, 2
    mov dl, char; 相当于mov dl, 'B'
    dosint      ; 相当于int 21h
    exitfun     ; 相当于mov ah, 4Ch
    dosint      ; 相当于int 21h
code ends
end main
```

4.4.3　变量与标号的定义及引用

4.4.3.1　变量名与标号名

可以用在变量名或标号名中的字符包括以下这些：

```
A B C D E F G H I J K L M N O P Q R S T U V W X Y Z
a b c d e f g h i j k l m n o p q r s t u v w x y z
0 1 2 3 4 5 6 7 8 9
@ $ ? _
```

在为变量或标号取名时，应注意以下几点：

① 变量名或标号名不能以数字开头

② $与?不能单独用作变量名或标号名

③ 变量名或标号名所包含的字符个数最多可达31个

④ 在缺省情况下，变量名及标号名均不区分大小写[1]

---

[1]用命令 *masm /Ml 源程序名*; 编译源程序可以强制编译器区分大小写

⑤ 变量名或标号名不能重复定义

⑥ 变量名或标号名不能与80×86指令、伪指令、汇编指示指令名相同

4.4.3.2　变量的定义

变量定义使用以下伪指令：db、dw、dd、dq、dt，关于这些伪指令的含义请参考 2.2节（p.15）。变量定义的格式如下：

变量名　**db	dw	dd	dq	dt**　*初始值*

在定义数组时，有时需要多个相同的初始值，如要定义一个字节类型的数组abc，共100个元素，每个元素的值都初始化为0，在这种情况下，我们可以使用DUP运算符：

```
abc db 100 dup(0)
```

DUP表示重复（duplicate），DUP前的数字100表示重复次数，DUP后跟一对圆括号，括号中的值表示重复的内容。同样，如果要定义一个字类型的数组xyz，共1000h个元素，每个元素的值都初始化为55AAh，则可以这样写：

```
xyz dw 1000h dup(55AAh)
```

DUP括号内的值允许有多项，例如：

```
x db 3 dup(1,2)
```

这个语句的意思是定义一个字节类型的数组x，共有6个元素，各个元素的初始值分别是 1、2、1、2、1、2。

DUP还允许嵌套，例如：

```
y db 2 dup('A', 3 dup('B'), 'C')
```

上述语句相当于以下这条语句：

```
y db 'A', 'B', 'B', 'B', 'C', 'A', 'B', 'B', 'B', 'C'
```

4.4.3.3　标号的定义

标号是符号形式表示的跳转目标地址，标号既可以用作跳转指令如 jmp、jnz、loop的目标地址，也可以用作call指令的目标地址。定义标号的格式如下：

labelname:

例如：

```
main:
    mov ax, 3
    call f
    jmp done
f:
    add ax, ax
    ret
done:
    mov ah, 4Ch
    int 21h
```

除了用标号名加冒号的方法来定义标号外，我们还可以用伪指令label来定义标号。label的格式如下：

```
labelname label near | far | byte | word | dword | qword | tbyte
```

label后面所跟的near、far、byte、word、dword、qword、tbyte是标号的类型，分别表示近标号、远标号、字节、字、双字、四字、十字节，其中前2个是用于跳转的标号类型，后5个实际上是变量类型。程序4.3[①]展示了如何用label定义近标号、远标号以及变量：

程序 4.3 labelfar.asm—用label定义标号及变量

```
1  data segment
2  xyz db 1, 2, 3, 4
3  abc label byte ;          定义abc为byte类型的标号，第3、4行合在一起相当于：
4  db 1, 2, 3, 4 ;           abc db 1,2,3,4
5  data ends
6
7  code segment
8  assume cs:code, ds:data
9  begin label near          ; 定义begin为近标号，相当于begin:
10     mov ax, data
11     mov ds, ax
12     jmp far ptr far_away; 跳到远标号far_away
13 far_back label far        ; 定义far_back为远标号
14     add al, abc[0]         ; AL=4+1=5
15     mov ah, 4Ch
16     int 21h
17 main:
18     jmp begin              ; 跳到近标号begin
19 code ends
20
21 away segment
22 assume cs:away, ds:data
23 far_away label far         ; 定义far_away为远标号
24     mov al, abc[3]
25     jmp far ptr far_back; 跳到远标号far_back
26 away ends
27 end main
```

程序4.3第3行用label定义的标号abc跟第2行用db定义的变量xyz具有相同的类型，但db后面必须跟随初始值，而label byte后面不能跟随初始值，即label只能用来确定变量或标号的类型却并不为它们分配内存空间。第4行定义的无名数组由于紧接第3行，因此其偏移地址等于offset abc，即该数组可以看作是abc的初始值或者说abc其实就是该数组的名字。

使用label定义变量的好处是可以在同一个地址上同时定义字节、字、双字等多种类型的变量。举例如下：

```
b label byte
w label word
d label dword
```

---

① 源程序labelfar.asm下载链接：http://cc.zju.edu.cn/bhh/asm/labelfar.asm

```
db 12h, 34h, 56h, 78h
```

上例中，[b]的值是12h，[w]的值是3412h，[d]的值是78563412h，这三个变量的地址相同但类型不同。

用*labelname*:或*labelname* label near定义的标号称为近标号，用*labelname* label far定义的标号则称为远标号。

近标号与远标号经过编译后都转化为地址，其中近标号转化为该标号所在段中的偏移地址，而远标号则转化为该标号所在段的段地址以及它在该段中的偏移地址，即近标号是一个只含偏移地址的近指针（near pointer），而远标号则是一个既含段地址又含偏移地址的远指针（far pointer）。

定义一个标号为近标号还是远标号取决于以该标号为目标的jmp、call指令是否与该标号落在同一个段内。如果jmp、call与该标号在同一个段内，则该标号应该定义为近标号，如程序4.3第9行；如果jmp、call与该标号不在同一个段内，则该标号应该定义为远标号，如程序4.3第13、23行；如果某个标号既被同一段内的jmp、call指令引用，又被另一段内的指令引用，那么不妨把该标号定义成近标号，同一段内的jmp、call指令引用它时可以加near ptr修饰也可以不加，而另一段内的jmp、call指令引用它时必须要加far ptr修饰。

用far ptr修饰标号可以强制编译器把指令中引用的标号编译成远指针，用near ptr修饰标号则可以强制编译器把指令中引用的标号编译成近指针。当jmp、call指令引用一个不在同一段内的近标号时，必须在指令所引用的标号前加上far ptr修饰，否则编译器会报"Near JMP/CALL to different CS"的错误；当jmp、call指令向前引用(forward reference)[1] 一个不在同一段内的远标号时，必须在指令所引用的标号前加上far ptr修饰，否则编译器会报"Forward needs override or FAR"的错误[2]，例如程序4.3 第12行在标号far_away前加了far ptr就是为了防止这个错误；当jmp、call指令向后引用一个不在同一段内的远标号时，指令所引用的标号前可以省略far ptr修饰，例如程序 4.3第25行可以简化为jmp far_back。

4.4.3.4 变量的引用

设var是变量名，则在代码段的指令中既可以用var也可以用[var]引用该变量。设a是一个db类型的数组，则在代码段中既可以用a[1]也可以用[a+1]引用该数组的第1个元素(以0为基数)。有关如何在代码段中引用变量以及数组元素的更多细节及例子请参考3.1.7节（p.35）。

在数据段中，var或offset var都可作为伪指令dw的操作数表示变量var的偏移地址(近指针)，同时，var还可以作为伪指令dd的操作数表示该变量的远指针；在代码段的指令中则只能用offset var引用该变量的偏移地址，用seg var或数据段名引用该变量的段地址。程序4.4[3] 展示了如何在数据段中把变量名用作dw、dd的操作数来表示变量的近指针及远指针：

程序 4.4 varref_d.asm——在数据段中引用变量的指针

```
1 data segment
2 abc  db 'B'
```

---

[1]源程序上方的语句引用下方的变量或标号称为向前引用，反之则称为向后引用(backward reference)

[2]用命令 *tasm /m2 源程序名;* 代替 *masm 源程序名;* 编译源程序可解决向前引用问题并消除"Forward needs override or FAR"或"Phase error between passes"错误

[3]源程序*varref_d.asm*下载链接: *http://cc.zju.edu.cn/bhh/asm/varref_d.asm*

```
 3 │ xyz   db 'W'
 4 │ addr1 dw abc              ; 也可写成addr1 dw offset abc
 5 │ addr2 dw offset xyz       ; 也可写成addr2 dw xyz
 6 │ addr3 dd xyz              ; 也可写成addr3 dw offset xyz, seg xyz
 7 │ data ends
 8 │ code segment
 9 │ assume cs:code, ds:data
10 │ main:
11 │     mov ax, data
12 │     mov ds, ax            ; DS=data段址
13 │     mov bx, [addr1]       ; BX=offset abc
14 │     mov ch, [bx]          ; CH='B'
15 │     mov bx, [addr2]       ; BX=offset xyz
16 │     mov cl, [bx]          ; CL='W'
17 │     mov si, offset  abc   ; SI=abc的偏移地址, 不能写成mov si, abc
18 │     mov dh, [si]          ; DH='B'
19 │     les di, [addr3]       ; ES=seg xyz, DI=offset xyz
20 │     mov dl, es:[di]       ; DL='W'
21 │     mov ah, 4Ch
22 │     int 21h
23 │ code ends
24 │ end main
```

有时候我们需要临时对变量或数组的类型进行强制转换，比如把两个相邻的字节看作一个字、把两个相邻的字看作一个双字、把一个字的低8位或高8位看成一个字节等等，此时必须使用PTR运算符。例如，若程序4.4第6行改写成 *addr3 dw offset xyz, seg xyz*，变量addr3的类型就从dd变成了dw，那么第19行就必须改写成 *les di, dword ptr [addr3]*，因为les指令要求源操作数的类型为dd。同理，若要把程序4.4第2、3行的两个db类型变量看作一个字并赋值给ax，那么就必须在变量abc前加上宽度修饰word ptr即写成 *mov ax, word ptr [abc]*。

4.4.3.5 用位置计数器计算数组的长度

汇编语言编译器在编译源程序时，会使用一个称为位置计数器（location counter）的变量来记录当前段内变量或标号的偏移地址。在段定义开始时编译器会自动把位置计数器清零，然后在每编译完一条指令语句或伪指令语句时，编译器会把该指令语句的宽度即该指令编译成机器码的字节数加到位置计数器中。

在源程序中，我们可以用一个特殊的操作数 $ 来获取当前位置计数器的值，从而计算出数组的长度。程序4.5 [①] 展示了如何用位置计算器计算一个字符串的长度并输出该字符串。

程序 4.5 loccount.asm—用位置计数器计算数组的长度

```
1 │ data segment
2 │ poem db "Stray␣birds␣of␣summer␣come␣to␣my␣window␣to␣sing"
3 │      db 0Dh, 0Ah
4 │      db "and␣fly␣away.␣And␣yellow␣leaves␣of␣autumn␣which"
5 │      db 0Dh, 0Ah
6 │      db "have␣no␣songs␣flutter␣and␣fall␣there␣with␣a␣sigh."
7 │      db 0Dh, 0Ah
```

---

① 源程序 *loccount.asm* 下载链接: *http://cc.zju.edu.cn/bhh/asm/loccount.asm*

```
 8  len = $ - offset poem
 9  data ends
10  code segment
11  assume cs:code, ds:data
12  main:
13      mov ax, data
14      mov ds, ax
15      mov bx, offset poem
16      mov cx, len
17  next:
18      mov ah, 2
19      mov dl, [bx]
20      int 21h
21      inc bx
22      loop next
23      mov ah, 4Ch
24      int 21h
25  code ends
26  end main
```

4.4.3.6　标号的引用

若lab是标号名，则lab或offset lab均可作为伪指令或80×86指令的操作数表示该标号的偏移地址，具体用法如程序4.6①所示：

程序 4.6 labref.asm—标号的引用

```
 1  data segment
 2  addr1 dw offset beep;  也可写成addr1 dw beep
 3  addr2 dw exit          ; 也可写成addr2 dw offset exit
 4  data ends
 5
 6  code segment
 7  assume cs:code, ds:data
 8  begin:
 9      mov bx, offset are_you_ready?
10      jmp bx             ; 跳转到are_you_ready?
11  main:
12      mov ax, data
13      mov ds, ax
14      jmp begin          ; 跳转到begin
15  are_you_ready?:
16      jmp [addr1]        ; 跳转到beep
17  exit:
18      mov ah, 4Ch
19      int 21h
20  beep:
21      mov ah, 2
22      mov dl, 7
23      int 21h
```

---

①源程序labref.asm下载链接：*http://cc.zju.edu.cn/bhh/asm/labref.asm*

```
24        jmp [addr2]        ; 跳转到exit
25   code ends
26   end main
```

4.4.4 结构类型与结构变量

4.4.4.1 结构类型的定义

汇编语言中用以下语法定义结构类型：

```
typename   struc
    statements
typename   ends
```

其中typename为结构类型名，struc、ends是关键词，它们分别表示结构类型定义的开始与结束，statements则用来定义结构内部的成员。

4.4.4.2 结构变量的定义与引用

定义结构变量的语法如下所示：

结构变量名　**结构类型名**　<成员初始值$_1$，成员初始值$_2$，…，成员初始值$_n$>

程序4.7[①]演示了如何定义结构类型、结构变量以及如何引用结构变量。

程序 4.7 struct.asm—结构类型、结构变量的定义以及结构变量的引用

```
1  NODE struc                           ✐结构类型定义开始，类型名为NODE
2  shape db 0Fh                         †
3  color db 0Ah                         †
4  old_shape db 0                       †
5  old_color db 0                       †       结构类型成员及初始值
6  x dw 40                              †
7  y dw 12                              †
8  NODE ends                           † 结构类型定义结束
9
10 data segment
11 a NODE <>                            † 定义结构变量a，其中<>表示a的
12                                      † 成员初始值＝结构类型成员的初始值
13 b NODE <0F7h, 0Ch,   ,   , 79, 24>  † 定义结构变量b，其中
14                                      † b.shape=0F7h, b.color=0Ch,
15                                      † b.x=79, b.y=24，而中间2个成员
16                                      † 则采用结构类型成员的初始值，即
17                                      † b.old_shape=0, b.old_color=0
18 c NODE 10 dup(< , , , , 0, 0>)       † 定义结构数组c，该数组包含10个
19                                      † 元素，每个元素的前4个成员初始值
20                                      † 同结构类型成员，后2个成员初始值
21                                      † 等于0
22 data ends
23
24 code segment
```

[①]源程序 *struct.asm* 下载链接：*http://cc.zju.edu.cn/bhh/asm/struct.asm*

```
25   assume cs:code, ds:data
26   main:
27      mov ax, data
28      mov ds, ax
29      mov ah, b.shape              † ah = b.shape
30      mov al, b.color              † al = b.color
31      mov a.shape, ah             † a.shape = b.shape
32      mov a.color, al             † a.color = b.color
33      mov cx, b.x                 † cx = b.x
34      mov dx, b.y                 † dx = b.y
35      mov bx, offset c            † bx = 数组c的首地址
36      mov [bx+(size NODE)*9].x, cx  † (size NODE)*9=数组c的末元素与
37      mov [bx+(size NODE)*9].y, dx  † 首元素的距离，其中size NODE表示
38                                  † 结构类型NODE的宽度，因此这两条
39                                  † 指令相当C语言的以下两条语句:
40                                  † c[9].x = b.x; c[9].y = b.y;
41      mov ah, 4Ch
42      int 21h
43   code ends
44   end main
```

请注意程序4.7并没有任何输出，我们只有借助调试器才能观察到该程序的执行效果。关于如何用调试器对程序进行调试请参考第5章（p.62）。

关于结构类型、结构变量的更为详细的例子可参考第12章（p.202）。

习题

1. 假定已把data段与code段的对齐方式都设成para且data段定义在code段之前，那么当data段内定义的所有变量、数组总长度为2Ah字节时，汇编编译器会对data段进行拉伸并写入到EXE中，请问data段会被拉伸到多少字节？编译器在拉伸data段时会在拉伸部分填入什么值？

2. 当源程序开头有.386这条汇编指示语句时，各个段默认的偏移地址为多少位？如果要把段内偏移地址修正为16位，则需要在每个段定义时加上什么关键词？

3. 如何定义一个名字为stk、长度为800h字节的堆栈段？

4. assume在编译时起什么作用？*assume ds : data* 为什么不能取代以下两条指令：

   ❶`mov ax, data` ❷`mov ds, ax`

5. 在汇编源程序中，除了段名，还可以用什么方式引用段地址？

6. 汇编源程序末尾的end起什么作用？

7. 汇编语言程序运行结束时为什么一定要调用int 21h的4Ch功能？

8. 汇编源程序中如何对多行进行注释？

9. 汇编源程序中的字符串常数能否用单引号括起来？字符串末尾是否像C语言字符串那样有一个 '\0'？

10. 用EQU、=定义的符号常数有什么区别？

11. 汇编源程序中定义的变量或标号名除了可以用英文字母、数字字符外，还可以用哪4个

字符？

12. 假定用语句 *x dw 3 dup(1, 2, 3, 2 dup(5))* 定义数组 x，那么 x 的宽度是多少字节？

13. 定义标号有哪两种方法？

14. 近标号与远标号有什么区别？他们各有什么用途？

15. 对变量做强制类型转换时可以使用哪些 ptr？对标号进行强制类型转化时可以使用哪些 ptr？

16. 在汇编源程序中用什么操作数可以获得当前位置计算器的值？

第5章　汇编语言程序调试

5.1　汇编语言的调试工具

最早的汇编语言调试工具是Microsoft公司的DEBUG，它只支持命令行方式调试且不支持符号信息即在调试时看不到变量名及标号名也看不到源代码，因而不能进行源代码级调试。接下去Microsoft的更新产品是SYMDEB，它虽然支持符号信息，但仍是命令行方式。再后来的产品是CodeView，支持全屏幕方式，能进行源代码级调试。

Borland公司的Turbo Debugger也是全屏幕调试器，而且能以源代码方式调试 Turbo C、Turbo Pascal、Turbo ASM[①] 开发的所有程序，Turbo Debugger无论在调试功能还是界面设计上均远超Microsoft的CodeView。Turbo Debugger是实模式下功能最为强大并且界面设计最为友善的调试器，它开创了全屏幕调试器的典范。

与前面所列的各种实模式调试工具相比，运行在V86模式[②]下的于1987年由Nu-Mega Technology公司开发的S-ICE[③]是所有能调试实模式用户程序的调试器中功能最为强大的。S-ICE主要有以下几个特点：

①　全屏幕调试。无论代码窗中的指令还是数据窗中的变量值都可以用↑、↓、PgUp、PgDn 键滚动或者用U、D命令定位。

②　源代码级调试。S-ICE不仅能调试无源代码的EXE程序，而且还能以源代码级调试Turbo C编译的C语言程序和TASM编译的汇编语言程序。

③　即时弹出。S-ICE是一个运行在V86模式下的调试软件，它并不与被调试程序一起载入内存，而是在操作系统启动时就已经载入内存，故无论当前CPU在做什么，我们只要按Ctrl+D这个热键即可呼出S-ICE并对CPU正在执行的指令进行单步跟踪。

④　硬件断点（hardware breakpoint）。S-ICE充分地利用了80386以上CPU中的调试寄存器，在不改变指令首字节的情况下就可以对指令设置硬件执行断点，同时它还可以把变量的地址写入调试寄存器从而在变量的值被读写时中断程序的运行。

虽然S-ICE功能强大，但由于S-ICE本身是运行在保护模式下的，故它不能调试保护模式用户程序，而所有运行在实模式下的调试器当然也无法调试保护模式用户程序。全球唯一能调试保护模式用户程序的调试器是Bochs[④]虚拟机内置的调试器:Bochs Enhanced Debugger，当

---

① *Turbo系列都是Borland公司开发的产品*

② *V86模式是80386以上CPU才支持的一种特殊的保护模式（protected mode），运行在该模式下的调试器相当于一个虚拟机*

③ *S-ICE也称SoftICE，全称是Software In-circuit Emulator，由Frank Grossman & Jim Moskun开发*

④ *Bochs是Kevin　Lawton开发的解释执行80 × 86指令的开源虚拟机项目，Bochs的官网链接为:https://bochs.sourceforge.io。从1994年的第一个版本开始到2020年的2.6.11版，Bochs一直存在一个导致S-ICE崩溃的严重bug，但26年来这个bug始终没人修复。本书作者自2020年5月起着手对Bochs进行调试，历*

然，该调试器也能调试实模式用户程序。Bochs之所以能调试保护模式程序是因为它是解释执行每一条80×86指令，它本身就相当于是一个虚拟的CPU。Bochs Enhanced Debugger设置的指令执行断点既不修改指令首字节也不依赖于CPU的调试寄存器且断点数量多达16个，它设置的变量读写断点同样也不依赖于调试寄存器且断点数量也有16个之多。正是由于Bochs具有其他虚拟机并不具备的解释执行特性，我们甚至可以用它调试CPU上电自检直到操作系统启动的全部过程。

5.2　软件断点和硬件断点

5.2.1　软件断点

软件断点（software breakpoint）是通过改写指令首字节为0CCh而设置的指令执行断点，其中机器码0CCh对应的指令是int 3h，当用户程序执行到int 3h指令时会调用调试器的int 3h中断函数从而使调试器获得控制权。调试器的int 3h中断函数先在屏幕上显示用户程序当前寄存器的值以及当前将要执行的指令，再等待用户敲键，当用户输入单步执行命令后，调试器会恢复断点处指令的首字节再单步执行该条指令，等该指令执行完后CPU会自动产生int 1h单步中断并调用调试器的int 1h中断函数从而使得调试器再次获得控制权，调试器的int 1h中断函数接着重新改写断点处指令的首字节为0CCh即相当于恢复了这个软件断点，然后它会像int 3h函数那样显示用户程序的当前寄存器值以及将要执行的指令，再等待用户敲键。

由于软件断点不依赖于CPU中的调试寄存器，故断点的数量完全取决于调试器的作者。DEBUG、SYMDEB、CodeView、Turbo Debugger、S-ICE均支持软件断点。

程序5.1[①]演示了如何检测Turbo Debugger设置的软件断点。

程序 5.1 int3h.asm—检测软件断点

```
 1  code segment
 2  assume cs:code
 3  main:
 4      mov cx, 10
 5  next:
 6      mov ah, 2      ; 此处按F2键设一个软件断点
 7      mov dl, 'A'
 8      int 21h        ; 输出一个'A'
 9      mov al, byte ptr cs:[next]; AL=next标号处指令即第6行指令的首字节
10      cmp al, 0CCh   ; 判断是否为软件断点int 3h的机器码0CCh
11      je done        ; 若检测到软件断点则仅做一次循环
12      sub cx, 1
13      jnz next       ; 若没有检测到软件断点则做10次循环
14  done:
15      mov ah, 4Ch
16      int 21h
```

时约九个月，终于在2021年3月16日找到并修复了这个bug，从而使S-ICE在Bochs中复活，笔者提交的bug链接为：*https://sourceforge.net/p/bochs/patches/558/*

[①] 源程序int3h.asm下载链接：*http://cc.zju.edu.cn/bhh/asm/int3h.asm*

```
17  code ends
18  end main
```

用td调试int3h.exe，先在CS:0003处按F2键设一个软件断点，再按5次F8键单步跟踪到CS:000D处，可以观察到寄存器窗中AL=0CCh，若接着按2次F8键单步执行的话，程序将因为检测到软件中断而只做1次循环并跳转到CS:0016处结束运行，详见图5.1。

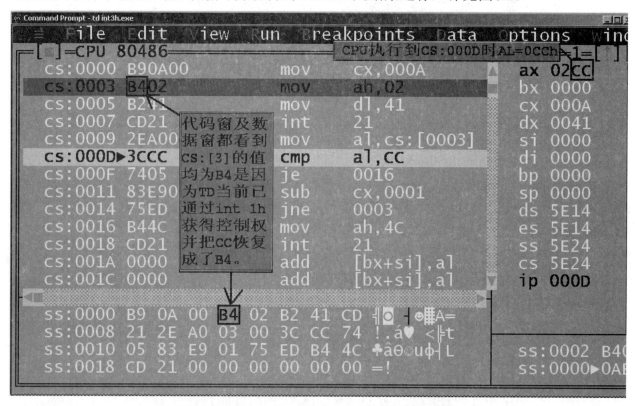

图 5.1 检测Turbo Debugger设置的软件断点

5.2.2 硬件断点

硬件断点是通过把指令首字节地址、变量地址写入调试器寄存器而设置的指令执行断点或变量读写断点。由于CPU中用来保存断点地址的调试寄存器仅有4个，故硬件断点的数量最多只有4个。硬件断点不会修改指令的首字节也不会修改变量的值。由于变量读写断点可以监控指令对变量的读写动作，故硬件断点可以帮助我们找出诸如数组越界这类靠软件断点很难找出来的bug。

S-ICE支持4个硬件断点，Bochs Enhanced Debugger支持功能上跟硬件断点类似的16个指令执行断点及16个变量读写断点。

5.3 S-ICE和Bochs的断点命令

5.3.1 S-ICE断点命令

S-ICE的断点命令如表5.1所示。其中bpmb、bpmw、bpmd分别表示地址address所指对象的宽度为字节、字、双字，另外，bpmw要求address能被2整除，bpmd要求address能被4整除。

表 5.1 S-ICE 的断点命令

命令	含义
bpmb *address* x	在地址 address 处设置一个硬件执行断点
bpmb | bpmw | bpmd *address* r	在地址 address 处设置一个硬件读断点
bpmb | bpmw | bpmd *address* w	在地址 address 处设置一个硬件写断点
bpmb | bpmw | bpmd *address* rw	在地址 address 处设置一个硬件读写断点
bpx *address*	在地址 address 处设置一个软件断点
bl	列出已设的断点
be * | *num*	激活全部 | 编号为 num 的断点
bd * | *num*	禁用全部 | 编号为 num 的断点
bc * | *num*	清除全部 | 编号为 num 的断点

5.3.2　Bochs 断点命令

Bochs Enhanced Debugger 的断点命令如表 5.2 所示。其中 len=1、2、4 分别表示变量的宽度为字节、字、双字，address 必须用 C 语言的 16 进制常数格式表示，如 *pb 0x67D8*、*watch w 0x67C0 1*。

表 5.2 Bochs Enhanced Debugger 的断点命令

命令	含义
pb *address*	在物理地址 address 处设置一个指令执行断点
blist	列出已设的指令执行断点
bpe *num*	激活编号为 num 的指令执行断点
bpd *num*	禁用编号为 num 的指令执行断点
delete|del|d *num*	删除编号为 num 的指令执行断点
watch r *address* *len*	在物理地址 address 处设置一个宽度为 len 的变量读断点
watch w *address* *len*	在物理地址 address 处设置一个宽度为 len 的变量写断点
watch	列出已设的变量读写断点
unwatch *num*	删除编号为 num 的变量读写断点

5.4　用 DEBUG 调试汇编程序

5.4.1　DEBUG 的调用格式

DEBUG 不仅能用来调试可执行程序，而且还能用于简单编程，它有以下两种调用格式：

```
DEBUG
DEBUG 可执行程序名
```

第一种格式不跟任何参数，用于简单编程；第二种格式要跟一个被调试的可执行程序名，用来调试该程序。

5.4.2　DEBUG的主要命令

DEBUG的主要命令见表5.3，其中P命令和T命令均能单步执行一条指令，但是在跟踪call、int指令时，P命令会步过（step over）当前指令并停在下条指令处，而T命令则会跟踪进入（trace into）函数并停在函数的首条指令处，在跟踪loop、rep指令时，P命令会执行完循环并停在下条指令处，而T命令则仅执行一次循环。

表 5.3 DEBUG的主要命令

命令	含义
R ␣ | reg	查看所有寄存器的值及当前指令 | 修改寄存器reg的值
A ␣ | addr	汇编[①] | 从地址addr起汇编
U ␣ | $addr_0$ | $addr_0$ $addr_1$ | $addr_0$ L len	反汇编[②]，$addr_0$＝首地址，$addr_1$＝末地址，len＝从地址$addr_0$起的机器码长度
D ␣ | $addr_0$ | $addr_0$ $addr_1$ | $addr_0$ L len	查看内存单元的值[③]，$addr_0$＝首地址，$addr_1$＝末地址，len＝从地址$addr_0$起的机器码长度
E ␣ | addr | addr v_0 v_1 ⋯ v_{n-1}	修改内存单元的值，addr＝首地址，v_i＝内存单元的值
G ␣ | =$addr_0$ | $addr_1$ | =$addr_0$ $addr_1$	运行（Go）程序，$addr_0$＝起始地址，$addr_1$＝断点地址
P ␣ | =addr	单步执行（Proceed），addr＝起始地址
T ␣ | =addr	跟踪进入（Trace），addr＝起始地址
Q	退出（Quit）DEBUG

DEBUG的R命令能显示当前寄存器的值，包括FL寄存器的各个标志位，这些标志位的状态均用两个大写字母表示，具体如表5.4所示。

表 5.4 标志寄存器FL的各个位状态在DEBUG中的表示

位状态	表示	含义	位状态	表示	含义
OF=0	NV	Not oVerflow	OF=1	OV	OVerflow
DF=0	UP	UP	DF=1	DN	DowN
IF=0	DI	Disable Interrupt	IF=1	EI	Enable Interrupt
SF=0	PL	PLus	SF=1	NG	NeGative
ZF=0	NZ	Not Zero	ZF=1	ZR	ZeRo
AF=0	AC	Auxiliary Carry	AF=1	NA	No Auxiliary
PF=0	PO	Parity Odd	PF=1	PE	Parity Even
CF=0	NC	No Carry	CF=1	CY	CarrY

[①]汇编（assemble）就是输入汇编指令让debug实时转化成机器码，无参数A命令的起始地址为上次A命令的结束地址，首次使用无参数A命令的起始地址为CS:IP

[②]反汇编（unassemble/disassemble）就是让debug把内存中的机器码实时转化成汇编指令，无参数U命令的起始地址为上次U命令的结束地址，首次使用无参数U命令的起始地址为CS:IP

[③]D是dump的缩写，无参数D命令的起始地址为上次D命令的结束地址，首次使用无参数D命令的起始地址为CS:IP

5.4.3　DEBUG调试举例

　　假定我们用DEBUG调试程序1.1（p.10），那么要先用以下两条命令把hello.asm编译成hello.exe：

```
masm hello;
link hello;
```

　　接下去就可以用DEBUG对hello.exe进行调试。具体过程如下所示：

```
DEBUG hello.exe      ✐ 用 DEBUG 调试 hello.exe
-R                   † 先查看一下寄存器及当前要执行的指令
AX=0000   BX=0000   CX=0020   DX=0000   SP=0000   BP=0000   SI=0000   DI=0000
DS=14A6   ES=14A6   SS=14B6   CS=14B7   IP=0000   NV UP EI PL NZ NA PO NC
14B7:0000 B8B614          MOV   AX,14B6  ✐ 这是第 1 条指令
                     † 源程序中对应的语句是: mov ax, data
                     † 14B6 是 data 段址

-U 0                 ✐ 从 CS:0000 开始反汇编
14B7:0000 B8B614          MOV    AX,14B6 † 源程序对应语句: mov ax, data
14B7:0003 8ED8            MOV    DS,AX   † 源程序对应语句: mov ds, ax
14B7:0005 B409            MOV    AH,09   † 源程序对应语句: mov ah, 9
14B7:0007 BA0000          MOV    DX,0000 † 源程序对应语句: mov dx, offset s
14B7:000A CD21            INT    21      † 源程序对应语句: int 21h
14B7:000C B44C            MOV    AH,4C   † 源程序对应语句: mov ah, 4Ch
14B7:000E CD21            INT    21      † 源程序对应语句: int 21h
-P                   ✐ 先来执行第 1 条指令，注意寄存器 AX 的变化
                     † 执行这一步后，AX 将等于 14B6h
AX=14B6   BX=0000   CX=0020   DX=0000   SP=0000   BP=0000   SI=0000   DI=0000
DS=14A6   ES=14A6   SS=14B6   CS=14B7   IP=0003   NV UP EI PL NZ NA PO NC
14B7:0003 8ED8            MOV    DS,AX † 这是将要执行的第 2 条指令
-P                   ✐ 再执行第 2 条指令，注意寄存器 DS 的变化
                     † 执行这一步后，DS 将等于 14B6h
AX=14B6   BX=0000   CX=0020   DX=0000   SP=0000   BP=0000   SI=0000   DI=0000
DS=14B6   ES=14A6   SS=14B6   CS=14B7   IP=0005   NV UP EI PL NZ NA PO NC
14B7:0005 B409            MOV    AH,09 † 这是将要执行的第 3 条指令
-D 0                 ✐ 暂不执行第 3 条指令，而是先查看一下数据段的内容
                     † D 命令的起始地址是 DS:0000，即 14B6:0000
                     † 以下输出结果中的首行前 15 个字节是源程序数据段中用 db 伪指令定义的
                     † 字节类型数组 s 的内容，源程序对应语句为: s db "Hello,world!", 0Dh, 0Ah, '$'
14B6:0000  48 65 6C 6C 6F 2C 77 6F-72 6C 64 21 0D 0A 24 00   Hello,world!..$.
14B6:0010  B8 B6 14 8E D8 B4 09 BA-00 00 CD 21 B4 4C CD 21   ...........!.L.!
-R                   ✐ 查看将要执行的指令，即刚才还未执行的第 3 条指令
AX=14B6   BX=0000   CX=0020   DX=0000   SP=0000   BP=0000   SI=0000   DI=0000
DS=14B6   ES=14A6   SS=14B6   CS=14B7   IP=0005   NV UP EI PL NZ NA PO NC
14B7:0005 B409            MOV    AH,09    † 这是将要执行的第 3 条指令
-P                   ✐ 执行第 3 条指令，注意寄存器 AX 的变化
AX=09B6   BX=0000   CX=0020   DX=0000   SP=0000   BP=0000   SI=0000   DI=0000
DS=14B6   ES=14A6   SS=14B6   CS=14B7   IP=0007   NV UP EI PL NZ NA PO NC
14B7:0007 BA0000          MOV    DX,0000 † 这是将要执行的第 4 条指令
-P                   ✐ 执行第 4 条指令，注意寄存器 DX 的变化
                     † DX 的值将等于 0000h，即 s 的偏移地址
AX=09B6   BX=0000   CX=0020   DX=0000   SP=0000   BP=0000   SI=0000   DI=0000
DS=14B6   ES=14A6   SS=14B6   CS=14B7   IP=000A   NV UP EI PL NZ NA PO NC
14B7:000A CD21            INT    21      † 这是将要执行的第 5 条指令
-P                   ✐ 执行第 5 条指令
Hello,world!         † 这是调用 int 21h 的 9 号功能所输出的字符串
                     † 及回车换行
```

```
AX=0924   BX=0000   CX=0020   DX=0000   SP=0000   BP=0000   SI=0000   DI=0000
DS=14B6   ES=14A6   SS=14B6   CS=14B7   IP=000C   NV UP EI PL NZ NA PO NC
14B7:000C B44C            MOV       AH,4C      ↑ 这是将要执行的第6条指令
-P                ✐ 执行第6条指令，注意寄存器AX的变化
AX=4C24   BX=0000   CX=0020   DX=0000   SP=0000   BP=0000   SI=0000   DI=0000
DS=14B6   ES=14A6   SS=14B6   CS=14B7   IP=000E   NV UP EI PL NZ NA PO NC
14B7:000E CD21            INT       21         ↑ 这是最后一条指令
-P                ✐ 执行最后一条指令，调用int 21h的4Ch号功能，结束程序运行
Program terminated normally ↑ 这是DEBUG显示的"程序正常终止"信息
-Q                ✐ 退出DEBUG，结束程序调试
```

5.5　用Turbo Debugger调试汇编程序

5.5.1　TD调试前的准备工作

假定我们用TD调试程序1.1，那么要先用以下两条命令把hello.asm编译成hello.exe：

```
tasm /zi hello;    ✐ 参数/zi表示full debug info
tlink /v hello;    ↑ 参数/v表示include full symbolic debug information
```

这里的tasm、tlink是指Borland公司的Turbo Assembler、Turbo Link，用它们编译、连接生成的hello.exe中会自动包含调试信息如变量名、标号名，当我们用TD调试它们编译出来的exe时就能在代码窗看到源代码即可以进行源代码级的调试。如果用masm、link代替tasm、tlink编译hello.asm并生成hello.exe，那么虽然TD也能调试此hello.exe，但我们只能看到机器码及汇编代码，无法看到源代码。

5.5.2　TD调试步骤

在用tasm、tlink编译生成hello.exe后，接下去用以下命令对hello.exe进行调试：

```
td hello.exe
```

此时会看到如图5.2所示的Turbo Debugger界面。

图 5.2　用TD以源代码模式调试hello.exe

　　如果想以机器码、源代码混合模式调试hello.exe，那么可以选择菜单View→CPU，再按F5键放大窗口，如图5.3所示。

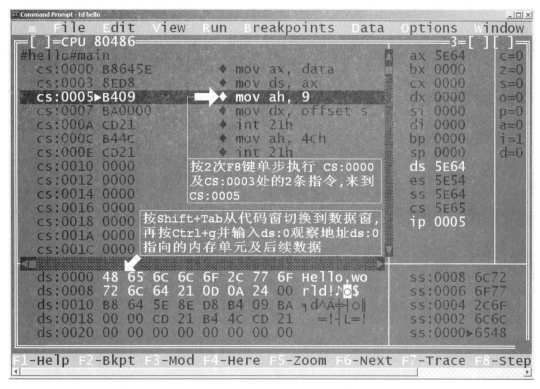

图 5.3 用 TD 以机器码、源代码混合模式调试 hello.exe

　　如果不想在调试时看到源代码，只想查看机器码及汇编代码，那么可以用masm、link编译 hello.asm 或者用tasm、tlink不加参数编译hello.asm。此时输入命令td hello.exe 将看到如图5.4所示的界面。

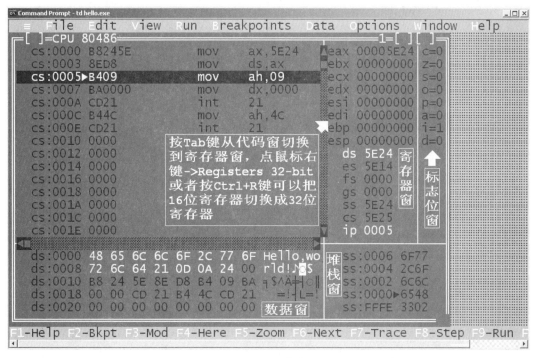

图 5.4 用 TD 以机器码模式调试 hello.exe

在用Turbo Debugger调试程序的过程中，按Tab键可以按顺时针方向切换到下一个子窗口，按 Shift+Tab 则按逆时针方向切换到下一个子窗口，当光标位于某个子窗口内时按F1键可以获得与该子窗口相关的帮助信息，而当光标位于某个菜单项时按F1则可以获得关于该菜单的帮助信息。

当光标位于代码窗时，可以通过键盘输入一条指令来改写当前指令，同理，当光标位于寄存器窗、堆栈窗、数据窗时，也可以通过键盘输入来改变当前光标处的值，请注意输入的常数在不加后缀h的情况下默认是16进制格式，字母开头的16进制数必须有0前缀，如果要输入一个十进制数则必须加D后缀，输入一个二进制数则需要加B后缀。当光标位于标志位窗口时，按空格键或者点鼠标右键→ `Toggle` 可以反转当前标志位的值。

5.5.3　TD常用快捷键

Turbo Debugger的常用快捷键见表5.5。

表 5.5 Turbo Debugger常用快捷键

快捷键	含义
Ctrl+F2	重新开始跟踪（program reset）
F2	设置断点（breakpoint）
F4	运行到光标处（run to cursor）
F7	跟踪进入（trace into），相当于DEBUG的T命令
F8	步过（step over），相当于DEBUG的P命令
F9	运行程序（run），相当于DEBUG的G命令
Ctrl+g	设定代码窗、堆栈窗、数据窗的起始地址，g表示*go*
Ctrl+o	在代码窗显示CS:IP指向的指令，o表示*original*
Alt+F5	观察用户屏，即查看当前程序的输入/输出窗口

5.6　用S-ICE调试汇编程序

5.6.1　S-ICE调试前的准备工作

用S-ICE调试汇编程序hello.asm前需要做以下两个准备工作：

① 双击Bochs虚拟机的硬盘镜像文件dos.img[①]并把hello.asm拖到虚拟机c:\masm目录内

② 启动Bochs虚拟机

双击bochsdbg.exe→Load→dos.bxrc→Start[②]→ 切换到Bochs Enhanced Debugger窗口→Continue→ 切换到Bochs for Windows - Display窗口→ 选择1. soft-ice敲回车

Bochs虚拟机启动完毕，如图5.5所示。

[①]*在打开dos.img前，请安装好WinImage这个硬盘镜像管理软件*

[②]*若在启动Bochs时弹出PANIC对话框且框内提示"Kill simulation"，请先点"Ok"按钮结束Bochs，再在删除dos.img.lock这个文件后重新启动Bochs*

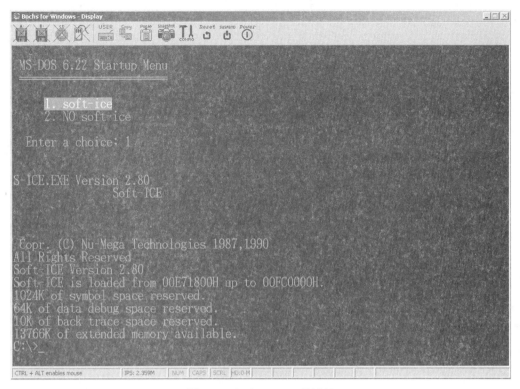

图 5.5 启动Bochs虚拟机

5.6.2 S-ICE调试步骤

做完调试前的准备工作后，接着在Bochs虚拟机里输入4条命令，即可看到如图5.6所示的S-ICE界面。

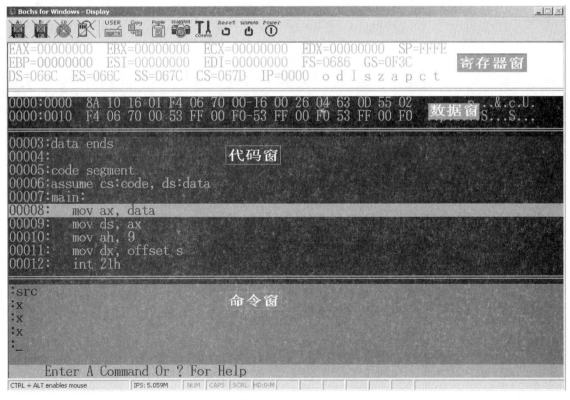

图 5.6 S-ICE界面

与图5.6相关的这4条命令为：

```
cd \masm              ✍  进入c:\masm子目录
tasm /zi hello;       †  参数/zi表示full debug info
tlink /v hello;       †  参数/v表示include full symbolic debug information
LDR hello①            †  ldr命令用来把hello.exe载入内存，并呼出S-ICE开始调试
```

接下去在S-ICE的命令窗中输入以下命令对hello进行调试：

```
wc 12                 ✍  把代码窗行数改成12行
src                   †  从源代码模式切换到源代码+机器码混合模式
p↵p↵p↵p↵p↵            †  单步执行5次（按5次F8键或者输入5个p↵命令）
d ds:0                †  在数据窗中查看地址ds:0指向的内存单元及后续数据
```

完成上述命令后，S-ICE的界面如图5.7所示。

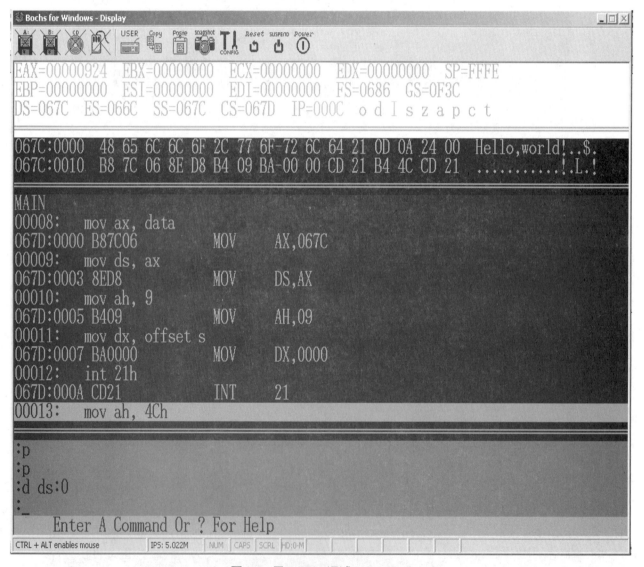

图 5.7 用S-ICE调试hello.exe

此时，再在S-ICE命令窗输入rs命令或者按F5键可以查看如图5.8所示的用户屏。

---

① ldr命令行参数指定的exe文件名若没有.exe扩展名则会以源代码模式进行调试，若有.exe扩展名则以机器码模式进行调试

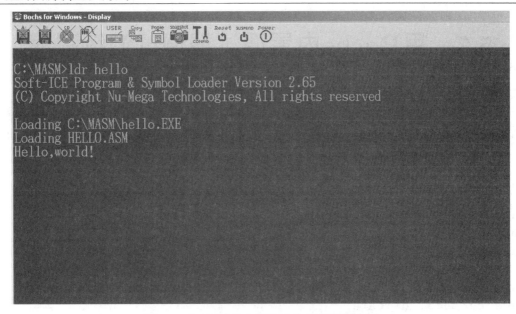

图 5.8 在 S-ICE 中用 RS 命令查看用户屏

最后，按任意键从用户屏返回调试窗，再在 S-ICE 命令窗输入 x 命令让 hello.exe 继续运行至结束并返回到 DOS 命令行。

5.6.3 S-ICE 常用命令

S-ICE 的常用命令及快捷键见表 5.6，S-ICE 的断点命令见表 5.1（p.65）。

表 5.6 S-ICE 的常用命令及快捷键

命令	快捷键	含义
CLS		清除命令窗（clear screen）
	↑	在命令窗显示上次输入过的命令
.		在代码窗显示 CS:IP 指向的指令，同 TD 的 ctrl+o
H | ?	F1	帮助（help）
BPX	F2	设软件断点（breakpoint）
HERE	F4	运行到光标处（run to cursor）
T	F7	跟踪进入（trace into），同 DEBUG 的 T 命令
P	F8	步过（step over），同 DEBUG 的 P 命令
X	F9 | Ctrl+d	运行（execute）程序，同 DEBUG 的 G 命令
U		反汇编（unassemble），同 DEBUG 的 U 命令
A		汇编（assemble），同 DEBUG 的 A 命令
D		查看（dump）内存单元的值，同 DEBUG 的 D 命令
E		修改（edit）内存单元的值，同 DEBUG 的 E 命令
R reg		修改寄存器 reg[①] 的值，同 DEBUG 的 R 命令
RS	F5	观察用户屏幕，同 TD 的 Alt+F5
EC	F6	代码窗与命令窗切换（enter code window）
WC | WC num		关闭、显示代码窗 | 调整代码窗的高度为 num 行
WD | WD num		关闭、显示数据窗 | 调整数据窗的高度为 num 行
? exp		计算表达式 exp 的值
SRC	F3	源代码（src）、源代码+机器码、机器码模式切换

5.7　用Bochs内置调试器调试汇编程序

5.7.1　Bochs调试前的准备工作

用Bochs Enhanced Debugger调试程序1.1前需要先对源代码做一些改动，改完后的代码见程序5.2[①]。

程序 5.2 bochs1st.asm—用于Bochs内置调试器的汇编程序样本

```
 1  data segment
 2  s db "Hello,world!", 0Dh, 0Ah, '$'
 3  data ends
 4
 5  code segment
 6  assume cs:code, ds:data
 7  main:
 8      mov dx, 8A00h  ;
 9      mov ax, 8A00h  ;
10      out dx, ax     ;    Bochs虚拟机在执行完这5条指令后会自动中断，
11      mov ax, 8AE0h  ;    即Bochs Enhanced Debugger会停在第13行
12      out dx, ax     ;
13      mov ax, data
14      mov ds, ax
15      mov ah, 9
16      mov dx, offset s
17      int 21h
18      mov ah, 4Ch
19      int 21h
20  code ends
21  end main
```

准备好源程序bochs1st.asm后，接下去还要做以下两步：

① 双击Bochs虚拟机的硬盘镜像文件dos.img并把bochs1st.asm拖到虚拟机c:\masm目录内

② 启动Bochs虚拟机：

双击bochsdbg.exe→Load→dos.bxrc→Start→ 切换到Bochs Enhanced Debugger窗口→Continue→ 切换到Bochs for Windows - Display 窗口→ 选择2. NO soft-ice敲回车

5.7.2　Bochs调试步骤

在完成了源代码导入并启动Bochs虚拟机后，接下去在Bochs虚拟机中输入以下4条命令：

```
cd \masm            进入虚拟机子目录c:\masm
masm bochs1st;      † 编译
link bochs1st;      † 连接
bochs1st            † 运行
```

[①]用R FL flag命令反转FL寄存器的flag位，如R FL z表示把ZF反转
[①]源程序bochs1st.asm下载链接：http://cc.zju.edu.cn/bhh/asm/bochs1st.asm

此时会看到如图5.9所示的Bochs内置调试器界面。

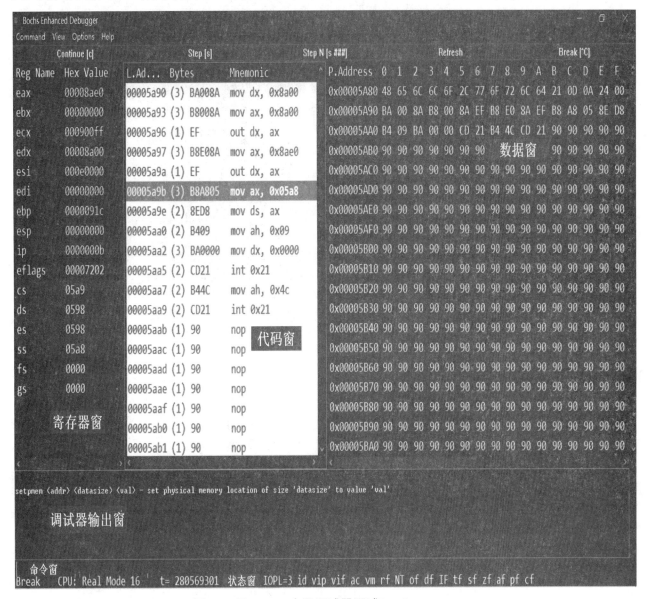

图 5.9 用Bochs内置调试器调试bochs1st.exe

接下去在Bochs Enhanced Debugger窗口做以下步骤进行调试:

① 按Ctrl+d并输入物理地址0x5A90,目的是把代码窗的起始地址设成5A9:0000以便查看5A9:0000至5A9:001A之间的代码

② 按Ctrl+F7并输入物理地址0x5A80,目的是把数据窗的起始地址设成5A8:0000以便查看data段的内容

③ 按5次F8键单步执行5A9:000B至5A9:0016之间的5条指令

④ 切换到Bochs for Windows-Display窗口查看程序的输出结果,如图5.10所示

⑤ 切换回Bochs Enhanced Debugger窗口,输入c命令或者点Continue按钮,目的是让bochs1st.exe继续运行至结束

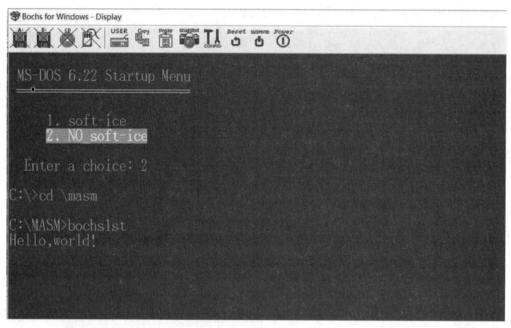

图 5.10 在Bochs的Display窗查看bochs1st.exe的输出

5.7.3　Bochs常用调试命令

Bochs常用调试命令及快捷键见表5.7，Bochs断点命令见表5.2（p.65）。

表 5.7 Bochs常用调试命令及快捷键

命令	快捷键	含义
	Ctrl+c 或 Break 按钮	中断程序运行，把控制权交给调试器
	↑	在命令窗显示上次输入过的命令
h｜help		帮助（help）
pb *addr*	双击指令	在物理地址addr处设指令执行断点
s	F11	跟踪进入（trace into），同DEBUG的T命令
n	F8	步过（step over），同DEBUG的P命令
c	F5 或 Continue 按钮	运行程序，同S-ICE的x命令
	Ctrl+d	设置代码窗的起始地址，d表示disassemble
	Ctrl+F7	设置数据窗的起始地址，同TD的Ctrl+g
writemem "*filename*" *addr len*		把地址addr起长度为len字节的内存块写入文件
setpmem *addr len v*		修改物理地址addr处宽度为len字节的变量值为v
	双击寄存器	修改寄存器的值
? *exp*		计算表达式exp的值
sreg		查看系统寄存器的值
cr｜creg		查看控制寄存器的值
info gdt｜idt｜tss		查看全局描述符表｜中断描述符表｜任务状态段

习题

1. 什么是软件断点与硬件断点？它们有什么区别？

2. S-ICE 相比 Debug、Turbo Debugger 在调试实模式程序时有什么优势？

3. 哪个调试器可以调试保护模式程序？

4. 跟踪进入 (trace into) 与步过 (step over) 有什么区别？请分别列举 Debug、Turbo Debugger、S-ICE、Bochs Enhanced Debugger 中跟踪进入与步过的操作步骤。

第6章 80×86指令系统

6.1 指令结构

汇编语言指令（instruction）由操作码（opcode）和操作数（operand）两部分构成，即：

> 指令 = 操作码 + 操作数

任何指令都含有一个操作码，其后可以跟随0到3个操作数，例如：

```
clc                    ; 无操作数指令，clc为操作码
inc ax                 ; 单操作数指令，inc为操作码，ax为操作数
add ax,bx              ; 双操作数指令，add为操作码，ax和bx为操作数
mov al,1               ; 双操作数指令，mov为操作码，al和1为操作数
sub al,ds:[10ABh];     双操作数指令，sub为操作码，al和ds:[10ABh]为操作数
imul eax,ebx,80        ; 三操作数指令，imul为操作码，eax、ebx、80为操作数
```

操作数一共有3种形式：常数（idata）、寄存器（reg）、变量（mem）。在下文描述某条指令的格式或操作时如果需要指出操作数的宽度，则会在操作数英文简称后加上8、16、32表示该操作数的宽度是8位、16位、32位，例如idata8、reg16、mem32分别表示8位常数、16位寄存器、32位变量。

6.2 数据传送指令

6.2.1 通用数据传送指令：MOV,PUSH,POP,XCHG

6.2.1.1 mov dest, src

1. 功能

   把src赋值给dest。

2. 操作

   ```
   dest = src;
   ```

3. 格式

   ```
   mov reg, idata
   mov mem, idata
   mov reg, reg
   mov reg, mem
   mov mem, reg
   ```

4. 举例

```
mov ah, 2
mov bx, 1234h
mov ecx, 8086CODEh
mov byte ptr ds:[10A0h], 12h
mov word ptr es:[bx+si], 1234h
mov ah, al
mov bx, ax
mov ecx, ebx
mov ax, ds
mov es, ax
mov ah, [bx+2]
mov bx, [bp+6]
mov ds, [bx]
mov ds:[10A0h], ah
mov [si], edi
mov [bp-2], ds
```

5. 注意

- MOV指令不影响任何标志位;
- MOV指令的两个操作数不能全为内存变量;
- MOV指令的源操作数与目标操作数必须等宽;
- 不能把常数或段寄存器赋值给段寄存器;
- 不允许对CS进行赋值[①];
- 不能用MOV指令引用寄存器IP及FL[②]。

6.2.1.2 push op

1. 功能

把op压入堆栈。

2. 操作

```
if(sizeof(op) == 2)         ✍若op的宽度是2字节
{
    sp = sp - 2;
    word ptr ss:[sp] = op;
}
else if(sizeof(op) == 4)    † 若op的宽度是4字节
{
    sp = sp - 4;
    dword ptr ss:[sp] = op;
}
```

3. 格式

```
push reg16 | mem16 | reg32 | mem32
```

[①]CS只能通过jmp far ptr、jmp dword ptr、call far ptr、call dword ptr、retf、int、iret间接改变
[②]任何指令均不能引用寄存器IP及FL的名字

4. 举例

```
push ax
push esi
push ds
push word ptr ds:[10A0h]
push dword ptr [bp+6]
```

5. 注意

- PUSH指令不影响任何标志位；
- PUSH不支持8位宽度的操作数。

6.2.1.3　pop op

1. 功能

从堆栈弹出一项给op。

2. 操作

```
if(sizeof(op) == 2)        ✍若op的宽度是2字节
{
    op = word ptr ss:[sp];
    sp = sp + 2;
}
else if(sizeof(op) == 4)   † 若op的宽度是4字节
{
    op = dword ptr ss:[sp];
    sp = sp + 4;
}
```

3. 格式

```
pop reg16 | mem16 | reg32 | mem32
```

4. 举例

```
pop dx
pop edi
pop es
pop word ptr ds:[bx]
pop dword ptr [bp-4]
```

5. 注意

- pop指令不影响任何标志位；
- pop不支持8位宽度的操作数。

6.2.1.4　xchg op1, op2

1. 功能

交换op1与op2。

2. 操作

```
temp = op1;
op1  = op2;
op2  = temp;
```

3. 格式

```
xchg reg, reg
xchg reg, mem
xchg mem, reg
```

4. 举例

```
xchg ax, bx
xchg al, ds:[10A0h]
xchg es:[bx+di+2], dx
```

5. 注意

- XCHG指令不影响任何标志位；
- XCHG的操作数中不能有段寄存器。

6.2.2 输入输出指令：IN,OUT

6.2.2.1 in al, port

1. 功能

从port号端口读取一个字节并保存到AL中。

2. 操作

```
AL = [port];        ✍ [port]表示port号端口中的值
```

3. 格式

```
in al, idata        ✍ idata ∈ [00h, 0FFh]
in al, dx           † dx ∈ [0000h, 0FFFFh]
```

4. 举例

```
in al, 21h          ✍ 从21h号端口读取一个字节并保存到AL中
mov dx, 379h
in al, dx           † 从379h号端口读取一个字节并保存到AL中
```

5. 注意

- 当端口地址 > 0FFh时，必须使用*in al, dx*格式，不能使用*in al, idata*格式；
- 当端口地址 ≤ 0FFh时，两种格式均可。

6.2.2.2 out port, al

1. 功能

把AL的值写入port号端口。

2. 操作

```
[port] = AL;          ⌀ [port] 表示 port 号端口中的值
```

3. 格式

```
out idata, al         ⌀ idata ∈ [00h, 0FFh]
out dx, al            † dx ∈ [0000h, 0FFFFh]
```

4. 举例

```
out 21h, al           ⌀ 把 AL 的值写入 21h 号端口
mov dx, 378h
out dx, al            † 把 AL 的值写入 378h 号端口
```

5. 注意

- 当端口地址 > 0FFh 时，必须使用 *out dx, al* 格式，不能使用 *out idata, al* 格式；
- 当端口地址 ≤ 0FFh 时，两种格式均可。

6.2.3　地址传送指令：LEA,LDS,LES

6.2.3.1　lea dest, src

1. 功能

取变量 src 的偏移地址并赋值给 dest。

2. 操作

```
dest = offset src;
```

3. 格式

```
lea reg, mem
```

4. 举例

```
lea bx, ds:[10F8h]    ⌀ BX = 10F8h
mov bx, 1000h
mov si, 1234h
lea di, [bx+si+2]     † DI = BX + SI + 2 = 2236h
mov eax, 3
lea eax, [eax+eax*4]  † EAX = 3 * 5 = 15
```

5. 注意

lea 的助记含义是 load effective address，所谓 effective address 其实就是偏移地址。

6.2.3.2　lds dest, src

1. 功能

取出保存在变量 src 中的远指针并把远指针的段地址部分赋值给 ds，再把远指针的偏移地址部分赋值给寄存器 dest。关于远指针的存储格式请参考程序 4.4（p.56）中的变量 addr3。

2. 操作

```
dest = word ptr [src];        ⌀word ptr [src]是远指针的偏移地址部分
ds = word ptr [src+2];        † word ptr [src+2]是远指针的段地址部分
```

3. 格式

```
lds reg, mem32
```

4. 举例

```
mov ax, 1000h
mov es, ax
mov di, 0
mov dword ptr es:[di], 12345678h
                ⌀从1000:0000起连续存放4个字节:78h,56h,34h,12h
lds si, es:[di]    † DS=1234h, SI=5678h
```

6.2.3.3 les dest, src

1. 功能

取出保存在变量src中的远指针并把远指针的段地址部分赋值给es，再把远指针的偏移地址部分赋值给寄存器dest。

2. 操作

```
dest = word ptr [src];        ⌀word ptr [src]是远指针的偏移地址部分
es = word ptr [src+2];        † word ptr [src+2]是远指针的段地址部分
```

3. 格式

```
les reg, mem32
```

4. 举例

```
mov ax, 1000h
mov ds, ax
mov bx, 0
mov dword ptr ds:[bx], 3456789Ah
                ⌀从1000:0000起连续存放4个字节:9Ah,78h,56h,34h
les di, ds:[bx]    † ES=3456h, DI=789Ah
```

6.2.4 标志寄存器传送指令：LAHF,SAHF,PUSHF,POPF

6.2.4.1 lahf

1. 功能

把标志寄存器FL的低8位赋值给AH。

2. 操作

```
ah = FL & 0FFh;
```

3. 格式

```
lahf
```

4. 举例

```
mov al, 0FFh
add al, 0FEh      ✐ AL=0FDh, SF=1, ZF=0, AF=1, PF=0, CF=1
lahf              † AH=10010011B, 各个标志位的位号请参考图3.6(p.38)
```

5. 注意

lahf的助记含义是Load AH with Flags。

6.2.4.2   sahf

1. 功能

把AH赋值给FL的低8位。

2. 操作

```
FL = (FL & 0FF00h) | 2 | (AH & 0D5h);
```

3. 格式

```
sahf
```

4. 举例

```
mov ah, 10000001B
sahf    ✐ SF=1,ZF=0,AF=0,PF=0,CF=1,各个标志位的位号请参考图3.6(p.38)
```

5. 注意

sahf的助记含义是Store AH in Flags。

6.2.4.3   pushf

1. 功能

把FL压入堆栈。

2. 操作

```
sp = sp - 2;
word ptr ss:[sp] = FL;
```

3. 格式

```
pushf
```

6.2.4.4   popf

1. 功能

从堆栈弹出一个字给FL。

2. 操作

```
FL = word ptr ss:[sp];
sp = sp + 2;
```

3. 格式

```
popf
```

4. 举例

```
pushf
pop ax          ⊘ AX=FL
or ax, 100h     † 第8位置1
push ax
popf            † FL=AX, TF=1
;----------------------
pushf
pop ax          † AX=FL
and ax, not 100h; † 第8位清零, 等价于 and ax, 0FEFFh
push ax
popf            † FL=AX, TF=0
```

6.2.4.5 pushfd

1. 功能

把EFL压入堆栈。

2. 操作

```
sp = sp - 4;
dword ptr ss:[sp] = EFL;
```

3. 格式

```
pushfd
```

6.2.4.6 popfd

1. 功能

从堆栈弹出一个双字给EFL。

2. 操作

```
EFL = dword ptr ss:[sp];
sp = sp + 4;
```

3. 格式

```
popfd
```

6.3 转换指令

6.3.1 扩充指令：CBW,CWD,CDQ,MOVSX,MOVZX

6.3.1.1 cbw

1. 功能

把AL中的值符号扩充到AX中。

2. 操作

```
AH = 0 - ((AL & 80h) != 0);
```

3. 格式

```
cbw
```

4. 举例

```
mov  al, 7Fh
cbw             ; AX = 007Fh
mov  al, 0FCh
cbw             ; AX = 0FFFCh
```

5. 注意

cbw的助记含义是Convert Byte to Word。

6.3.1.2 cwd

1. 功能

把AX中的值符号扩充到DX:AX[①]中，其中DX用来存放32位扩充值的高16位，AX用来存放32位扩充值的低16位。

2. 操作

```
DX = 0 - ((AX & 8000h) != 0);
```

3. 格式

```
cwd
```

4. 举例

```
mov ax, 0FFFEh
cwd             ; DX = 0FFFFh
mov ax, 7FFFh
cwd             ; DX = 0000h
```

5. 注意

cwd的助记含义是Convert Word to Double word。

---

① 此处的:并不是段地址与偏移地址的分隔符，而是高16位与低16位的连接符

6.3.1.3 cdq

1. 功能

把EAX中的值符号扩充到EDX:EAX[①]中，其中EDX用来存放64位扩充值的高32位，EAX用来存放64位扩充值的低32位。

2. 操作

```
EDX = 0 - ((EAX & 80000000h) != 0);
```

3. 格式

```
cdq
```

4. 举例

```
mov eax, -2
cdq                 ; EDX = 0FFFFFFFFh
mov eax, 7FFFFFFFh
cdq                 ; EDX = 00000000h
```

5. 注意

cdq的助记含义是Convert Double word to Quadruple word。

6.3.1.4 movsx dest, src

1. 功能

把src符号扩充到dest中。

2. 操作

```
dest = src;
dest &= (1 << sizeof(src)*8) - 1;
if(src & (1 << sizeof(src)*8-1))
{
    dest |= ((1 << (sizeof(dest)-sizeof(src))*8) - 1)
            << sizeof(src)*8;
}
```

3. 格式

```
movsx reg16, reg8 | mem8
movsx reg32, reg8 | mem8 | reg16 | mem16
```

4. 举例

```
mov al, 80h
movsx bx, al ; BX=0FF80h
movsx ecx, al; ECX=0FFFFFF80h
mov dx, 1234h
movsx esi, dx; ESI=00001234h
```

[①]同理，此处的:是高32位与低32位的连接符

5. **注意**

movsx的助记含义是move by sign extension。

6.3.1.5 movzx dest, src

1. **功能**

把src零扩充到dest中。

2. **操作**

```
dest = src;
dest &= (1 << sizeof(src)*8) - 1;
```

3. **格式**

```
movzx reg16, reg8 | mem8
movzx reg32, reg8 | mem8 | reg16 | mem16
```

4. **举例**

```
mov al, 80h
movzx bx, al  ; BX=0080h
movzx ecx, al; ECX=00000080h
mov dx, 1234h
movzx esi, dx; ESI=00001234h
```

5. **注意**

movzx的助记含义是move by zero extension。

6.3.2 换码指令：XLAT

1. **功能**

把byte ptr ds:[bx+AL]赋值给AL。

2. **操作**

```
al = byte ptr ds:[bx+al];
```

3. **格式**

```
xlat
```

4. **举例**

程序6.1[①]对程序2.1（p.22）作出改进，利用xlat指令把32位整数转化成16进制并输出。

程序 6.1 xlat.asm—用xlat指令把32位整数转化成16进制并输出

```
1   .386
2   data segment use16
3   t db "0123456789ABCDEF"
4   x dd 2147483647
```

[①]源程序xlat.asm下载链接：*http://cc.zju.edu.cn/bhh/asm/xlat.asm*

```
 5  data ends
 6
 7  code segment use16
 8  assume cs:code, ds:data
 9  main:
10      mov ax, data      ;
11      mov ds, ax        ;    ds:bx→t[0]
12      mov bx, offset t; 
13      mov cx, 8
14      mov eax, [x]
15  next:
16      rol eax, 4
17      push eax
18      and eax, 0Fh
19      xlat
20      mov ah, 2
21      mov dl, al
22      int 21h
23      pop eax
24      sub cx, 1
25      jnz next
26      mov ah, 4Ch
27      int 21h
28  code ends
29  end main
```

5. 注意

xlat的助记含义是translate。

6.4　算术运算指令

6.4.1　加法指令：ADD,INC,ADC

6.4.1.1　add dest, src

1. 功能

把dest和src相加并赋值给dest。

2. 操作

```
dest += src;
```

3. 格式

```
add reg, idata
add reg, reg
add reg, mem
add mem, idata
add mem, reg
```

4. 举例

```
add   ah, 2
add   ax, dx
add   si, ds:[10A0h]
add   byte ptr ds:[10A0h], 12h
add   es:[bx], ax
add   [bp-4], eax
```

6.4.1.2 inc op

1. 功能

op自加1。

2. 操作

```
op++;
```

3. 格式

```
inc reg
inc mem
```

4. 举例

```
inc al
inc bx
inc ecx
inc byte ptr ds:[10A0h]
inc word ptr es:[bx+si]
inc dword ptr [bp-4]
```

5. 注意

- inc的助记含义是increment；
- inc指令不影响CF。

6.4.1.3 adc dest, src

1. 功能

带进位加，计算dest、src、CF之和并赋值给dest。

2. 操作

```
dest += src + CF;
```

3. 格式

```
adc reg, idata
adc reg, reg
adc reg, mem
adc mem, idata
adc mem, reg
```

4. 举例

求2F365h与5E024h的和，结果存放到寄存器DX及AX中，要求DX存放结果的高16位，AX存放结果的低16位。

```
mov ax, 0F365h   ✐ AX = 2F365h的低16位
mov dx, 2        † DX = 2F365h的高16位
                 † DX:AX = 2F365h
add ax, 0E024h   † 两数的低16位相加，AX = 0D389h, CF=1
adc dx, 5        † 两数的高16位相加，再加上低16相加时产生的进位
                 † DX = 2+5+1 = 8
                 † DX:AX = 8D389h
```

5. 注意

adc的助记含义是add with carry。

6.4.2　减法指令：SUB,SBB,DEC,NEG,CMP

6.4.2.1　sub dest, src

1. 功能

计算dest和src的差并赋值给dest。

2. 操作

```
dest -= src;
```

3. 格式

```
sub reg, idata
sub reg, reg
sub reg, mem
sub mem, idata
sub mem, reg
```

4. 举例

```
sub   ah, 2
sub   ax, dx
sub   si, ds:[10A0h]
sub   byte ptr ds:[10A0h], 12h
sub   es:[bx], ax
sub   [bp-4], eax
```

5. 注意

sub的助记含义是subtract。

6.4.2.2　sbb dest, src

1. 功能

带借位减，计算dest − src − CF的值并赋值给dest。

2. 操作

```
dest = dest - src - CF;
```

3. 格式

```
sbb reg, idata
sbb reg, reg
sbb reg, mem
sbb mem, idata
sbb mem, reg
```

4. 举例

求127546h与109428h的差，结果存放到DX:AX中。

```
mov ax, 7546h     ✐ AX = 127546h的低16位
mov dx, 12h       † DX = 127546h的高16位
                  † DX:AX = 127546h
sub ax, 9428h     † 两数的低16位相减，AX = 0E11Eh, CF=1
sbb dx, 10h       † 两数的高16位相减，再减去低16位相减时产生的借位
                  † DX = 12h - 10h - 1 = 1
                  † DX:AX = 1E11Eh
```

5. 注意

sbb的助记含义是subtract with borrow。

6.4.2.3　dec op

1. 功能

op自减1。

2. 操作

```
op--;
```

3. 格式

```
dec reg
dec mem
```

4. 举例

```
dec al
dec bx
dec ecx
dec byte ptr ds:[10A0h]
dec word ptr [bx+si+2]
dec dword ptr [ebp-4]
```

5. 注意

- dec的助记含义是decrement；
- dec指令不影响CF。

6.4.2.4　neg op

1. 功能

计算op的相反数并赋值给op。

2. 操作

```
op = -op;
```

3. 格式

```
neg reg
neg mem
```

4. 举例

```
mov al, 1
neg al          ✎ AL = 0FFh，因为00h - 01h = 0FFh
mov ax, 2
neg ax          † AX = 0FFFEh，因为0000h - 0002h = 0FFFEh
mov edx, -8     † EDX = 0FFFFFFF8h
neg edx         † EDX = 8，因为00000000h - 0FFFFFFF8h = 8
```

5. 注意

neg的助记含义是negate。

6.4.2.5　cmp op1, op2

1. 功能

比较op1和op2。

2. 操作

```
temp = op1 - op2;
```

3. 格式

```
cmp reg, idata
cmp reg, reg
cmp reg, mem
cmp mem, reg
cmp mem, idata
```

4. 举例

```
mov  al, 2
mov  bl, 1
cmp  al, bl  ; AL=2,BL=1,CF=0,ZF=0,SF=0,OF=0
mov  ah, 1
cmp  ah, 2   ; AH=1,CF=1,ZF=0,SF=1,OF=0
mov  al, 7Fh
cmp  al, 80h ; AL=7Fh,CF=1,ZF=0,SF=1,OF=1
mov  ch, 80h
```

```
cmp  ch, 1    ; CH=80h,CF=0,ZF=0,SF=0,OF=1
```

5. 注意

- cmp的助记含义是compare；
- cmp指令并不保存op1 − op2之差，但会像sub op1,op2那样影响状态标志；
- cmp指令后通常会跟随Jcc条件跳转指令，跟非符号数大小比较、符号数大小比较相关的条件跳转指令及其跳转条件见表6.1。

表 6.1 跟非符号数大小比较、符号数大小比较有关的Jcc条件跳转指令及其跳转条件

Jcc指令	含义	Jcc的跳转条件	解释
ja	非符号大于则跳（jump if above）	CF==0 && ZF==0	无借位且不等
jae	非符号大于等于则跳（jump if above or equal）	CF==0	无借位
jb	非符号小于则跳（jump if below）	CF==1	有借位
jbe	非符号小于等于则跳（jump if below or equal）	CF==1 || ZF==1	有借位或相等
je	等于则跳（jump if equal）	ZF==1	相等（运算结果为0）
jne	不等则跳（jump if not equal）	ZF==0	不等（运算结果非0）
jg	有符号大于则跳（jump if greater）	SF==OF && ZF==0	满足jge条件且不等
jge	有符号大于等于则跳 （jump if greater or equal）	SF==OF	无符号且无溢出 或 有符号且有溢出①
jl	有符号小于则跳（jump if less）	SF!=OF	有符号且无溢出 或 无符号且有溢出②
jle	有符号小于等于则跳（jump if less or equal）	SF!=OF || ZF==1	满足jl条件或相等

6.4.3 乘法指令：MUL,IMUL

6.4.3.1 mul src

1. 功能

非符号数乘法。

2. 操作

```
if(sizeof(src) == 1)         ✎ src为8位宽度
{
    ax = al * src;
}
else if(sizeof(src) == 2)    † src为16位宽度
{
    dx:ax = ax * src;
}
```

---

①设ah=3, bh=2, cmp ah, bh后，无符号且无溢出即SF==0且OF==0，那就说明ah − bh为正且结果正确，故可得出ah≥bh；设ah=7Fh, bh=80h, cmp ah, bh后，有符号且有溢出即SF==1且OF==1，那就说明ah − bh为负且结果不正确即实际情况应该是ah − bh为正，故也可得出ah≥bh。

②设ah=2, bh=3, cmp ah, bh后，有符号且无溢出即SF==1且OF==0，那就说明ah − bh为负且结果正确，故可得出ah<bh；设ah=80h, bh=7Fh, cmp ah, bh后，无符号且有溢出即SF==0且OF==1，那就说明ah − bh为正且结果不正确即实际情况应该是ah − bh为负，故也可得出ah<bh。

```
else if(sizeof(src) == 4)     † src为32位宽度
{
    edx:eax = eax * src;
}
```

3. 格式

```
mul reg
mul mem
```

4. 举例

```
mov al, 10h
mov bl, 0FFh
mul bl              ; AX = AL * BL = 10h * 0FFh = 0FF0h
mov al, 2
mov ah, 3
mul ah              ; AX = AL * AH = 2 * 3 = 0006h
mov ax, 1234h
mov cx, 100h
mul cx              ; DX:AX = AX * CX = 1234h * 100h = 123400h
                    ; DX = 0012h, AX=3400h
mov byte ptr ds:[10A0h], 3
mov al, 5
mul byte ptr ds:[10A0h] ; AX = AL * byte ptr DS:[10A0h]
                        ; = 5 * 3 = 000Fh
mov word ptr [bx+si], 1234h
mov ax, 100h
mul word ptr [bx+si]    ; DX:AX = AX * word ptr [bx+si]
                        ; = 100h * 1234h= 123400h
mov eax, 214748364
mov ebx, 10
mul ebx                 ; EDX:EAX = EAX * EBX = 2147483640
                        ; EDX = 0, EAX = 7FFFFFF8h
```

5. 注意

mul的助记含义是multiply。

6.4.3.2　imul src

1. 功能

符号数乘法。

2. 操作

```
if(sizeof(src) == 1)          ✍ src为8位宽度
{
    ax = al * src;
}
else if(sizeof(src) == 2)     † src为16位宽度
{
    dx:ax = ax * src;
```

```
}
else if(sizeof(src) == 4)      † src为32位宽度
{
    edx:eax = eax * src;
}
```

3. 格式

```
imul reg
imul mem
```

4. 举例

```
mov al, 0FFh        ⌀ AL = -1 (8位符号数)
mov cl, 0FEh        † CL = -2 (8位符号数)
imul cl             † AX = AL * CL = -1 * -2 = 0002h (16位符号数)
mov ax, 0FFFDh      † AX = -3 (16位符号数)
mov si, 2           † SI = 2 (16位符号数)
imul si             † DX:AX = AX * SI = -3 * 2 = 0FFFFFFFAh (32位符号数)
```

5. 注意

imul的助记含义是signed multiplication。

6.4.4 除法指令：DIV,IDIV

6.4.4.1 div op

1. 功能

非符号数除法。

2. 操作

```
if(sizeof(src) == 1)           ⌀ src为8位宽度
{
    al = ax / src;
    ah = ax % src;
}
else if(sizeof(src) == 2)      † src为16位宽度
{
    ax = dx:ax / src;
    dx = dx:ax % src;
}
else if(sizeof(src) == 4)      † src为32位宽度
{
    eax = edx:eax / src;
    edx = edx:eax % src;
}
```

3. 格式

```
div reg
div mem
```

4. 举例

```
mov ax, 20
mov cl, 3
div cl              ; AL = AX / CL = 20 / 3 = 6
                    ; AH = AX % CL = 20 % 3 = 2
mov ax, 3456h
mov dx, 12h
mov bx, 100h
div bx              ; AX = DX:AX / BX = 123456h / 100h = 1234h
                    ; DX = DX:AX % BX = 123456h % 100h = 0056h
mov eax, 0DEADBEEFh
mov edx, 8086C0DEh
mov ebx, 0FFFFFFFFh
div ebx             ; EAX = EDX:EAX / EBX =
                    ; 8086C0DEDEADBEEFh / 0FFFFFFFFh = 8086C0DFh
                    ; EDX = EDX:EAX % EBX = 5F347FCEh
```

5. 注意

- div的助记含义是divide；
- 若除数为0或者保存商的寄存器无法容纳商时都会发生除法溢出，此时CPU会在除法指令上方插入并执行一条int 00h指令。

6.4.4.2　idiv op

1. 功能

符号数除法。

2. 操作

```
if(sizeof(src) == 1)        ⊘ src为8位宽度
{
    al = ax / src;
    ah = ax % src;
}
else if(sizeof(src) == 2)   † src为16位宽度
{
    ax = dx:ax / src;
    dx = dx:ax % src;
}
else if(sizeof(src) == 4)   † src为32位宽度
{
    eax = edx:eax / src;
    edx = edx:eax % src;
}
```

3. 格式

```
idiv reg
idiv mem
```

4. 举例

```
mov ax, 0FFE2h      ; AX = -30
mov bl, 8
idiv bl             ; AL = AX / BL = -30 / 8 = -3 = 0FDh
                    ; AH = AX % BL = -30 % 8 = -6 = 0FAh
mov al, 0F9h        ; AL = -7
cbw                 ; AX = -7 = 0FFF9h
mov cl, 2
idiv cl             ; AL = AX / CL = -7 / 2 = -3 = 0FDh
                    ; AH = AX % CL = -7 % 3 = -1 = 0FFh
mov ax, 0FFFBh      ; AX = -5
cwd                 ; DX:AX = -5 = 0FFFFFFFBh
mov di, 3
idiv di             ; AX = DX:AX / DI = -5 / 3 = -1 = 0FFFFh
                    ; DX = DX:AX % DI = -5 % 3 = -2 = 0FFFEh
mov eax, -2147483648
cdq                 ; EDX:EAX = 0FFFFFFFF80000000h
mov ebx, 10
idiv ebx            ; EAX = EDX:EAX / EBX = -214748364
                    ;     = 0F3333334h
                    ; EDX = EDX:EAX % EBX = -8 = 0FFFFFFF8h
```

5. 注意

- idiv的助记含义是signed divide；
- 若除数为0或者保存商的寄存器无法容纳商时都会发生除法溢出，此时CPU会在除法指令上方插入并执行一条int 00h指令。

6.4.5 浮点运算指令：fadd,fsub,fmul,fdiv,fld,fild,fst,fstp

6.4.5.1 浮点数的存储格式和求值公式

FPU（Floating-Point Unit）支持以下三种浮点数类型：

① float类型(32位)：存储格式见图6.1，求值公式见表6.2

② double类型(64位)：存储格式见图6.2，求值公式见表6.3

③ long double类型(80位)：存储格式见图6.3，求值公式见表6.4

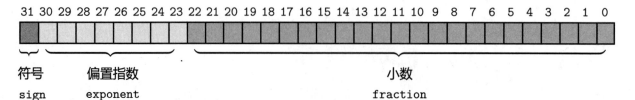

图 6.1 IEEE754标准规定的float类型浮点数的存储格式

例如，假设float类型变量x的16进制值为42FEC000h，那么它的32位二进制为：

0100 0010 1111 1110 1100 0000 0000 0000

表 6.2　IEEE754 标准 float 类型浮点数求值公式

公式 ＼ 小数　　　指数	fraction=0	fraction≠0
exponent=00h	± 0	$(-1)^{sign} \times 2^{-126} \times 0.fraction$
exponent∈[01h, 0FEh]	$(-1)^{sign} \times 2^{exponent-127} \times 1.fraction$	
exponent=0FFh	$\pm\infty$	$NaN(\text{Not A Number})$

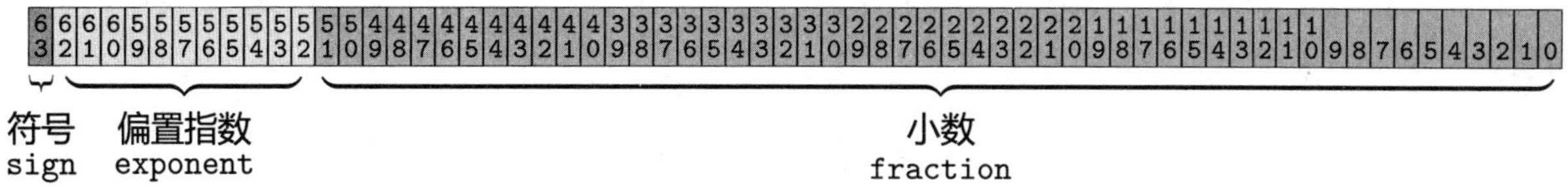

符号　偏置指数　　　　　　　　　　　　　　　　　　　　　小数
sign　exponent　　　　　　　　　　　　　　　　　　　　　fraction

图 6.2　IEEE754 标准规定的 double 类型浮点数的存储格式

表 6.3　IEEE754 标准 double 类型浮点数求值公式

公式 ＼ 小数　　　指数	fraction=0	fraction≠0
exponent=000h	± 0	$(-1)^{sign} \times 2^{-1022} \times 0.fraction$
exponent∈[001h, 7FEh]	$(-1)^{sign} \times 2^{exponent-1023} \times 1.fraction$	
exponent=7FFh	$\pm\infty$	$NaN(\text{Not A Number})$

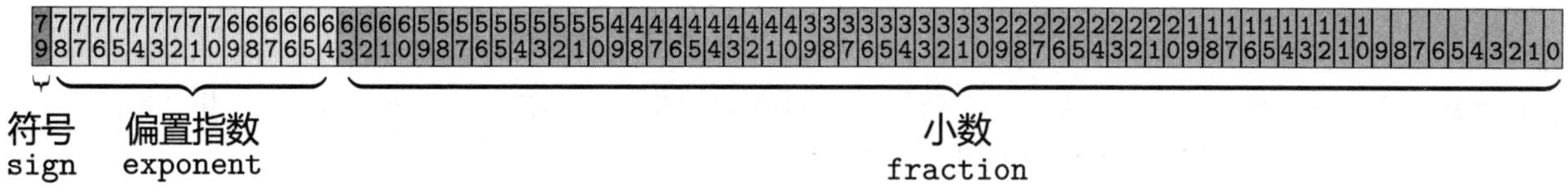

符号　偏置指数　　　　　　　　　　　　　　　　　　　　　小数
sign　exponent　　　　　　　　　　　　　　　　　　　　　fraction

图 6.3　long double 类型浮点数的存储格式

表 6.4　long double 类型浮点数求值公式

公式 ＼ 小数　　　指数	fraction=0	fraction≠0
exponent=0000h	± 0	$(-1)^{sign} \times 2^{-16382} \times 0.fraction$
exponent∈[0001h, 7FFEh]	$(-1)^{sign} \times 2^{exponent-16383} \times 1.fraction$	
exponent=7FFFh	$\pm\infty$	$NaN(\text{Not A Number})$

根据图 6.1，x 的值可按以下公式计算：

$$x = (-1)^{sign} \times 2^{exponent-127} \times 1.fraction$$
$$= (-1)^0 \times 2^{133-127} \times 1.111111011$$
$$= 2^6 \times 1.111111011 = 1111111.011$$
$$= 127.375$$

6.4.5.2　8个小数寄存器

FPU中一共有8个小数寄存器用于浮点运算，这8个小数寄存器的宽度均为80位，它们的名字为：

st(0), st(1), st(2), st(3), st(4), st(5), st(6), st(7)

其中st(0)可以简写为st。

8个小数寄存器构成一个FPU堆栈，堆栈顶端的小数寄存器的物理编号记作TOP[1]，堆栈顶端的小数寄存器的逻辑编号恒为0，编程时引用的st(i)中的i是逻辑编号，逻辑编号i对应的物理编号p按以下公式换算：

$$p = (TOP + i) \% 8;$$

假定程序6.2（p.100）开始运行时，TOP=0，那么执行第13行后，TOP = (TOP − 1 + 8) % 8 = 7，st(0)=2，FPU堆栈顶端寄存器st(0)的物理编号是7；同理，执行第14行后，TOP = TOP − 1 = 6，st(0)=3.1415926535897932，st(1)=2，其中st(0)的物理编号是6，st(1)的物理编号是7；执行第16行后，TOP = TOP − 1 = 5，st(0)=9.3759765625，st(1)=5.1415926535897932，st(2)=2，其中st(0)的物理编号是5，st(1)的物理编号是6，st(2)的物理编号是7；执行第20行后，TOP = TOP + 1 = 6，st(0)=-4.2343839089102068, st(1)=2，其中st(0)的物理编号是6，st(1)的物理编号是7。

6.4.5.3　浮点运算举例

程序6.2[2]　演示了如何运用浮点指令fild、fld、fadd、fsub、fmul、fdiv、fstp计算 $((x + i − y) * z)/y$。

fld mem32 | mem64 | mem80 | st(i) 指令的功能是把一个用dd、dq、dt定义的小数类型的变量或一个小数寄存器压入FPU堆栈。

fild mem16 | mem32 | mem64 指令的功能是把一个用dw、dd、dq定义的整数类型的变量转化成小数并压入FPU堆栈。

fst mem32 | mem64 | mem80 | st(i) 指令的功能是把st(0)保存到一个用dd、dq、dt定义的变量或小数寄存器st(i)中。

fstp mem32 | mem64 | mem80 | st(i) 指令的功能是把st(0)保存到一个用dd、dq、dt定义的变量或小数寄存器st(i)中，再把st(0)弹出FPU堆栈。

程序 6.2 float.asm—用浮点指令计算 $((x + i − y) * z)/y$

```
1  data segment
2  x    dt 3.1415926535897932; long double x
3  y    dq 9.3759765625        ; double y
4  z    dd 2.71828             ; float z
5  i    dd 2                   ; long int i
6  r    dt 0                   ; long double r
7  data ends
8  code segment
9  assume cs:code, ds:data
```

[1] TOP是一个3位二进制数，它位于FPU状态寄存器的第11至13位

[2] 源程序float.asm下载链接: http://cc.zju.edu.cn/bhh/asm/float.asm

```
10   main:
11      mov ax, data
12      mov ds, ax
13      fild [i]       ; st(0)=2
14      fld [x]        ; st(0)=3.1415926535897932, st(1)=2
15      fadd st, st(1) ; st(0)=5.1415926535897932, st(1)=2
16      fld [y]        ; st(0)=9.3759765625,
17                     ; st(1)=5.1415926535897932, st(2)=2
18      fsub st(1), st ; st(0)=9.3759765625,
19                     ; st(1)=-4.2343839089102068, st(2)=2
20      fstp st        ; st(0)=-4.2343839089102068, st(1)=2
21      fmul [z]       ; st(0)=-11.510241417877812, st(1)=2
22      fdiv [y]       ; st(0)=-1.2276312063229746, st(1)=2
23      fstp [r]       ; r = 0BFFF9D2304F55A64E892h
24                     ;   = -1.2276312063229746
25                     ; st(0)=2
26      fstp st        ; 清空FPU堆栈
27      mov ah, 4Ch
28      int 21h
29   code ends
30   end main
```

用TD调试float.exe时，请用鼠标左键点住代码窗的底边并往上拖动或者先按Ctrl+F5再按Shift+↑缩减代码窗高度，调整好代码窗高度后，再选菜单View→Numeric processor就可以在代码窗下方查看8个小数寄存器。

6.5 十进制调整指令

BCD（Binary Coded Decimal）码是指用二进制编码的十进制数。BCD码可分成压缩BCD码和非压缩BCD码两种，其中压缩BCD码采用4个二进制位来表示1个十进制位，非压缩BCD码则用8个二进制位表示1个十进制位。例如，十进制数37用压缩BCD码表示为37h，而用非压缩BCD码则表示为0307h。根据BCD码的编码规则，8个二进制位最多可以表示从00h到99h共100个压缩BCD码，16个二进制位最多可以表示从0000h到0909h共100个非压缩BCD码。

6.5.1 压缩BCD码调整指令：DAA,DAS

6.5.1.1 daa

1. 功能

压缩BCD码加法的十进制调整（decimal adjust after addition）。

2. 操作

```
old_cf = CF;
if(AF==1 || (AL & 0Fh) >= 0Ah)
{
   AL = AL + 6;
   AF = 1;
```

```
}
else
{
    AF = 0;
}
if(old_cf == 1 || (AL & 0F0h) >= 0A0h)
{
    AL = AL + 60h;
    CF = 1;
}
else
{
    CF = 0
}
```

3. 格式

```
daa
```

4. 举例

```
mov al, 7
mov bl, 8
add al, bl  ; AL = 0Fh , AF = 0 , CF = 0
daa         ; AL = 15h , AF = 1 , CF = 0
mov al, 29h
add al, 69h ; AL = 92h , AF = 1 , CF = 0
daa         ; AL = 98h , AF = 1 , CF = 0
mov al, 56h
add al, 78h ; AL = 0CEh, AF = 0 , CF = 0
daa         ; AL = 34h, AF = 1 , CF = 1
```

6.5.1.2 das

1. 功能

压缩BCD码减法的十进制调整指令（decimal adjust after subtraction）。

2. 操作

```
old_cf = CF;
old_al = AL;
if(AF==1 || (AL & 0Fh) >= 0Ah)
{
    AL = AL - 6;
    AF = 1;
}
else
{
    AF = 0;
}
if(old_CF == 1 || old_al > 99h)
{
```

```
    AL = AL - 60h;
    CF = 1;
}
else
{
    CF = 0
}
```

3. 格式

```
das
```

4. 举例

```
mov al, 86h
sub al, 17h  ; AL = 6Fh, AF = 1, CF = 0
das          ; AL = AL - 6 = 69h, AF = 1, CF = 0
mov al, 12h
sub al, 76h  ; AL = 9Ch, AF = 1, CF = 1
das          ; AL = AL - 66h = 36h, AF = 1, CF = 1
```

6.5.2 非压缩BCD码调整指令：AAA,AAS,AAM,AAD

非压缩BCD码采用8个二进制位表示1个十进制位，其中8个二进制位中的高4位没有意义，即可以为任意值，例如 06h、36h、96h这三个非压缩BCD码都表示十进制数6，而0306h、3336h这两个非压缩BCD码都表示十进制数36。

6.5.2.1 aaa

1. 功能

非压缩BCD码的加法调整（ASCII adjust after addition）。

2. 操作

```
if(AF==1 || (AL & 0Fh) >= 0Ah)
{
    AL = AL + 6;
    AH = AH + 1;
    AF = 1;
    CF = 1;
}
else
{
    AF = 0;
    CF = 0;
}
AL &= 0Fh;
```

3. 格式

```
aaa
```

4. 举例

```
mov ah, 0
mov al, '8'
add al, '9'    ; AL = 38h + 39h = 71h, AF = 1, CF = 0
aaa            ; AL = (71h + 6 ) & 0Fh = 07h,
               ; AH = AH + 1 = 01h, AF=1, CF=1
               ; AX = 0107h
mov ax,0505h
mov bl, 8
add al, bl     ; AL = 05h + 08h = 0Dh, AF = 0, CF = 0
aaa            ; AL = (0Dh + 6) & 0Fh = 03h,
               ; AH = AH + 1 = 06h, AF=1, CF=1
               ; AX = 0603h
```

6.5.2.2   aas

1. **功能**

非压缩BCD码的减法调整（ASCII adjust after subtraction）。

2. **操作**

```
if(AF==1 || (AL & 0Fh) >= 0Ah)
{
    AL = AL - 6;
    AH = AH - 1;
    AF = 1;
    CF = 1;
}
else
{
    AF = 0;
    CF = 0;
}
AL &= 0Fh;
```

3. **格式**

```
aas
```

4. **举例**

```
mov ax, 0201h
sub al, 9      ; AL = 01h - 09h = 0F8h, AF = 1, CF = 1
aas            ; AL = (0F8h - 6) & 0Fh = 02h,
               ; AH = AH - 1 = 01h, AF=1, CF=1
               ; AX = 0102h
mov ax, 0335h
mov cl, 38h
sub al, cl     ; AL = 35h - 38h = 0FDh, AF = 1, CF = 1
aas            ; AL = (0FDh - 6) & 0Fh = 07h,
               ; AH = AH - 1 = 02h, AF=1, CF=1
               ; AX = 0207h
```

6.5.2.3 aam

1. 功能

非压缩BCD码的乘法调整（ASCII adjust after multiplication）。

2. 操作

```
AH = AL / 10;
AL = AL % 10;
```

3. 格式

```
aam
```

4. 举例

```
mov al, 3
mov bl, 4
mul bl     ; AX = AL * BL = 3 * 4 = 000Ch
aam        ; AH = AL / 10 = 0Ch / 10 = 01h,
           ; AL = AL % 10 = 0Ch % 10 = 02h
           ; AX = 0102h
```

6.5.2.4 aad

1. 功能

非压缩BCD码的除法调整（ASCII adjust before division）。

2. 操作

```
AL = (AH*10 + AL) & 0FFh;
AH = 0;
```

3. 格式

```
aad
```

4. 举例

```
mov ax, 0107h
mov cl, 4
aad               ; AL = AH * 10 + AL = 11h, AH = 0
                  ; AX = 0011h
div cl            ; AL = AX / CL = 0011h / 4 = 04h
                  ; AH = AX % CL = 0011h % 4 = 01h
```

6.6 逻辑运算和移位指令

6.6.1 逻辑运算指令：AND,OR,XOR,NOT,TEST

6.6.1.1 and dest, src

1. 功能

    二进制与运算。

2. 操作

```
dest = dest & src
```

3. 格式

```
and reg, idata
and reg, reg
and reg, mem
and mem, idata
and mem, reg
```

4. 举例

```
mov al, 10110011B;        1011 0011
and al, 01111010B;        0111 1010 &)
                 ; AL =  0011 0010 (32h)
mov ax, 7F6Ch     ;       0111 1111 0110 1100
mov bx, 0D536h    ;       1101 0101 0011 0110 &)
and ax, bx        ; AX =  0101 0101 0010 0100 (5524h)
```

6.6.1.2 or dest, src

1. 功能

    二进制或运算。

2. 操作

```
dest = dest | src
```

3. 格式

```
or reg, idata
or reg, reg
or reg, mem
or mem, idata
or mem, reg
```

4. 举例

```
mov al, 01001011B ;       0100 1011
mov ah, 11010010B ;       1101 0010 |)
or  al, ah        ; AL =  1101 1011 (0DBh)
```

```
mov cx, 1234h     ;      0001 0010 0011 0100
or  cx, 5678h     ;      0101 0110 0111 1000 |)
                  ; CX = 0101 0110 0111 1100 (567Ch)
```

6.6.1.3　xor dest, src

1. 功能

　　异或（exclusive or）运算。

2. 操作

```
dest = dest ^ src;
```

3. 格式

```
xor reg, idata
xor reg, reg
xor reg, mem
xor mem, idata
xor mem, reg
```

4. 举例

```
mov al, 01101100B ;      0110 1100
mov ah, 11011001B ;      1101 1001 ^)
xor ah, al        ; AH = 1011 0101 (0B5h)
```

6.6.1.4　not op

1. 功能

　　二进制求反运算。

2. 操作

```
op = ~op;
```

3. 格式

```
not reg
not mem
```

4. 举例

```
mov al, 10110010B ;      1011 0010 ~)
not al            ; AL = 0100 1101 (4Dh)
```

6.6.1.5　test dest, src

1. 功能

　　位测试指令。test指令并不保存test & src的值，但会像and dest, src那样影响状态标志，故test相当于是一条不保存运算结果的and指令。

2. 操作

```
temp = dest & src;
```

3. 格式

```
test reg, idata
test reg, reg
test reg, mem
test mem, idata
test mem, reg
```

4. 举例

```
    mov   al, 96h
    test  al, 80h    ⊘ AL = 96h, ZF = 0
    jnz   msb_is_1   † 96h的最高位为1，它与80h进行test运算后，
                     † 结果不等于0（即ZF=0），故这里会发生跳转
    jmp done         † 若结果为0（即ZF=1）则跳转，此跳转不会发生
msb_is_1:
    test  al, 1      † AL = 96h, ZF = 1
    jz    lsb_is_0   † 96h的最低位为0，它与1进行test运算后，
                     † 结果等于0（即ZF=1），故这里会发生跳转
    jmp   done       † 若结果不为0（即ZF=0）则跳转，此跳转不会发生
lsb_is_0:
    …
done:
    …
```

6.6.2 移位指令：SHL,SHR,SAL,SAR,ROL,ROR,RCL,RCR

6.6.2.1 shl dest, count

1. 功能

逻辑左移（shift logic left）。

2. 操作

```
dest <<= count & 1Fh;
```

8位二进制数1011 0110B逻辑左移1位的操作见图6.4，完成移位后，该数变成0110 1100B，CF=1。

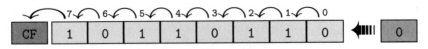

图 6.4 8位数逻辑左移1位的操作

3. 格式

```
shl reg, idata
shl reg, cl
shl mem, idata
shl mem, cl
```

若源代码的开头有 .386 这条汇编指示语句,则idata可以是一个任意大小的8位常数,否则idata只能为1,这是因为8086仅支持idata为1的格式,当移位次数大于1时必须用CL表示移位次数,而386以上的CPU中,idata可以是任意大小的值。以上关于8086对idata的限制以及386以上CPU对 idata的规定同样适用于其他移位指令。

4. 举例

```
mov al, 3     ; AL = 00000011B
shl al, 1     ; AL = 00000110B = 06h, CF = 0
mov bh, 7Fh   ; BH = 01111111B
shl bh, 2     ; BH = 11111100B = 0FCh, CF = 1
mov dx, 7BADh ; DX = 0111101110101101B
mov cl, 4
shl dx, cl    ; DX = 1011101011010000B = 0BAD0h, CF = 1
```

6.6.2.2 shr dest, count

1. 功能

逻辑右移(shift logic right)。

2. 操作

```
dest >>= count & 1Fh;
```

8位二进制数1011 0110B逻辑右移1位的操作见图6.5,完成移位后,该数变成0101 1011B,CF=0。

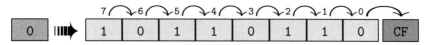

图 6.5 8位数逻辑右移1位的操作

3. 格式

```
shr reg, idata
shr reg, cl
shr mem, idata
shr mem, cl
```

4. 举例

```
mov al, 6     ; AL = 00000110B
shr al, 1     ; AL = 00000011B = 03h, CF = 0
mov ah, 0FEh  ; AH = 11111110B
mov cl, 2
shr ah, cl    ; AH = 00111111B = 3Fh, CF = 1
```

6.6.2.3 sal dest, count

算术左移指令(shift arithmetic left),sal ≡ shl。

6.6.2.4　sar dest, count

1.　功能

算术右移指令（shift arithmetic right）。

2.　操作

```
dest >>= count & 1Fh;
```

8位二进制数1011 0110B算术右移1位的操作见图6.6，完成移位后，该数变成1101 1011B，CF=0。

图 6.6 8位数算术右移1位的操作

3.　格式

```
sar reg, idata
sar reg, cl
sar mem, idata
sar mem, cl
```

4.　举例

```
 mov al, 80h   ; AL= 1000 0000B = -128
 sar al, 1     ; AL= 1100 0000B = 0C0h = -64, CF = 0
 mov dx, 03ECh ; DX= 0000 0011 1110 1100B = 1004
 mov cl, 3
 sar dx, cl    ; DX= 0000 0000 0111 1101B
               ;   = 007Dh = 125, CF = 1
```

6.6.2.5　rol dest, count

1.　功能

循环左移（rotate left）。

2.　操作

```
count &= 1Fh;
dest = (dest << count) |
       ((dest >> sizeof(dest)*8-count) & ((1<<count)-1));
```

8位二进制数1011 0110B循环左移1位的操作见图6.7，完成移位后，该数变成0110 1101B，CF=1。

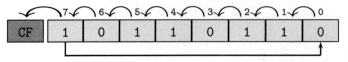

图 6.7 8位数循环左移1位的操作

3. 格式

```
rol reg, idata
rol reg, cl
rol mem, idata
rol mem, cl
```

4. 举例

```
mov al, 0F6h  ; AL = 1111 0110B
rol al, 1     ; AL = 1110 1101B = 0EDh , CF = 1
mov bx, 567Bh ; BX = 0101 0110 0111 1011B
mov cl, 4
rol bx, cl    ; BX = 0110 0111 1011 0101B = 67B5h, CF = 1
```

6.6.2.6 ror dest, count

1. 功能

循环右移（rotate right）。

2. 操作

```
count &= 1Fh;
L = sizeof(dest)*8 - count;
dest = ((dest >> count) & ((1<<L) - 1)) |
       (dest << L);
```

8位二进制数1011 0110B循环右移1位的操作见图6.8，完成移位后，该数变成0101 1011B，CF=0。

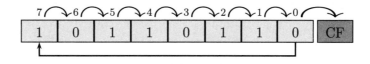

图 6.8 8位数循环右移1位的操作

3. 格式

```
ror reg, idata
ror reg, cl
ror mem, idata
ror mem, cl
```

4. 举例

```
mov al, 0A5h ; AL = 1010 0101B
ror al, 1    ; AL = 1101 0010B = 0D2h, CF = 1
mov di, 9AB5h; DI = 1001 1010 1011 0101B
mov cl, 4
ror di, cl   ; DI = 0101 1001 1010 1011B = 59ABh, CF = 0
```

6.6.2.7 rcl dest, count

1. 功能

带进位循环左移（rotate through carry left）。

2. 操作

```
count  &= 1Fh;
for(i=0; i<count; i++)
{
    old_cf = CF;
    msb = (dest >> sizeof(dest)*8-1) & 1;
    dest = dest<<1 | old_cf;
    CF = msb;
}
```

8位二进制数1011 0110B循环左移1位的操作见图6.9，完成移位后，该数变成0110 1100B，CF=1。

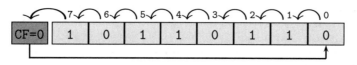

图 6.9 8位数带进位循环左移1位的操作

3. 格式

```
rcl reg, idata
rcl reg, cl
rcl mem, idata
rcl mem, cl
```

4. 举例

把32位数3F65C932h逻辑左移2位，结果存放到DX:AX中。

```
    mov   ax, 0C932h   ⌀ AX = 低16位
    mov   dx, 3F65h    † DX = 高16位
    mov   cx, 2        † CX = 移位次数
again:
    shl   ax, 1        † 低16位逻辑左移1位，最高位移入CF中
    rcl   dx, 1        † 高16位带进位循环左移1位
                       † CF位(即原先低16位的最高位)移入高16位的最低位
    dec   cx           † 移位次数减1
    jnz   again        † 若不等于0则跳转到again循环
                       † 循环结束时，DX:AX=0FD9724C8h
```

6.6.2.8 rcr dest, count

1. 功能

带进位循环右移（rotate through carry right）。

2. 操作

```
count &= 1Fh;
for(i=0; i<count; i++)
{
   old_cf = CF;
   lsb = dest & 1;
   L = sizeof(dest)*8-1;
   dest = (dest>>1) & ((1<<L)-1);
   dest |= (old_cf << L);
   CF = lsb;
}
```

8位二进制数1011 0110B带进位循环右移1位的操作见图6.10,完成移位后,该数变成1101 1011B,CF=0。

图 6.10 8位数带进位循环右移1位的操作

3. 格式

```
rcr reg, idata
rcr reg, cl
rcr mem, idata
rcr mem, cl
```

4. 举例

把32位数0CA85ED7Bh逻辑右移2位,结果存放到DX:AX中。

```
    mov ax, 0ED7Bh    ⌀ AX = 低16位
    mov dx, 0CA85h    † DX = 高16位
    mov cx, 2         † CX = 移位次数
again:
    shr dx, 1         † 高16位逻辑右移1位, 最低位移入CF中
    rcr ax, 1         † 低16位带进位循环右移1位
                      † CF位(即原先高16位的最低位)移入低16位的最高位
    dec cx            † 移位次数减1
    jnz again         † 若不等于0则跳转到again循环
                      † 循环结束时, DX:AX=32A17B5Eh
```

6.7 字符串操作指令

字符串操作指令包括:

- movs: 字符串复制(move string)
- cmps: 字符串比较(compare string)
- scas: 搜索字符串(scan string)
- stos: 写入字符串(store string)

- lods：读取字符串（load string）

与字符串操作指令相关的指令前缀包括：

- rep：重复（repeat）
- repe：若相等则重复（repeat if equal）
- repz：若结果为零则重复（repeat if zero）
- repne：若不相等则重复（repeat if not equal）
- repnz：若结果不为零则重复（repeat if not zero）

　　其中repe ≡ repz，repne ≡ repnz。

　　字符串指令可以与指令前缀结合使用，也可以单独使用。单独的字符串指令表示仅执行一次字符串操作，加了指令前缀的字符串指令表示重复执行最多CX次字符串操作。

6.7.1 字符串复制指令：␣|rep　movsb|movsw|movsd

6.7.1.1 ␣|rep　movsb

1. 功能

逐字节复制字符串（move string by bytes）。

2. 操作

① movsb的操作

```
byte ptr ES:[DI] = byte ptr DS:[SI];
if(DF == 0)  ✐若方向位为0(正方向)
{
    SI++;        † 使DS:SI指向下一个字节
    DI++;        † 使ES:DI指向下一个字节
}
else            † 若方向位为1(反方向)
{
    SI--;        † 使DS:SI指向上一个字节
    DI--;        † 使ES:DI指向上一个字节
}
```

② rep movsb的操作

```
again:
    if(CX == 0)
    {
        goto done;
    }
    byte ptr ES:[DI] = byte ptr DS:[SI];
    if(DF == 0) ✐若方向位为0(正方向)
    {
        SI++;        † 使DS:SI指向下一个字节
        DI++;        † 使ES:DI指向下一个字节
    }
    else            † 若方向位为1(反方向)
    {
```

```
        SI--;      † 使DS:SI指向上一个字节
        DI--;      † 使ES:DI指向上一个字节
    }
    CX--;
    goto again;
done:
```

3. 格式

```
movsb
rep movsb
```

4. 举例

程序6.3①演示了如何用rep movsb指令把字符串s复制到数组 t中。

程序 6.3 movsb.asm—用rep movsb指令复制一个字符串

```
 1 || data segment
 2 || s db "A␣quick␣brown␣fox␣jumps␣over␣the␣lazy␣dog."
 3 || slen = $ - offset s
 4 || data ends
 5 ||
 6 || extra segment
 7 || t db slen dup(0)
 8 || extra ends
 9 ||
10 || code segment
11 || assume cs:code, ds:data, es:extra
12 || main:
13 ||     mov ax, data
14 ||     mov ds, ax
15 ||     mov ax, extra
16 ||     mov es, ax
17 ||     mov si, offset s; ds:si→s[0]
18 ||     mov di, offset t; es:di→t[0]
19 ||     mov cx, slen     ; cx=length of s
20 ||     cld              ; DF=0
21 ||     rep movsb        ; memcpy(t, s, slen)
22 ||     mov ah, 4Ch
23 ||     int 21h
24 || code ends
25 || end main
```

6.7.1.2 ␣|rep movsw

1. 功能

逐字复制字符串（move string by words）。

2. 操作

---

① 源程序 *movsb.asm* 下载链接：*http://cc.zju.edu.cn/bhh/asm/movsb.asm*

① movsw的操作

```
word ptr ES:[DI] = word ptr DS:[SI];
if(DF == 0)    若方向位为0(正方向)
{
    SI+=2;        使DS:SI指向下一个字
    DI+=2;        使ES:DI指向下一个字
}
else            若方向位为1(反方向)
{
    SI-=2;        使DS:SI指向上一个字
    DI-=2;        使ES:DI指向上一个字
}
```

② rep movsw的操作

```
again:
    if(CX == 0)
    {
        goto done;
    }
    word ptr ES:[DI] = word ptr DS:[SI];
    if(DF == 0)    若方向位为0(正方向)
    {
        SI+=2;        使DS:SI指向下一个字
        DI+=2;        使ES:DI指向下一个字
    }
    else            若方向位为1(反方向)
    {
        SI-=2;        使DS:SI指向上一个字
        DI-=2;        使ES:DI指向上一个字
    }
    CX--;
    goto again;
done:
```

3. 格式

```
movsw
rep movsw
```

6.7.1.3 ⌴|rep movsd

1. 功能

逐双字复制字符串（move string by double words）。

2. 操作

① movsd的操作

```
dword ptr ES:[DI] = dword ptr DS:[SI];
if(DF == 0)    若方向位为0(正方向)
{
```

```
    SI+=4;          † 使DS:SI指向下一个双字
    DI+=4;          † 使ES:DI指向下一个双字
}
else                † 若方向位为1(反方向)
{
    SI-=4;          † 使DS:SI指向上一个双字
    DI-=4;          † 使ES:DI指向上一个双字
}
```

② rep movsd 的操作

```
again:
    if(CX == 0)
    {
       goto done;
    }
    dword ptr ES:[DI] = dword ptr DS:[SI];
    if(DF == 0)    ∅ 若方向位为0(正方向)
    {
      SI+=4;        † 使DS:SI指向下一个双字
      DI+=4;        † 使ES:DI指向下一个双字
    }
    else            † 若方向位为1(反方向)
    {
      SI-=4;        † 使DS:SI指向上一个双字
      DI-=4;        † 使ES:DI指向上一个双字
    }
    CX--;
    goto again;
done:
```

3. 格式

```
movsd
rep movsd
```

6.7.2　字符串比较指令：␣|repe|repne　cmpsb|cmpsw|cmpsd

1. 功能

逐字节、字、双字比较字符串（compare string by bytes）。

2. 操作

① cmpsb|cmpsw|cmpsd 的操作

```
if(sizeof(operand) == 1)        ∅ cmpsb指令
{
    temp = byte ptr ds:[si] - byte ptr es:[di]; † 比较
    old_fl = FL;
    if(DF == 0)
    {
       SI++;
```

```
            DI++;
        }
        else
        {
            SI--;
            DI--;
        }
        FL = old_fl;
}
else if(sizeof(operand)==2)      † cmpsw指令
{
    temp = word ptr ds:[si] - word ptr es:[di];
    old_fl = FL;
    if(DF == 0)
    {
        SI+=2;
        DI+=2;
    }
    else
    {
        SI-=2;
        DI-=2;
    }
    FL = old_fl;
}
else if(sizeof(operand)==4)      † cmpsd指令
{
    temp = dword ptr ds:[si] - dword ptr es:[di];
    old_fl = FL;
    if(DF == 0)
    {
        SI+=4;
        DI+=4;
    }
    else
    {
        SI-=4;
        DI-=4;
    }
    FL = old_fl;
}
```

② repe|repne　cmpsb|cmpsw|cmpsd的操作

```
again:
    if(CX == 0)
    {
        goto done;
    }
    if(sizeof(operand) == 1)
    {
        temp = byte ptr ds:[si] - byte ptr es:[di];
```

```
        old_fl = FL;
        if(DF == 0)
        {
            SI++;
            DI++;
        }
        else
        {
            SI--;
            DI--;
        }
        CX--;
        FL = old_fl;
    }
    else if(sizeof(operand)==2)
    {
        temp = word ptr ds:[si] - word ptr es:[di];
        old_fl = FL;
        if(DF == 0)
        {
            SI+=2;
            DI+=2;
        }
        else
        {
            SI-=2;
            DI-=2;
        }
        CX--;
        FL = old_fl;
    }
    else if(sizeof(operand)==4)
    {
        temp = dword ptr ds:[si] - dword ptr es:[di];
        old_fl = FL;
        if(DF == 0)
        {
            SI+=4;
            DI+=4;
        }
        else
        {
            SI-=4;
            DI-=4;
        }
        CX--;
        FL = old_fl;
    }
    if(ZF == 1)                    ∅ 若当前这次比较相等
    {
        if(prefix == repe)         † 若指令前缀为repe
```

```
            goto again;              † repeat if equal
        else
            goto done;
    }
    else if(ZF == 0)              † 若当前这次比较不等
    {
        if(prefix == repne)        † 若指令前缀为repne
            goto again;            † repeat if not equal
        else
            goto done;
    }
done:
```

3. 格式

```
cmpsb
repe cmpsb
repe cmpsw
repe cmpsd
repne cmpsb
repne cmpsw
repne cmpsd
```

4. 举例

输入两个字符串(长度均不超过80个字符)分别保存到数组s、t中，再比较两个字符串是否相等，若相等则输出"Equal"，否则输出"Not equal"。

实现上述功能的代码见程序6.4[①]。

程序 6.4 cmpsb.asm—用repe cmpsb指令比较字符串

```
1  data segment
2  buf db 81, 0, 81 dup(0)
3  s db 100 dup(0)
4  t db 100 dup(0)
5  slen db 0
6  tlen db 0
7  equal_msg db "Equal", 0Dh, 0Ah, '$'
8  unequal_msg db "Not␣equal", 0Dh, 0Ah, '$'
9  data ends
10
11 code segment
12 assume cs:code, ds:data
13 input:
14     mov ah, 0Ah          🖉[②]
15     mov dx, offset buf
16     int 21h              † 输入一个长度≤81字符(含回车)的字符串
17                          † 调用前：
18                          † buf[0]=字符串最大长度(含回车)
```

---

①源程序cmpsb.asm下载链接: *http://cc.zju.edu.cn/bhh/asm/cmpsb.asm*

②int 21h的0Ah功能请参考: *http://cc.zju.edu.cn/bhh/intr/rb-2563.htm*

```
19          ; 调用后：
20          ; buf[1]=字符串长度(不含回车)
21          ; buf[2]起为输入的字符串内容
22    mov ah, 2
23    mov dl, 0Dh
24    int 21h          ; 输出回车
25    mov dl, 0Ah
26    int 21h          ; 输出换行
27    xor cx, cx
28    mov cl, buf[1]
29    push cx
30    lea si, buf[2]
31    rep movsb         ; 把输入的字符串复制到目标地址es:di
32    pop cx
33    mov byte ptr es:[di], 0  ; 目标字符串填入结束标志
34    mov ax, cx        ; 返回AX=字符串长度
35    ret
36
37 main:
38    mov ax, data
39    mov ds, ax
40    mov es, ax
41    cld
42    mov di, offset s
43    call input        ; 输入一个字符串保存到s
44    mov [slen], al    ; slen = s的长度
45    mov di, offset t
46    call input        ; 输入一个字符串保存到t
47    mov [tlen], al    ; tlen = t的长度
48    xor cx, cx
49    mov cl, [slen]
50    cmp cl, [tlen]
51    jne not_equal     ; 若字符串长度不等则输出"Not equal"
52 prepare_to_cmp:
53    or cx, cx
54    jz exit           ; 若字符串长度为0则结束程序
55    mov si, offset s
56    mov di, offset t
57    repe cmpsb        ; 比较字符串
58    je is_equal       ; 若最后一次比较相等则一定全等
59 not_equal:
60    mov dx, offset unequal_msg
61    jmp output
62 is_equal:
63    mov dx, offset equal_msg
64 output:
65    mov ah, 9
66    int 21h
67 exit:
68    mov ah, 4Ch
69    int 21h
```

```
70 ‖ code ends
71 ‖ end main
```

6.7.3　搜索字符串指令：␣|repe|repne　scasb|scasw|scasd

1. 功能

在es:di指向的目标字符串中搜索（scan）AL、AX、EAX的值。

2. 操作

① scasb|scasw|scasd的操作

```
if(sizeof(operand) == 1)        ⬛ scasb指令
{
    temp = AL - byte ptr es:[di]; † 比较
    old_fl = FL;
    if(DF == 0)
    {
        DI++;
    }
    else
    {
        DI--;
    }
    FL = old_fl;
}
else if(sizeof(operand)==2)    † scasw指令
{
    temp = AX - word ptr es:[di];
    old_fl = FL;
    if(DF == 0)
    {
        DI+=2;
    }
    else
    {
        DI-=2;
    }
    FL = old_fl;
}
else if(sizeof(operand)==4)    † scasd指令
{
    temp = EAX - dword ptr es:[di];
    old_fl = FL;
    if(DF == 0)
    {
        DI+=4;
    }
    else
    {
        DI-=4;
    }
}
```

```
      FL = old_fl;
}
```

② repe|repne scasb|scasw|scasd 的操作

```
again:
    if(CX == 0)
    {
        goto done;
    }
    if(sizeof(operand) == 1)
    {
        temp = AL - byte ptr es:[di];
        old_fl = FL;
        if(DF == 0)
        {
            DI++;
        }
        else
        {
            DI--;
        }
        CX--;
        FL = old_fl;
    }
    else if(sizeof(operand)==2)
    {
        temp = AX - word ptr es:[di];
        old_fl = FL;
        if(DF == 0)
        {
            DI+=2;
        }
        else
        {
            DI-=2;
        }
        CX--;
        FL = old_fl;
    }
    else if(sizeof(operand)==4)
    {
        temp = EAX - dword ptr es:[di];
        old_fl = FL;
        if(DF == 0)
        {
            DI+=4;
        }
        else
        {
            DI-=4;
        }
```

```
            CX--;
            FL = old_fl;
        }
        if(ZF == 1)                   ◎若当前这次比较相等
        {
            if(prefix == repe)        † 若指令前缀为repe
                goto again;           † repeat if equal
            else
                goto done;
        }
        else if(ZF == 0)              † 若当前这次比较不等
        {
            if(prefix == repne)       † 若指令前缀为repne
                goto again;           † repeat if not equal
            else
                goto done;
        }
done:
```

3. 格式

```
scasb
scasw
scasd
repe  scasb
repe  scasw
repe  scasd
repne scasb
repne scasw
repne scasd
```

4. 举例

程序6.5[①]演示了如何运用repne scasb指令求字符串长度。

程序 6.5 scasb.asm—用repne scasb指令求字符串长度

```
1  data segment
2  s db "abracadabra", 0
3  slen dw 0
4  data ends
5
6  code segment
7  assume cs:code, ds:data
8  main:
9      mov ax, data
10     mov ds, ax
11     mov es, ax
12     mov di, offset s ◎es:di→s[0]
13     mov cx, 0FFFFh    † CX=最大搜索次数
14     xor al, al        † AL=00h
```

[①]源程序scasb.asm下载链接: http://cc.zju.edu.cn/bhh/asm/scasb.asm

```
15 ║    cld                     † DF=0
16 ║    repne scasb             † 若本次比较不等则继续搜索
17 ║    inc cx                  † 假装末尾的00h没搜过
18 ║    not cx                  † CX=0FFFFh-CX=已搜过的字符个数(不含末尾的00h)
19 ║    mov [slen], cx          † 保存字符串长度
20 ║    mov ah, 4Ch
21 ║    int 21h
22 ║ code ends
23 ║ end main
```

6.7.4 写入字符串指令：␣|rep   stosb|stosw|stosd

1. 功能

把AL、AX、EAX的值写入（store）es:di指向的目标字符串中。

2. 操作

① stosb|stosw|stosd的操作

```
if(sizeof(operand) == 1)        ✎ stosb指令
{
    byte ptr es:[di] = AL;
    if(DF == 0)
    {
        DI++;
    }
    else
    {
        DI--;
    }
}
else if(sizeof(operand)==2)     † stosw指令
{
    word ptr es:[di] = AX;
    if(DF == 0)
    {
        DI+=2;
    }
    else
    {
        DI-=2;
    }
}
else if(sizeof(operand)==4)     † stosd指令
{
    dword ptr es:[di] = EAX;
    if(DF == 0)
    {
        DI+=4;
    }
    else
    {
```

```
        DI-=4;
    }
}
```

② rep   stosb|stosw|stosd的操作

```
again:
    if(CX == 0)
    {
        goto done;
    }
    if(sizeof(operand) == 1)
    {
        byte ptr es:[di] = AL;
        if(DF == 0)
        {
            DI++;
        }
        else
        {
            DI--;
        }
    }
    else if(sizeof(operand)==2)
    {
        word ptr es:[di] = AX;
        if(DF == 0)
        {
            DI+=2;
        }
        else
        {
            DI-=2;
        }
    }
    else if(sizeof(operand)==4)
    {
        dword ptr es:[di] = EAX;
        if(DF == 0)
        {
            DI+=4;
        }
        else
        {
            DI-=4;
        }
    }
    CX--;
    goto again;
done:
```

3. 格式

```
stosb
stosw
stosd
rep stosb
rep stosw
rep stosd
```

4. 举例

程序6.6演示了如何运用rep stosb|stosd指令把数组s清零。

程序 6.6 stosb.asm—用rep stosb|stosd指令把数组s清零

```
 1 | .386
 2 | data segment use16
 3 | s db 2003 dup('A')
 4 | slen = $ - offset s
 5 | data ends
 6 |
 7 | code segment use16
 8 | assume cs:code, ds:data
 9 | main:
10 |    mov ax, data
11 |    mov ds, ax
12 |    mov es, ax
13 |    mov di, offset s    ⊘es:di→s[0]
14 |    mov cx, slen        † CX = 数组s中包含的字符个数 = 2003
15 |    xor eax, eax        † EAX = 0
16 |    push cx
17 |    shr cx, 2           † CX = CX / 4 = 500
18 |    rep stosd           † 先把s[0]至s[1999]清零
19 |    pop cx
20 |    and cx, 3           † CX = CX % 4 = 3
21 |    rep stosb           † 再把s[2000]至s[2002]清零
22 |    mov ah, 4Ch
23 |    int 21h
24 | code ends
25 | end main
```

6.7.5　读取字符串指令：lodsb|lodsw|lodsd

1. 功能

从ds:si指向的源字符串中读取（load）一个字节|字|双字并保存到AL|AX|EAX中。

2. 操作

lodsb|lodsw|lodsd的操作

```
if(sizeof(operand) == 1)          ⊘lodsb指令
{
    AL = byte ptr ds:[si];
    if(DF == 0)
```

```
        {
            SI++;
        }
        else
        {
            SI--;
        }
    }
    else if(sizeof(operand)==2)     † lodsw指令
    {
        AX = word ptr ds:[si];
        if(DF == 0)
        {
            SI+=2;
        }
        else
        {
            SI-=2;
        }
    }
    else if(sizeof(operand)==4)     † lodsd指令
    {
        EAX = dword ptr ds:[si];
        if(DF == 0)
        {
            SI+=4;
        }
        else
        {
            SI-=4;
        }
    }
```

3. 格式

```
lodsb
lodsw
lodsd
```

4. 举例

程序6.7①演示了如何运用lodsb、stosb指令过滤掉数组s中的'␣'再把其他字符保存到数组t中。

程序 6.7 lodsb.asm—用lodsb、stosb指令过滤数组s中的空格

```
1 data segment
2 s db "Ada␣Lovelace␣is␣often␣regarded␣as␣"
3   db "the␣first␣computer␣programmer."
4 slen = $ - offset s
5 t db slen dup('T')
```

①源程序lodsb.asm的下载链接: http://cc.zju.edu.cn/bhh/asm/lodsb.asm

```
 6 | data ends
 7 |
 8 | code segment
 9 | assume cs:code, ds:data
10 | main:
11 |    mov ax, data
12 |    mov ds, ax
13 |    mov es, ax
14 |    mov si, offset s;  ds:si->s[0]
15 |    mov di, offset t;  es:di->t[0]
16 |    mov cx, slen       ; CX = length of s
17 |    cld                ; DF = 0
18 |    jcxz done          ; jump if cx is zero
19 | again:
20 |    lodsb              ; AL=ds:[si], si++
21 |    cmp al, '␣'
22 |    je skip
23 |    stosb              ; es:[di]=AL, di++
24 | skip:
25 |    loop again         ; dec cx
26 |                       ; jnz again
27 | done:
28 |    xor al, al         ; AL = 00h
29 |    stosb              ; es:[di]=AL, di++
30 |    mov ah, 4Ch
31 |    int 21h
32 | code ends
33 | end main
```

6.8 控制转移指令

控制转移指令包括：jmp、jcc、jcxz、jecxz、loop、loopz、loopnz、call、retn、retf、int、iret。

6.8.1 无条件跳转指令：JMP

根据跳转距离的远近，jmp 分成三类：

- 短跳（short jump）：跳转距离用 1 个字节表示；
- 近跳（near jump）：跳转距离或目标地址用 1 个字表示；
- 远跳（far jump）：目标地址用 1 个远指针表示。

6.8.1.1 jmp short dest

1. 功能

短跳，跳到目标地址 dest。

2. 机器码

短跳指令的机器码由 2 个字节构成：

```
0EBh, idata8
```

其中idata8是一个8位符号数，它表示短跳的跳转距离，这个跳转距离是指短跳的目标地址dest与下条指令[1]的偏移地址之差。

3. 操作

```
delta = idata8;
delta |= (0 - ((delta & 80h)>>7 & 1)) << 8;    ∥符号扩充成16位
IP = IP + delta;    †  等号右边的IP为下条指令的偏移地址
```

4. 格式

```
jmp short 标号
```

标号就是短跳的目标地址，标号与下条指令之间的距离不能太远，若距离超出$[-128, +127]$这个范围，那么编译时就会报"jump out of range"的错误。由于编译器会自动度量标号与下条指令之间的距离，故短跳指令中用来修饰标号的short可以省略不写。

短跳指令编译成机器码时，跳转距离idata8按以下公式计算：

$$idata8 = 标号 - (\$ + 2);$$

其中$\$$表示当前这条短跳指令自身的偏移地址[2]，故公式中的$\$+2$其实就是下条指令的偏移地址。

6.8.1.2　jmp near ptr dest

1. 功能

近跳，跳到目标地址dest。

2. 机器码

近跳指令的机器码由3个字节构成：

```
0E9h，idata16_{L8}，idata16_{H8}
```

其中$idata16_{L8}$、$idata16_{H8}$是idata16的低8位和高8位，而idata16则是近跳的目标地址dest与下条指令的偏移地址之差。

3. 操作

```
delta = idata16;
IP = IP + delta;    ∥ 等号右边的IP为下条指令的偏移地址
```

4. 格式

```
jmp near ptr 标号
```

标号就是近跳的目标地址，标号与下条指令之间的距离一定在$[-32768, +32767]$这个范围内。由于编译器会自动度量标号与下条指令之间的距离，故近跳指令中用来修饰标号的near ptr可以省略不写。

---

[1] 设s:o指向当前将要执行的指令，且该指令的机器码长度为n，则s:o+n指向的就是下条指令
[2] 指令的偏移地址是指该指令的机器码的首字节的偏移地址

近跳指令编译成机器码时，跳转距离 idata16 按以下公式计算：

$$idata16 = 标号 - (\$ + 3);$$

其中 \$ 表示当前这条近跳指令自身的偏移地址，故公式中的 \$+3 其实就是下条指令的偏移地址。

近跳指令还有另外两种格式：

```
jmp reg16
jmp mem16
```

其中 reg16 及 mem16 的值均为跳转的目标地址，例如：

```
mov bx, 1234h
jmp bx                    ; IP=1234h
mov word ptr es:[di], 5678h
jmp word ptr es:[di]      ; IP=5678h
```

6.8.1.3　jmp far ptr dest

1. 功能

远跳，跳到目标地址 dest。

2. 机器码

远跳指令的机器码由 5 个字节构成：

```
0EAh, idata32L16, idata32H16
```

其中 $idata32_{L16}$、$idata32_{H16}$ 是 idata32 的低 16 位和高 16 位，而 idata32 是一个 32 位的远指针，它就是远跳的目标地址 dest。例如：机器码 0EAh, 78h, 56h, 34h, 12h 对应的远跳指令是 jmp 1234h:5678h。

3. 操作

```
IP = idata32L16;
CS = idata32H16;
```

4. 格式

```
jmp far ptr 标号
```

标号就是远跳的目标地址。有关远标号的定义及引用方法，请参考 4.4.3.3（p.54）节。

远跳指令还有另外一种格式：

```
jmp mem32
```

其中 mem32 的值为远跳指令的目标地址，例如：

```
mov word ptr es:[di], 5678h
mov word ptr es:[di+4], 1234h
jmp dword ptr es:[di] ; IP=5678h, CS=1234h
```

jmp far ptr 标号只能跳到源程序中已定义的标号处，不能跳到某个用常数指定的目标地址处，如jmp far ptr 1234h:5678h会报"Left operand must have segment"的语法错误。要做到指定地址的远跳，我们只能通过定义5字节机器码来实现，例如：

```
reboot:
    db 0EAh
    dd 0FFFF0000h; jmp far ptr 0FFFFh:0000h
```

5. 举例

程序6.8[①]演示了如何在源代码中做短跳、近跳和远跳。

程序 6.8 jmp.asm——短跳、近跳和远跳

```
 1 | code segment
 2 | assume cs:code
 3 | main:
 4 |     jmp next; jmp short next
 5 | exit label far
 6 |     mov ah, 4Ch
 7 |     int 21h
 8 | next:
 9 |     mov ah, 2
10 |     mov dl, 'A'
11 |     int 21h
12 |     jmp abc; jmp near ptr abc
13 |     db 200h dup(0)
14 | abc:
15 |     jmp far ptr away
16 | code ends
17 |
18 | fff segment
19 | assume cs:fff
20 | away:
21 |     mov ah, 2
22 |     mov dl, 'F'
23 |     int 21h
24 |     jmp exit; jmp far ptr exit
25 | fff ends
26 | end main
```

有关近标号、远标号的定义及引用方法，请参考4.4.3.3（p.54）节。

6.8.2　条件跳转指令：Jcc

条件跳转指令Jcc及其跳转条件见表6.5，跟非符号数大小比较、符号数大小比较相关的Jcc条件跳转指令及其跳转条件请参考表6.1（p.94）。

Jcc指令的跳转距离均为1字节，即跳转的目标地址和下条指令偏移地址之间的距离必须在[−128,+127]范围内。

[①]源程序jmp.asm的下载链接：*http://cc.zju.edu.cn/bhh/asm/jmp.asm*

表 6.5 Jcc指令及其跳转条件

Jcc指令	含义	跳转条件	解释
jc	有进位则跳（jump if carry）	CF==1	有进位或借位
jnc	无进位则跳（jump if no carry）	CF==0	无进位或借位
jz	有零标志则跳（jump if zero）	ZF==1	运算结果为0
jnz	无零标志则跳（jump if not zero）	ZF==0	运算结果非0
js	有符号位则跳（jump if sign）	SF==1	符号数运算结果为负
jns	无符号位则跳（jump if no sign）	SF==0	符号数运算结果为正
jo	有溢出标志则跳（jump if overflow）	OF==1	符号数运算结果有错
jno	无溢出标志则跳（jump if not overflow）	OF==0	符号数运算结果正确
jp	有奇偶校验标志则跳（jump if parity）	PF==1	运算结果低8位中1的个数为偶
jnp	无奇偶校验标志则跳（jump if no parity）	PF==0	运算结果低8位中1的个数为奇
jcxz	CX为0则跳（jump if CX is zero）	CX==0	CX的值等于0
jecxz	ECX为0则跳（jump if ECX is zero）	ECX==0	ECX的值等于0

以下用 ≡ 连接的Jcc指令是等价的：

- ja ≡ jnbe
- jb ≡ jc ≡ jnae
- jae ≡ jnc ≡ jnb
- jbe ≡ jna
- jg ≡ jnle
- jl ≡ jnge

- jge ≡ jnl
- jle ≡ jng
- jz ≡ je
- jnz ≡ jne
- jp ≡ jpe
- jnp ≡ jpo

6.8.3　循环指令：LOOP,LOOPZ,LOOPNZ

6.8.3.1　loop dest

1. 功能

循环。

2. 操作

```
CX--;
if(CX != 0)
{
    IP = dest;
}
```

3. 格式

```
loop 标号
```

4. 举例

```
    mov  ax, 0
    mov  bx, 1
```

```
    mov  cx, 100
again:
    add  ax, bx  ; AX = AX + BX
    inc  bx      ; BX = BX + 1
    loop again   ; CX = CX -1
                 ; jnz again
```

5. 注意

loop指令的跳转距离为1字节，跳转的目标地址与下条指令的偏移地址之差必须在 [−128, +127] 范围内。

由于loop指令是先做 CX = CX − 1 再判断 CX 是否为 0，故在loop前把 CX 赋值为 0 反而能达到最大循环次数10000h。如果不希望在 CX == 0 时进入loop 循环，那就应该在进入循环前用jcxz指令跳到循环出口。

6.8.3.2 loopz dest

1. 功能

若等于零则循环（loop if zero）。

2. 操作

```
old_fl = FL;
CX--;
FL = old_fl;
if(ZF==1 && CX != 0)
{
    IP = dest;
}
```

3. 格式

```
loopz 标号
```

4. 举例

```
    mov ax, 8000h
    mov bx, 8
    mov cx, 10h
again:
    rol ax, 1     ✎ AX=1,2,4,8
    test bx, ax   † 检测BX的第0位、第1位、第2位、第3位
    loopz again   † 若ZF==1且（--CX）!=0则跳转到again
                  † 循环结束时，AX=8, BX=8, CX=000Ch, ZF=0
```

5. 注意

loopz ≡ loope。

6.8.3.3 loopnz dest

1. 功能

若不等于零则循环（loop if not zero）。

2. 操作

```
old_fl = FL;
CX--;
FL = old_fl;
if(ZF==0 && CX != 0)
{
    IP = dest;
}
```

3. 格式

```
loopnz 标号
```

4. 举例

```
    mov ax, 0
    mov bx, 50
    mov cx, 100
again:
    add ax, bx      ⌀ AX = AX + BX
    dec bx          † BX--
    loopnz again    † 若ZF==0且（--CX）!=0则跳转到again
                    † 循环结束时，AX = 50 + 49 + 48 + ⋯ + 1 = 4FBh,
                    † BX = 0, CX = 0032h, ZF = 1
```

5. 注意

loopnz ≡ loopne。

6.8.4 子程序调用与返回指令：CALL,RETN,RETF

6.8.4.1 call near ptr dest

1. 功能

近调用，目标地址为dest。

2. 机器码

近调用指令的机器码由3个字节构成：

```
0E8h, idata16_L8, idata16_H8
```

其中idata16$_{L8}$、idata16$_{H8}$是idata16的低8位和高8位，而idata16则是近调用目标地址dest与下条指令的偏移地址之差。

3. 操作

```
back_addr = IP;      ⌀ IP为下条指令的偏移地址
SP = SP - 2;
word ptr ss:[sp] = back_addr;
delta = idata16;
IP = back_addr + delta;
```

4. 格式

```
call near ptr 标号
```

标号就是近调用的目标地址，标号与下条指令之间的距离一定在[−32768, +32767]这个范围内。由于编译器会自动度量标号与下条指令之间的距离，故近调用指令中用来修饰标号的near ptr可以省略不写。

近调用指令编译成机器码时，idata16按以下公式计算：

$$idata16 = 标号 − (\$ + 3);$$

其中$表示当前这条call指令自身的偏移地址，故公式中的$+3其实就是下条指令的偏移地址。

近调用指令还有另外两种格式：

```
call reg16
call mem16
```

其中reg16及mem16的值均为近调用的目标地址，例如：

```
    mov bx, 1234h
    call bx                 ; push offset next1
                            ; IP = 1234h
next1:
    mov word ptr es:[di], 5678h
    call word ptr es:[di]  ; push offset next2
                            ; IP = 5678h
next2:
```

6.8.4.2   retn ␣|idata16

1. 功能

近返回（return near）。

2. 操作

① retn的操作

```
back_addr = word ptr ss:[sp];
SP = SP + 2;
IP = back_addr;
```

② retn idata16的操作

```
back_addr = word ptr ss:[sp];
SP = SP + 2 + idata16;
IP = back_addr;
```

3. 格式

```
retn
retn idata16
```

4. 举例

程序6.9[①]演示了如何用call和retn实现近调用和近返回。

程序 6.9 callnear.asm—近调用和近返回

```
1  data segment
2  s db "Hello$World!", 0Dh, 0Ah, 00h
3  data ends
4
5  code segment
6  assume cs:code, ds:data
7  ;Input:                    ◎用寄存器传递参数
8  ;AL=char to output
9  putchar:                   † 用标号定义一个函数
10     push dx
11     mov ah, 2
12     mov dl, al
13     int 21h
14     pop dx
15     retn
16
17 ;Input:                    † 用堆栈传递参数
18 ;dword ptr ss:[sp+2]->string to output
19 puts proc                  † 用函数名 proc … 函数名 endp定义一个函数
20     push bp                 †⎫
21     mov bp, sp              †⎬ 构造堆栈框架
22                             † word ptr ss:[bp+0] = old bp
23                             † word ptr ss:[bp+2] = offset back
24                             † word ptr ss:[bp+4] = offset s
25                             † word ptr ss:[bp+6] = data
26     push ds
27     push si
28     cld
29     lds si, [bp+4]   † SI = offset s
30                      † DS = data
31 puts_next_char:
32     lodsb
33     or al, al
34     jz puts_done
35     call putchar
36     jmp puts_next_char
37 puts_done:
38     pop si
39     pop ds
40     pop bp
41     retn 4          † back_addr = ss:[sp] = offset back
42                     † sp = sp + 6, 弹出返回地址及main压入的两个字
43                     † IP = back_addr = offset back, 返回到back:
44 puts endp
45
```

---

① 源程序 callnear.asm 下载链接: *http://cc.zju.edu.cn/bhh/asm/callnear.asm*

```
46  main:
47      mov ax, data
48      push ax          † 先压入s的段地址
49      mov ax, offset s
50      push ax          † 后压入s的偏移地址
51      call puts         † 调用函数puts()输出s
52  back:
53      mov ah, 4Ch
54      int 21h
55  code ends
56  end main
```

5. 注意

在用标号定义的函数里面以及用

```
函数名 proc
...
函数名 endp
```

或

```
函数名 proc near
...
函数名 endp
```

定义的函数里面，retn可以简写成ret。
在用

```
函数名 proc far
...
函数名 endp
```

定义的函数里面，ret等价于retf，故retn不能简写成ret。

6.8.4.3 call far ptr dest

1. 功能

远调用，目标地址为dest。

2. 机器码

远调用指令的机器码由5个字节构成：

```
9Ah, idata32_{L16}, idata32_{H16}
```

其中idata32$_{L16}$、idata32$_{H16}$是idata32的低16位和高16位，而idata32是一个32位的远指针，它就是远调用的目标地址dest。例如：机器码09Ah, 78h, 56h, 34h, 12h对应的远调用指令是call 1234h:5678h。

3. 操作

```
SP = SP - 4;
word ptr ss:[sp] = IP;      ✏ IP为下条指令的偏移地址
word ptr ss:[sp+2] = CS;
```

```
IP = idata32_L16;
CS = idata32_H16;
```

4. 格式

```
call far ptr 标号
```

标号就是远调用的目标地址。有关远标号的定义及引用方法，请参考4.4.3.3（p.54）节。
远调用指令还有另外一种格式：

```
call mem32
```

其中mem32的值为远调用指令的目标地址，例如：

```
mov word ptr es:[di], 5678h
mov word ptr es:[di+4], 1234h
call dword ptr es:[di]  ; SP = SP - 4 ✐机器码为:26,FF,1D
                        ; word ptr ss:[sp] = IP
                        ;       † IP为下条指令的偏移地址
                        ; word ptr ss:[sp+2] = CS
                        ; IP = 5678h, CS = 1234h
```

call far ptr 标号只能调用源程序中已定义的标号，不能调用某个用常数指定的目标地址，
如call far ptr 1234h:5678h会报"Left operand must have segment"的语法错误。要做到指定
地址的远调用，我们只能通过定义5字节机器码来实现，例如：

```
simulate_int_40h:
    pushf
    db 09Ah           ✐
    dd 0F000EC59h     †  } call far ptr 0F000h:0EC59h
```

6.8.4.4 retf ␣|idata16

1. 功能

远返回（return far）。

2. 操作

① retf的操作

```
back_ip = word ptr ss:[sp];
back_cs = word ptr ss:[sp+2];
SP = SP + 4;
IP = back_ip;
CS = back_cs;
```

② retf idata16的操作

```
back_ip = word ptr ss:[sp];
back_cs = word ptr ss:[sp+2];
SP = SP + 4 + idata6;
IP = back_ip;
CS = back_cs;
```

3. 格式

```
retf
retf idata16
```

4. 举例

程序6.10①演示了如何用call far ptr、retf实现远调用和远返回。

程序 6.10 callfar.asm—远调用和远返回

```
 1  data segment
 2  s db "Hello$World!", 0Dh, 0Ah, 00h
 3  data ends
 4
 5  faraway segment
 6  assume cs:faraway, ds:data
 7  ;Input:                ✐用寄存器传递参数
 8  ;AL=char to output
 9  putchar label far †用标号定义一个函数
10      push dx
11      mov ah, 2
12      mov dl, al
13      int 21h
14      pop dx
15      retf
16
17  ;Input:                † 用堆栈传递参数
18  ;dword ptr ss:[sp+4]->string to output
19  puts proc far          †用函数名 proc far … 函数名 endp定义一个函数
20      push bp            †}
21      mov bp, sp         †} 构造堆栈框架
22                         † word ptr ss:[bp+0] = old bp
23                         † word ptr ss:[bp+2] = offset back
24                         † word ptr ss:[bp+4] = code
25                         † word ptr ss:[bp+6] = offset s
26                         † word ptr ss:[bp+8] = data
27      push ds
28      push si
29      cld
30      lds si, [bp+6] † SI = offset s
31                     † DS = data
32  puts_next_char:
33      lodsb
34      or al, al
35      jz puts_done
36      call far ptr putchar
37      jmp puts_next_char
38  puts_done:
39      pop si
40      pop ds
```

---

①源程序 callfar.asm 下载链接: http://cc.zju.edu.cn/bhh/asm/callfar.asm

```
41      pop bp
42      retf 4              † back_ip = ss:[sp] = offset back
43                          † back_cs = ss:[sp+2] = code
44                          † sp = sp + 8, 弹出返回地址及main压入的两个字
45                          † IP = back_ip = offset back  ⎫
46                          † CS = back_cs = code         ⎬ 返回code:back
47  puts endp                                            ⎭
48  faraway ends
49
50  code segment
51  assume cs:code, ds:data
52  prompt db "far call demo", 0Dh, 0Ah, 00h
53  prompt_len = $ - offset prompt - 1
54  main:
55      mov cx, prompt_len
56      mov bx, 0
57  show_prompt:
58      mov al, cs:prompt[bx]
59      call far ptr putchar
60      inc bx
61      loop show_prompt
62      mov ax, data
63      push ax                    † 先压入s的段地址
64      mov ax, offset s
65      push ax                    † 后压入s的偏移地址
66      call far ptr puts    † 调用函数puts()输出s
67  back:
68      mov ah, 4Ch
69      int 21h
70  code ends
71  end main
```

6.8.5 中断和中断返回指令：int,int 3,into,iret

中断调用*int n*的目标地址是一个32位的远指针,这个远指针被称作int n的中断向量(interrupt vector)并且保存在$0000:n*4$处。例如int 00h的中断向量是dword ptr 0:[0], int 01h的中断向量是dword ptr 0:[4], int 8h的中断向量是dword ptr 0:[20h], int 21h的中断向量是dword ptr 0:[84h]。

[0000:0000, 0000:03FFh]这个内存区间称为中断向量表,中断向量表中一共存放了从 int 00h至int 0FFh共100h个中断的中断向量。

6.8.5.1 int idata8

1. 功能

中断(interrupt)。

2. 机器码

```
0CDh, idata8
```

idata8是中断号，例如int 21h指令的机器码为：0CDh, 21h。

3. 操作

```
old_fl = FL;
IF = 0;
TF = 0;
SP = SP - 6;
word ptr ss:[sp] = IP;      IP为下条指令的偏移地址
word ptr ss:[sp+2] = CS;
word ptr ss:[sp+4] = old_fl;
IP = word ptr 0000:[idata8 * 4];
CS = word ptr 0000:[idata8 * 4 + 2];
```

4. 格式

```
int idata8
```

5. 举例

```
mov ah, 0
mov al, 3
int 10h      调用int 10h的00h号功能，把显卡切换到80×25文本模式
mov ah, 2
mov dl, 'A'
int 21h      † 调用int 21h的02h号功能，输出字符'A'
mov ah, 0
int 16h      † 调用int 16h的00h号功能，读取一个键
mov ah, 4Ch
int 21h      † 调用int 21h的4Ch号功能，结束程序运行
```

6.8.5.2　int 3

1. 功能

软件断点中断。

2. 机器码

```
0CCh
```

3. 操作

```
old_fl = FL;
IF = 0;
TF = 0;
SP = SP - 6;
word ptr ss:[sp] = IP;      IP为下条指令的偏移地址
word ptr ss:[sp+2] = CS;
word ptr ss:[sp+4] = old_fl;
IP = word ptr 0000:[000Ch];
CS = word ptr 0000:[000Eh];
```

4. 格式

```
int 3
```

6.8.5.3 into

1. 功能

溢出中断（interrupt on overflow）。

2. 机器码

```
0CEh
```

3. 操作

```
if(OF == 1)
{
   old_fl = FL;
   IF = 0;
   TF = 0;
   SP = SP - 6;
   word ptr ss:[sp] = IP;      ✍ IP为下条指令的偏移地址
   word ptr ss:[sp+2] = CS;
   word ptr ss:[sp+4] = old_fl;
   IP = word ptr 0000:[0010h];
   CS = word ptr 0000:[0012h];
}
```

4. 格式

```
into
```

6.8.5.4 iret

1. 功能

中断返回（interrupt return）。

2. 操作

```
back_ip = word ptr ss:[sp];
back_cs = word ptr ss:[sp+2];
back_fl = word ptr ss:[sp+4];
SP = SP + 6;
FL = back_fl;
IP = back_ip;
CS = back_cs;
```

3. 格式

```
iret
```

4. 举例

程序6.11①演示了如何修改int 00h的中断向量并在发生除法溢出时通过int 00h的中断服务函数int_00h修改堆栈中的返回地址成功返回到除法指令的下条指令处。

程序 6.11 int0.asm—中断和中断返回

```
 1  data segment
 2  old_00h dw 0, 0
 3  data ends
 4
 5  code segment
 6  assume cs:code, ds:data
 7  int_00h:                        † int 00h的中断服务函数
 8      push bp
 9      mov bp, sp
10      add word ptr [bp+2], 2      † 把返回地址加2
11      pop bp
12      iret                        † 返回到code:back
13  main:
14      mov ax, data
15      mov ds, ax
16      xor bx, bx
17      mov es, bx
18      mov ax, es:[bx]
19      mov dx, es:[bx+2]
20      mov old_00h[0], ax          †⎫ 保存int 00h的中断向量
21      mov old_00h[2], dx          †⎭
22      mov ax, offset int_00h      † 第22、23行也可以写成一条指令:
23      mov es:[bx], ax             †⎫ mov word ptr es:[bx], offset int_00h
24      mov es:[bx+2], cs           †⎭ 修改int 00h的中断向量为code:int_00h
25      mov ax, 123h
26  here_is_an_int_00h:
27      div bh                      † div bh指令的机器码为2个字节: 0F6h, 0F7h
28                                  † 由于BH=0, 故发生除法溢出, CPU会在div bh
29                                  † 指令上方插入int 00h并调用该中断
30  back:
31      mov ah, 2
32      mov dl, 'B'
33      int 21h
34      mov ax, old_00h[0]
35      mov dx, old_00h[2]
36      mov es:[0], ax              †⎫ 恢复int 00h的中断向量
37      mov es:[2], dx              †⎭
38      mov ah, 4Ch
39      int 21h
40  code ends
41  end main
```

习题

1. 试根据以下要求写出相应的汇编语言指令。

   (1) 把常数1234h赋值给寄存器AX

   (2) 把寄存器AH的值赋值给寄存器DL

   (3) 把地址为2000h:8F3Eh的内存字节赋值为0

   (4) 把地址为2000h:8F3Eh的内存字赋值为1234h

   (5) 把地址为2000h:8F3Eh的内存字节赋值给寄存器CL

   (6) 把地址为2000h:8F3Eh的内存字赋值给寄存器DI

2. 设DS=2000h，BX=3F80h, SI=3F70h, DI=2，请分别使用 [bx+常数]、[bx+di+常数]、[si+常数]这三种间接寻址方式把以下左侧所示的内存单元值改变为右侧所示的结果，要求用mov指令来做，最多只用6条指令，且不得使用常数作为操作数。

   2000:3F80 [12h]   2000:3F80 [78h]
   2000:3F81 [34h]   2000:3F81 [56h]
   2000:3F82 [56h]   2000:3F82 [34h]
   2000:3F83 [78h]   2000:3F83 [12h]

3. 设有两段内存如下所示：

   1000:8D90 [42h]   2000:8D90 [55h]
   1000:8D91 [57h]   2000:8D91 [8Bh]
   1000:8D92 [3Fh]   2000:8D92 [99h]
   1000:8D93 [79h]   2000:8D93 [0Eh]

   且假定DS=1000h, SS=2000h, BX=8D90h, SI=2, DI=2，BP=8D90h，请问执行以下这段指令后，寄存器AX、BX、CX、DX的值分别等于多少？

```
mov   ax, [bx]
mov   cx, [bp+si]
mov   dx, ss:[bx+di]
mov   bx, ds:[bp+di]
```

4. 请指出以下指令的错误之处，并说明原因。

   (1) mov ax, bh

   (2) mov al, si

   (3) mov ds, 1000h

   (4) mov cs, ax

   (5) mov byte ptr ds:[10F0h], byte ptr ds:[3F79h]

   (6) mov bx, ip

   (7) mov ah, [si+di]

(8) mov word ptr [bx+bp+2], 1234h

(9) mov byte ptr [bx-di+1], 1

5. 设SS=2000h，SP=1000h，SI=1234h，DI=5678h，BX=9ABCh，试画出执行以下各条指令时堆栈指针SS:SP及堆栈内容的变化，并指出寄存器SI、DI、BX、SS、SP的最终值为多少。

```
push   si
push   di
push   bx
pop    bx
pop    si
pop    di
```

6. 试根据以下要求写出相应的汇编语言指令。

   (1) 交换寄存器AX与BX的值

   (2) 从端口21h读取一个字节到寄存器AL

   (3) 把寄存器AL的值写入端口378h

   (4) 设有一内存字X，X的偏移地址与段地址按顺序存放在从地址1000:10F0起的内存单元中，请写出汇编指令把X的值赋值给寄存器AX（要求使用lds指令）

   (5) 设有一内存字节Y，Y的偏移地址与段地址按顺序存放在从地址1000:10F0起的内存单元中，请写出汇编指令把Y的值加1（要求使用les指令）

7. 设有如下所示的一段内存

   1000:8FC0 | 12h |

   1000:8FC1 | 34h |

   1000:8FC2 | 56h |

   并假定DS=1000h, BX=8FC0h, SI=1，请问执行以下两条指令后，寄存器AX与DX的值等于多少？

```
mov   ax, [bx+si]
lea   dx, [bx+si]
```

8. 设AL=7Fh，则执行指令cbw后，寄存器AX的值等于多少？

9. 设AX=89BCh，则执行指令cwd后，寄存器AX与DX的值分别等于多少？

10. 设有如下一段内存

   1000:7FF8 | 11h |

   1000:7FF9 | 22h |

   1000:7FFA | 33h |

   1000:7FFB | 44h |

   1000:7FFC | 55h |

   1000:7FFD | 66h |

   并假定DS=1000h, BX=7FF9h, AL=3，则执行指令XLAT后，寄存器AL的值等于多少？

11. 试根据以下要求写出相应的汇编语言指令

(1) 求1234h+5678h的和，要求结果存放在寄存器BX中

(2) 求12-34的差，要求结果存放在寄存器CH中

(3) 求125*8的积，要求结果存放在寄存器AX中

(4) 求10000h/11h的商和余数，要求商存放在寄存器AX中，余数存放在寄存器DX中

(5) 求12345678h+4243BCBCh的和，要求结果存放在寄存器DX:AX中

(6) 求56781234h-3F7DE980h的差，要求结果存放在寄存器DX:AX中

(7) 求1234h*5678h的积，要求结果存放在寄存器DX:AX中

(8) 求10000/99的商和余数，要求商存放在寄存器AL中，余数存放在寄存器AH中

12. 试写出对存放在DX:AX中的32位数进行求补（neg）的汇编指令序列。

13. 若以下指令序列的操作数均为非符号数，请写出每个指令序列执行后标志位CF、ZF的值，并指出cmp指令两个操作数的大小关系。

   (1) mov al, 80h

      cmp al, 7Fh

   (2) mov bx, 1

      cmp bx, 0FFFFh

   (3) mov cx, 0FFF0h

      cmp cx, 0FFFEh

   (4) mov dh, 60h

      cmp dh, 7Ch

14. 若以下指令序列的操作数均为符号数，请写出每个指令序列执行后标志位CF、ZF、SF、OF的值，并指出cmp指令的前后操作数的大小关系。

   (1) mov al, 99h

      cmp al, 34h

   (2) mov ah, 81h

      cmp ah, 0FFh

   (3) mov bx, 1234h

      cmp bx, 8086h

   (4) mov cx, 0FFFFh

      cmp cx, 0FFFEh

   (5) mov dx, 3F7Dh

      cmp dx, 1000h

15. 请写出执行以下指令序列后寄存器AX的值。

   (1) mov ax, 9

      add al, 6

      daa

(2) mov ax, 72h

add al, 69h

daa

(3) mov ax, 76h

sub al, 49h

das

(4) mov ax, 0639h

add al, 33h

aaa

(5) mov ax, 0702h

sub al, 3

aas

(6) mov al, 6

mov cl, 9

mul cl

aam

(7) mov ax, 0702h

aad

16. 设AX=5A7Fh，请写出分别执行以下指令后寄存器AX的值是多少。

(1) or ax, 1234h

(2) and ax, 5678h

(3) not ax

(4) neg ax

(5) xor ax, 7F9Dh

(6) test ax, 6000h

17. 设BX=0D75Ah, CL=2, CF=1, 请写出分别执行以下指令后寄存器BX和标志位CF的值
是多少。

(1) shl bh, 1

(2) shr bx, cl

(3) sar bx, cl

(4) sal bl, 1

(5) rol bx, cl

(6) ror bx, 1

(7) rcl bx, cl

(8) rcr bh, 1

18. 试写出把32位数3F7E59ACh逻辑左移2位的汇编指令序列，要求结果存放在DX:AX中。

19. 试写出把32位数3F7E59ACh逻辑右移2位的汇编指令序列，要求结果存放在DX:AX中。

20. 设从地址1000:10A0起存放了一个字符串，该字符串长度为100h字节。请编写一段程序按正方向把该字符串复制到从地址2000:20F0起的内存单元中。

21. 设从地址1000:10A0与2000:3BF0起，分别存放了一个长度为100h字节的字符串，请编写一段程序按正方向比较两个字符串是否完全相同，若相同则跳转到equal，若不相同则跳转到unequal。

22. 设从地址4FA0:125B起存放了一个字符串，该字符串长度为100h字节。请编写一段程序在该字符串中按正方向查找空格，若找不到任何空格则转跳到not_found，否则把首次找到的空格的偏移地址赋值给寄存器BX。

23. 设从地址3F80:0000起存放了一个字符串，该字符串以'$'结束。请编写一段程序计算该字符串的长度（不包括结束符'$'）并赋值给寄存器CX。

24. 试编写一段程序，把从地址8000:12F0开始的8000h个内存单元赋值为0。

25. 设从地址2B7C:1080开始存放了一个长度为100h字节的字符串，该字符串含有至少一个'$'符。请编写一段程序找出字符串中的最后一个'$'符，并把该字符的偏移地址赋值给寄存器BX。

26. 设从地址2B7C:1080开始存放了一个长度为100h字节的字符串，该字符串含有至少一个'$'符。请编写一段程序把该字符串中的所有'$'符都替换成空格。

27. 设CS=2000h，IP=10A0h，并且从地址2000:10A0起存放了跳转指令的机器码，这些机器码是以下五种情况之一。试针对这五种不同情况，分析一下执行本条指令后，CS与IP的值将等于多少。（提示：0EBh为短跳，0E9h为近跳，0EAh为远跳）

(1) 0EBh 9Ch

(2) 0EBh 70h

(3) 0E9h 80h 70h

(4) 0E9h 70h 0FFh

(5) 0EAh 9Dh 5Fh 00h 10h

28. 假定寄存器AX与DX存放的值为非符号数，SI与DI存放的值为符号数，请用比较指令和条件跳转指令完成以下判断。

(1) 若AX 大于 DX则跳转至above

(2) 若DX 小于或等于 AX则跳转至below_equal

(3) 若AX 等于 DX则跳转至equal

(4) 若AX 大于或等于 DX则跳转至above_equal

(5) 若CX 等于 0则跳转至CX_is_zero

(6) 若SI 小于 DI则跳转至less

(7) 若SI 小于或等于 DI则跳转至less_euqal

(8) 若SI 大于 DI则跳转至greater

(9) 若SI 大于或等于 DI则跳转至greater_equal

(10) 若SI 等于 DI 则跳转至equal

(11) 比较SI与DI，若产生溢出则跳转至overflow

(12) 比较AX与DX，若产生符号位则跳转至negative

29. 试编写一段程序完成1+2+3+···+100的计算，要求使用loop指令来做，结果存放到寄存器AX中。

30. 请问以下这段程序执行完后，寄存器AX、BX、CX的值等于多少？

```
        mov   ax,  0FFFBh
        mov   bx,  0FFFFh
        mov   cx,  000Ah
step1:
        add   bx,  ax
        inc   ax
        loopnz  step1
step2:
        inc   ax
        shr   bx,  1
        test  bx,  1
        loopz  step2
step3:
        inc   bx
        loop  step3
done:
```

31. 设有如下所示的一段程序，并假定CS=1210h，IP=0000h, SS=1210h, SP=0FFFEh。试分析这段程序的执行过程，并画出在程序执行过程中堆栈指针SS:SP及堆栈内容的变化，最后写出程序终止时寄存器BX、CX、DX的值。

```
1210:0000  BB0000        mov     bx,  0000
1210:0003  B90300        mov     cx,  0003
1210:0006  BA0100        mov     dx,  0001
1210:0009  E80400        call       0010h
1210:000C  B44C          mov     ah,  4Ch
1210:000E  CD21          int     21h
1210:0010  03DA          add     bx,  dx
1210:0012  E80300        call       0018h
1210:0015  E2F9          loop       0010h
1210:0017  C3            ret
1210:0018  42            inc     dx
1210:0019  C3            ret
```

32. 设有如下所示的一段内存，当执行中断指令INT 16h后，寄存器CS与IP的值将等于多少？

```
0000:0054  40h
```

0000:0055 [02h]

0000:0056 [58h]

0000:0057 [02h]

0000:0058 [2Dh]

0000:0059 [04h]

0000:005A [70h]

0000:005B [00h]

33. 设有如下一段内存,且假定SS=2000h,SP=0FFF0h,则执行指令retf后,寄存器CS与IP的值将等于多少?

2000:FFEC [06h]

2000:FFED [7Bh]

2000:FFEE [8Fh]

2000:FFEF [30h]

2000:FFF0 [0Ah]

2000:FFF1 [00h]

2000:FFF2 [10h]

2000:FFF3 [12h]

34. 设有如下一段内存,且假定SS=3000h,SP=0FFF8h,则执行指令IRET后,寄存器CS与IP的值将等于多少?标志位CF的值又是多少?

3000:FFF6 [06h]

3000:FFF7 [8Dh]

3000:FFF8 [80h]

3000:FFF9 [35h]

3000:FFFA [27h]

3000:FFFB [18h]

3000:FFFC [03h]

3000:FFFD [72h]

第7章 分支与循环

7.1 分支

汇编语言的分支可以用Jcc指令实现，也可用数据指针表、跳转表实现。

7.1.1 用Jcc指令实现分支

7.1.1.1 用Jcc指令实现二分支结构

程序7.1[1]演示了如何用jae指令对所输入的2个字符做大小比较并输出ASCII码较大的那个字符。

程序 7.1 2branch.asm——输入2个字符输出较大者

```
 1  code segment
 2  assume cs:code
 3  main:
 4      mov ah, 1          ⌨ 调用int 21h的1号功能输入字符
 5      int 21h            † AL=所敲字符的ASCII码
 6      mov dl, al         † DL=第1个字符
 7      mov ah, 1
 8      int 21h            † AL=第2个字符
 9      cmp dl, al         † 若第1个字符 ≥ 第2个字符
10      jae output         †     则跳到output输出第1个字符
11                         † 否则（即第1个字符 ＜ 第2个字符）
12      mov dl, al         †     DL=第2个字符并继续执行到output再输出第2个字符
13  output:
14      mov ah, 2          † 调用int 21h的2号功能
15      int 21h            † 输出DL中的字符
16      mov ah, 4Ch        † 调用int 21h的4Ch号功能
17      int 21h            † 结束程序运行
18  code ends
19  end main
```

程序7.1第9~13行的二分支结构对应的C语言代码如下：

```
 1  if(dl >= al)           ⌨ 分支1
 2      goto output;
 3  else                   † 分支2
 4      dl = al;
 5  output:
 6      ...
```

---

[1] 源程序2branch.asm下载链接：*http://cc.zju.edu.cn/bhh/asm/2branch.asm*

7.1.1.2 用Jcc指令实现三分支结构

程序7.2[①]演示了如何用cmp结合jcc指令实现三分支结构从而判断数组a中的3个元素是正数、负数还是零。

程序 7.2 3branch.asm—判断3个元素是正数、负数还是零

```
 1  data segment
 2  a dw 32767, -32768, 0
 3  count = ($-offset a)/(size a[0])
 4                          ⏀count=数组a中的元素个数=3
 5                          † 其中(size a[0])的值等于2,
 6                          † 它表示一个dw类型变量的以字节为单位的宽度
 7  data ends
 8
 9  code segment
10  assume cs:code, ds:data
11  main:
12      mov ax, data
13      mov ds, ax
14      mov si, 0
15      mov cx, count
16  next:
17      cmp a[si], 0        † 把数组元素a[si]与0做比较
18      jg is_positive      † 若a[si] > 0则跳转到is_positive
19      jl is_negative      † 若a[si] < 0则跳转到is_negative
20  is_zero:                † 否则, a[si]必定等于0, 来到is_zero
21      mov dl, '0'         † 准备输出'0'
22      jmp output
23  is_negative:
24      mov dl, '-'         † 准备输出'-'
25      jmp output
26  is_positive:
27      mov dl, '+'         † 准备输出'+'
28  output:
29      mov ah, 2           † 调用int 21h的2号功能
30      int 21h             † 输出DL中的字符
31      add si, 2           † 让ds:si指向下一个元素
32      loop next           † 继续下次循环
33      mov ah, 4Ch         † 调用int 21h的4Ch号功能
34      int 21h             † 结束程序运行
35  code ends
36  end main
```

程序7.2第17~28行的三分支结构对应的C语言代码如下：

```
1  if(a[si] > 0)           ⏀分支1
2      goto is_positive;
3  else if(a[si] < 0)      † 分支2
4      goto is_negative;
5  else                    † 分支3
```

```
 6 {
 7     dl = '0';
 8     goto output;
 9 }
10 is_negative:
11     dl = '-';
12     goto output;
13 is_positive:
14     dl = '+';
15 output:
16     ...
```

7.1.1.3　用Jcc指令实现多分支结构

程序7.3[①]演示了如何用cmp结合jcc指令实现多分支结构从而判断键盘输入的字符是大写英文字母、小写英文字母、数字、其他字符。

程序 7.3 mbranch.asm—判断输入字符的类别

```
 1 data segment
 2 upper_msg db "Uppercase", 0Dh, 0Ah, "$"
 3 lower_msg db "Lowercase", 0Dh, 0Ah, "$"
 4 digit_msg db "Digit",     0Dh, 0Ah, "$"
 5 other_msg db "Other",     0Dh, 0Ah, "$"
 6 data ends
 7
 8 code segment
 9 assume cs:code, ds:data
10 main:
11     mov ax, data
12     mov ds, ax
13 again:
14     mov ah, 1          ⌀ 调用int 21h的1号功能输入字符
15     int 21h            † AL=所敲字符的ASCII码
16     cmp al, 0Dh        † 若AL==回车符
17     je exit            † 则结束程序
18     cmp al, '0'        † 若AL≥'0'
19     jae is_it_digit    † 则跳转到is_it_digit
20     jmp check_upper    † 否则跳转到check_upper
21 is_it_digit:
22     cmp al, '9'        † 若AL≤'9'
23     jbe is_digit       † 则AL∈['0','9']，故跳转到is_digit
24 check_upper:           † 否则来到check_upper
25     cmp al, 'A'        † 若AL≥'A'
26     jae is_it_upper    † 则跳转到is_it_upper
27     jmp check_lower    † 否则跳转到check_lower
28 is_it_upper:
29     cmp al, 'Z'        † 若AL≤'Z'
30     jbe is_upper       † 则AL∈['A','Z']，故跳转到is_upper
31 check_lower:           † 否则来到check_lower
```

①源程序mbranch.asm下载链接: *http://cc.zju.edu.cn/bhh/asm/mbranch.asm*

```
32      cmp al, 'a'          † 若AL<'a'
33      jb is_other          † 则跳转到is_other
34   is_it_lower:            † 否则来到is_it_lower
35      cmp al, 'z'          † 若AL>'z'
36      ja is_other          † 则跳转到is_other
37   is_lower:               † 否则AL∈['a','z']，故来到is_lower
38      mov dx, offset lower_msg
39      jmp output
40   is_upper:
41      mov dx, offset upper_msg
42      jmp output
43   is_digit:
44      mov dx, offset digit_msg
45      jmp output
46   is_other:
47      mov dx, offset other_msg
48   output:
49      mov ah, 9            † 调用int 21h的9号功能
50      int 21h             † 输出ds:dx指向的字符串
51      jmp again           † 跳转到again继续输入字符并判断
52   exit:
53      mov ah, 4Ch          † 调用int 21h的4Ch号功能
54      int 21h             † 结束程序运行
55   code ends
56   end main
```

程序7.3第18~48行的多分支结构与以下C语言程序7.4①第12~32行对应。

程序 7.4 mbranch.c—判断输入字符类别的C语言代码

```
1  #include <stdio.h>
2  char upper_msg[] = "Uppercase\n";
3  char lower_msg[] = "Lowercase\n";
4  char digit_msg[] = "Digit\n";
5  char other_msg[] = "Other\n";
6  main()
7  {
8      char al;
9      char *dx;
10     while((al = getchar()) != '\n')
11     {
12         if(al >= '0' && al <= '9')        ✍ 分支1
13             goto is_digit;
14         else if(al >= 'A' && al <= 'Z') † 分支2
15             goto is_upper;
16         else if(al < 'a' || al > 'z')    † 分支3
17             goto is_other;
18         else                             † 分支4
19         {
20         is_lower:
21             dx = &lower_msg[0];
```

① 源程序mbranch.c下载链接: http://cc.zju.edu.cn/bhh/asm/mbranch.c

```
22          goto output;
23      }
24    is_upper:
25          dx = &upper_msg[0];
26          goto output;
27    is_digit:
28          dx = &digit_msg[0];
29          goto output;
30    is_other:
31          dx = &other_msg[0];
32    output:
33          printf(dx);
34      }
35  }
```

我们从程序7.3可以了解到，汇编语言并不能如C语言那样在一条语句中判断2个或2个以上的条件，不管这2个条件是并且关系还是或者关系都不行，例如C程序7.4第12、13行需要在汇编程序7.3中拆分成18、19、21、22、23行来表达，同理C程序7.4第16、17行需要在汇编程序7.3中拆分成32~36行来表达。

7.1.1.4 用数据指针表实现多分支结构

当多分支的处理过程雷同，不同分支的区别仅在于处理的数据对象有所不同时，我们可以用 数据指针表[1]来实现多分支结构。程序7.5[2]演示了如何用数据指针表来实现点菜单。

程序 7.5 dptrtbl.asm—用数据指针表实现点菜单

```
1  data segment
2  apple     db "1.␣Apple", 0Dh, 0Ah, "$"
3  banana    db "2.␣Banana", 0Dh, 0Ah, "$"
4  cherry    db "3.␣Cherry", 0Dh, 0Ah, "$"
5  dewberry db "4.␣Dewberry", 0Dh, 0Ah, "$"
6  selected db 0Dh, 0Ah, "Your␣selection␣is:␣$"
7  name_ptr_tbl dw apple, banana, cherry, dewberry; 数据指针表
8  name_ptr_cnt = ($ - offset name_ptr_tbl) / (size name_ptr_tbl[0])
9  data ends
10
11 code segment
12 assume cs:code, ds:data
13 main:
14    mov ax, data
15    mov ds, ax
16 again:
17    mov cx, name_ptr_cnt        ⌀菜单项数
18    mov si, 0                   † 设i=0是数据指针表中首个数据指针的序号，那么si=0
19                                † 代表的是第0个数据指针在数据指针表内的偏移量i*2
20 show_menu:
21    mov ah, 9
22    mov dx, name_ptr_tbl[si]    † dx=第i个数据指针, i ∈ [0,3]
```

[1]数据指针表就是一个数组，该数组中的每个元素均为指向数据对象（如变量、数组）的指针

[2]源程序dptrtbl.asm下载链接: http://cc.zju.edu.cn/bhh/asm/dptrtbl.asm

```
23    int 21h                          † 输出菜单项
24    add si, 2                        † 因为每个指针的宽度为2字节, 故si要加2
25    loop show_menu                   † 循环输出菜单
26    mov ah, 1
27    int 21h                          † 键盘输入['1','4']范围内的数字字符或回车
28    cmp al, 0Dh                      † 若是回车
29    je exit                          † 则跳转到exit
30    sub al, '1'                      † 若是数字字符, 则al=al-'1', 若把新的al记作i,
31                                     † 那么i=与输入匹配的数据指针的序号 (以0为基数)
32    mov ah, 0                        † 清除ax的高8位, 即ax=i
33    mov si, ax                       † si=i
34    shl si, 1                        † si=2*i=第i个数据指针在数据指针表内的偏移量
35    mov ah, 9
36    mov dx, offset selected
37    int 21h                          † 输出"Your selection is: "
38    mov dx, name_ptr_tbl[si]         † dx=第i个数据指针
39    int 21h                          † 输出选中的菜单项
40    jmp again
41 exit:
42    mov ah, 4Ch
43    int 21h
44 code ends
45 end main
```

程序7.5第7行定义的数组name_ptr_table就是一张数据指针表, 该数组的每个元素均为字符串的偏移地址即字符串的近指针, 例如数组元素apple等价于offset apple, 同理, dewberry等价于offset dewberry, 即数据段中凡是用dw引用的变量名、数组名均可以看作是他们的偏移地址。

有了name_ptr_table这张数据指针表, 程序7.5第30~39行原先本应构造的4个分支现在变成了1个分支, 因为我们把用户输入的数字字符al代入表达式name_ptr_table[(al-'1')*2]获得了与该输入匹配的待输出字符串的指针, 从而可以不经分支判断直接输出该指针指向的字符串。

7.1.1.5 用跳转表实现多分支结构

跳转表是指由标号或者函数指针构成的数组。当控制分支的变量的值在一个比较小的区间内变动时, 我们可以用跳转表来实现多分支结构。

程序7.6[①] 演示了如何用跳转表实现水果颜色查询。

程序 7.6 lptrtbl.asm—用跳转表实现水果颜色查询

```
1 data segment
2 apple       db "1.␣Apple$"
3 banana      db "2.␣Banana$"
4 cherry      db "3.␣Cherry$"
5 grape       db "4.␣Grape$"
6 jackfruit   db "5.␣Jackfruit$"
7 lemon       db "6.␣Lemon$"
```

---

① 源程序 lptrtbl.asm 下载链接: *http://cc.zju.edu.cn/bhh/asm/lptrtbl.asm*

```
 8  mulberry    db "7.␣Mulberry$"
 9  plum        db "8.␣Plum$"
10  strawberry db "9.␣Strawberry$"
11  name_ptr_tbl  dw apple, banana, cherry, grape
12                dw jackfruit, lemon, mulberry, plum, strawberry
13  name_ptr_cnt = ($ - offset name_ptr_tbl) / (size name_ptr_tbl[0])
14  label_ptr_tbl dw is_red, is_yellow, is_red, is_purple
15                dw is_yellow, is_yellow, is_purple, is_purple, is_red
16  purple db "␣is␣purple.", 0Dh, 0Ah, 0Dh, 0Ah, '$'
17  red    db "␣is␣red.", 0Dh, 0Ah, 0Dh, 0Ah, '$'
18  yellow db "␣is␣yellow.", 0Dh, 0Ah, 0Dh, 0Ah, '$'
19  cr     db 0Dh, 0Ah, '$'
20  data ends
21
22  code segment
23  assume cs:code, ds:data
24  main:
25      mov ax, data
26      mov ds, ax
27  again:
28      mov cx, name_ptr_cnt         ◎菜单项数
29      mov si, 0                    † 设i=0是数据指针表中首个数据指针的序号, 那么si=0
30                                   † 代表的是第0个数据指针在数据指针表内的偏移量i*2
31  show_menu:
32      mov ah, 9
33      mov dx, name_ptr_tbl[si]     † dx=第i个数据指针, i∈[0,8]
34      int 21h                      † 输出菜单项
35      mov ah, 9
36      mov dx, offset cr            † 由于每个菜单项末尾没有定义回车及换行,
37      int 21h                      † 故每输出一个菜单项再输出回车、换行
38      add si, 2                    † 因为每个指针的宽度为2字节, 故si要加2
39      loop show_menu               † 循环输出菜单
40      mov ah, 1
41      int 21h                      † 键盘输入['1','9']范围内的数字字符或回车
42      push ax                      † 压入输入字符到堆栈中
43      mov ah, 9
44      mov dx, offset cr            † 由于int 21h/AH=01h在输入数字字符时并不输出回
45      int 21h                      † 车, 故在这里调用int 21h/AH=09h输出回车、换行
46      pop ax                       † 从堆栈中弹出输入字符
47      cmp al, 0Dh                  † 若输入字符是回车
48      je exit                      † 则跳转到exit
49      sub al, '1'                  † 若是数字字符, 则al=al-'1', 若把新的al记作i,
50                                   † 那么i=与输入匹配的数据指针的序号 (以0为基数)
51                                   † 同时i=与输入匹配的跳转表项的序号 (以0为基数)
52      mov ah, 0                    † 清除ax的高8位, 即ax=i
53      mov bx, ax                   † bx=i
54      shl bx, 1                    † bx=第i个指针在指针表内的偏移量
55      mov si, name_ptr_tbl[bx]     † si=第i个数据指针
56      jmp label_ptr_tbl[bx]        † label_ptr_tbl[bx]是第i个跳转表项
57  is_purple:                       † 分支1
58      mov dx, offset purple
```

```
59 ‖    jmp output
60 ‖ is_red:                          † 分支2
61 ‖    mov dx, offset red
62 ‖    jmp output
63 ‖ is_yellow:                       † 分支3
64 ‖    mov dx, offset yellow
65 ‖    jmp output                     † 这条语句可以省略不写
66 ‖ output:
67 ‖    push dx                        † 压堆保护dx，防止它被后续DOS调用破坏
68 ‖    mov ah, 9
69 ‖    mov dx, si                     † ds:si-> 第i种水果的菜单项
70 ‖    int 21h                        † 输出第i种水果的菜单项
71 ‖    pop dx                         † 弹出dx，此时ds:dx-> 第i种水果的颜色
72 ‖    mov ah, 9
73 ‖    int 21h                        † 输出第i种水果的颜色
74 ‖    jmp again
75 ‖ exit:
76 ‖    mov ah, 4Ch
77 ‖    int 21h
78 ‖ code ends
79 ‖ end main
```

程序7.6既定义了数据指针表name_ptr_tbl，又定义了跳转表label_ptr_tbl，其中 name_ptr_tbl 的定义位于第11~12行，label_ptr_tbl的定义位于第14~15行。数据指针表 name_ptr_tbl 包含了9个数据指针，它们分别指向一种水果的名称，跳转表label_ptr_tbl 也包含了9个指针，不过它包含的并非数据指针，而是标号，这些标号名本质上也是指针，例 如is_purple等价于offset is_purple，它指向的是第58~59行这段代码，很明显，数据段中凡 是用dw引用的标号名均可以看作是他们的偏移地址。

尽管跳转表label_ptr_tbl包含的指针多达9个，但并不意味着分支也有9个，实际上这里仅 有3个分支，它们分别为is_purple、is_red、is_yellow，这是因为每3种水果拥有同一种颜色，例 如apple、cherry、strawberry分别通过label_ptr_tbl[0]、label_ptr_tbl[4]、label_ptr_tbl[10h] 都跳转到is_red。

即使跳转表label_ptr_tbl包含的指针各不相同，即实际上真的有9个分支，它也可以大 大简化多分支结构，因为用一条 $jmp\ label\_ptr\_table[bx]$ 指令自动跳转到9个分支远比用9对 cmp、Jcc指令来构造9个分支要优雅得多。

7.2　循环

汇编语言中用来构造循环的指令有Jcc、jmp、loop，但这3条指令中除了loop在功能上与 C语言的关键词for有些相似之处外，其他2条指令与C语言的关键词while、do⋯while并没有 明显的对应关系，不过，我们可以运用Jcc、jmp指令来模拟C语言的while、do⋯while循环。

汇编语言也可以像C语言那样构造单重循环及多重循环。

7.2.1 单重循环

程序7.7[①] 演示了如何用类似C语言的while循环结构来输出26个英文大写字母。

程序 7.7 walpha.asm—用while循环结构输出大写字母表

```
 1  code segment
 2  assume cs:code
 3  main:
 4      mov dl, 'A'    ✍ dl='A';
 5  next:
 6      cmp dl, 'Z'    † while(dl <= 'Z')
 7      jbe output     † {
 8      jmp exit       †
 9  output:            †
10      mov ah, 2      †
11      int 21h        †     putchar(dl);
12      inc dl         †     dl++;
13      jmp next       † }
14  exit:
15      mov ah, 4Ch
16      int 21h
17  code ends
18  end main
```

程序7.8[②] 演示了如何用类似C语言的do…while循环结构来输出26个英文大写字母。

程序 7.8 dalpha.asm—用do…while循环结构输出大写字母表

```
 1  code segment
 2  assume cs:code
 3  main:
 4      mov dl, 'A'    ✍ dl='A';
 5  next:              † do
 6      mov ah, 2      † {
 7      int 21h        †     putchar(dl);
 8      inc dl         †     dl++;
 9      cmp dl, 'Z'    †
10      jbe next       † } while(dl <= 'Z');
11  exit:
12      mov ah, 4Ch
13      int 21h
14  code ends
15  end main
```

程序7.9[③] 演示了如何用类似C语言的for循环结构来输出26个英文大写字母。

程序 7.9 falpha.asm—用for循环结构输出大写字母表

```
 1  code segment
```

[①] 源程序 walpha.asm 下载链接: *http://cc.zju.edu.cn/bhh/asm/walpha.asm*

[②] 源程序 dalpha.asm 下载链接: *http://cc.zju.edu.cn/bhh/asm/dalpha.asm*

[③] 源程序 falpha.asm 下载链接: *http://cc.zju.edu.cn/bhh/asm/falpha.asm*

```
 2 assume cs:code
 3 main:
 4     mov dl, 'A'    ✐ dl='A';
 5     mov cx, 26     † cx=26;
 6     jcxz exit      † if(cx==0) /* 首次循环对循环条件的判断在此处进行 */
 7                    †     goto exit;
 8 next:              † for( ; cx>0; cx--)
 9     mov ah, 2      † {
10     int 21h        †     putchar(dl);
11     inc dl         †     dl++;
12     loop next      † } /* cx--以及对循环条件cx>0的判断在loop指令执行时进行 */
13 exit:
14     mov ah, 4Ch
15     int 21h
16 code ends
17 end main
```

程序7.10[①]演示了如何通过循环把一个十进制字符串s转化成32位整数并保存到变量abc
中。

程序 7.10 dec2v32.asm—十进制字符串转32位整数

```
 1 .386                        ✐ .386表示允许使用32位寄存器，且偏移地址为32位
 2 data segment use16          † use16对.386做修正，表示偏移地址仍旧使用16位
 3 s db "2147483647", 0        † 该字符串对应的32位整数=7FFFFFFFh
 4 abc dd 0
 5 data ends
 6
 7 code segment use16          † use16对.386做修正，表示偏移地址仍旧使用16位
 8 assume cs:code, ds:data
 9 main:
10     mov ax, data
11     mov ds, ax
12     mov eax, 0              † eax=被乘数=0
13     mov si, 0              † si是数组s的下标
14 again:
15     cmp s[si], 0           † if(s[si] == '\0')
16     je done               †     goto done;
17     mov ebx, 10           † ebx=乘数=10
18     mul ebx               † edx:eax=乘积，因所求值是32位数，故edx一定等于0
19     mov dl, s[si]         † dl = s[si]
20     sub dl, '0'           † dl = dl - '0'
21     add eax, edx          † eax += edx
22     inc si                † si++
23     jmp again
24 done:
25     mov [abc], eax        † 把所求值保存到变量abc中
26                           † 本程序无输出结果，读者需借助调试器才能观察abc的值
27     mov ah, 4Ch           † 用TD调试本程序时，把光标移到CS:0031处，按F4，再把
28     int 21h               † 光标移到数据窗，按Ctrl+G并输入ds:0Bh，即可查看到
```

[①] 源程序 dec2v32.asm 下载链接: *http://cc.zju.edu.cn/bhh/asm/dec2v32.asm*

```
29                          † 构成变量abc的4个字节: FF FF FF 7F
30   code ends
31   end main
```

7.2.2　双重循环

当循环次数已知时，我们通常用loop指令来实现循环，其中cx表示循环次数。在构造双重循环时，如果内外循环均用cx来控制循环次数，那么我们需要用 push、pop指令保护与外循环次数相关的那个cx。

程序7.11[①]演示了如何用双重循环画一个由8×4个∗构成的矩形。

程序 7.11 starrect.asm—画一个由8×4个∗构成的矩形

```
 1   code segment
 2   assume cs:code
 3   main:
 4       mov cx, 4              ✐ cx=外循环次数=4
 5   next_row:
 6       push cx               † 把剩余的外循环次数压入堆栈
 7       mov cx, 8             † cx=内循环次数=8
 8   next_star:
 9       mov ah, 2
10       mov dl, '*'
11       int 21h               † 输出一个∗
12       loop next_star        † 循环输出一行共8个∗
13       mov ah, 2
14       mov dl, 0Dh
15       int 21h               † 输出回车
16       mov ah, 2
17       mov dl, 0Ah
18       int 21h               † 输出换行
19       pop cx                † 从堆栈中弹出外循环剩余次数
20       loop next_row         † 循环输出4行
21       mov ah, 4Ch
22       int 21h
23   code ends
24   end main
```

程序7.11的输出结果如下所示：

```
********
********
********
********
```

程序7.12[②]演示了如何用双重循环输出8层字母金字塔，该字母金字塔自塔尖至塔底分别输出$i*2+1$个'A'+i，其中$i \in [0,7]$。

[①]源程序 starrect.asm 下载链接: http://cc.zju.edu.cn/bhh/asm/starrect.asm
[②]源程序 pyramid.asm 下载链接: http://cc.zju.edu.cn/bhh/asm/pyramid.asm

程序 7.12 pyramid.asm—输出8层字母金字塔

```
1  code segment
2  assume cs:code
3  main:
4      mov cx, 8              ⊘ cx=金字塔的层数=8
5      mov bl, 'A'           † 设当前层需输出的字母为c，这里用bl='A'表示c='A'
6      mov bp, 0             † 设当前层号为i，这里用bp=0表示i=0
7  next_row:
8      push cx               † 把外循环的剩余次数压入堆栈
9      mov cx, 7
10     sub cx, bp            † cx=第i层需要输出的空格数=7-i
11     jcxz space_done
12 next_space:
13     mov ah, 2
14     mov dl, '␣'
15     int 21h
16     loop next_space       † 循环输出7-i个空格
17 space_done:
18     mov cx, bp
19     shl cx, 1
20     inc cx                † cx=第i层需要输出的字母个数=i*2+1
21 next_alpha:
22     mov ah, 2
23     mov dl, bl            † dl=当前层需要输出的字母
24     int 21h
25     loop next_alpha       † 循环输出i*2+1个字符c
26     mov ah, 2
27     mov dl, 0Dh
28     int 21h               † 输出回车
29     mov ah, 2
30     mov dl, 0Ah
31     int 21h               † 输出换行
32     pop cx                † 弹出外循环剩余次数
33     inc bp                † i++
34     inc bl                † c++
35     loop next_row         † 循环输出8层字母金字塔
36     mov ah, 4Ch
37     int 21h
38 code ends
39 end main
```

程序7.12的输出结果如下所示：

```
       A
      BBB
     CCCCC
    DDDDDDD
   EEEEEEEEE
  FFFFFFFFFFF
 GGGGGGGGGGGGG
HHHHHHHHHHHHHHH
```

程序7.13①演示了如何用双重循环输出九九乘法表。

程序 7.13 multbl.asm——输出九九乘法表

```
1  data segment
2  s   db "1*1=␣1␣␣", '$'    ⏀s[0]=被乘数+'0', s[2]=乘数+'0', s[4]=乘积的十位+'0'
3                            † (若乘积为个位数则s[4]='␣'), s[5]=乘积的个位+'0'
4                            † 一个乘法算式总共包含8个字符, 故文本模式下每行 (80列)
5                            † 足够输出9个算式
6  cr db 0Dh, 0Ah, '$'       † 定义一个由回车及换行构成的字符串
7  data ends
8
9  code segment
10 assume cs:code, ds:data
11 main:
12     mov ax, data
13     mov ds, ax
14 next:
15     mov al, s[0]          † al=被乘数+'0'
16     sub al, '0'           † al=被乘数
17     mov bl, s[2]          † bl=乘数+'0'
18     sub bl, '0'           † bl=乘数
19     mul bl                † ax = al * bl
20     mov bl, 10
21     div bl               † al=乘积的十位, ah=乘积的个位
22     or al, al            † 判断乘积的十位是否等于0
23     mov s[4], '␣'        † 若乘积的十位等于0即乘积是个位数, 则s[4]='␣',
24     jz ones_place        † 并跳转到ones_place
25 tens_place:              † 若乘积的十位非零, 则来到tens_place
26     add al, '0'          † 把十位转化成字符
27     mov s[4], al         † s[4]=乘积的十位+'0'
28 ones_place:
29     add ah, '0'          † 把个位转化成字符
30     mov s[5], ah         † s[5]=乘积的个位+'0'
31     mov ah, 9
32     mov dx, offset s
33     int 21h              † 输出乘法算式
34     inc s[2]             † 个位字符++
35     cmp s[2], '9'        † 若个位字符≤'9',
36     jbe next             † 则跳转到next继续计算下一个算式
37     mov ah, 9
38     mov dx, offset cr    † 若个位字符>'9', 则表示已输出一行共9个算式,
39     int 21h              † 于是在当前行末尾输出回车及换行, 并且
40     mov s[2], '1'        † 把个位s[2]恢复为'1', 同时
41     inc s[0]             † 把十位字符s[0]++, 从而为计算并输出下一行算式做好准备
42     cmp s[0], '9'        † 若十位字符≤'9',
43     jbe next             † 则跳转到next继续计算并输出下一行算式
44 exit:                    † 若十位字符>'9'则来到exit, 表示81个算式已输出完毕
45     mov ah, 4Ch
46     int 21h              † 结束程序运行
```

---

①源程序 multbl.asm 下载链接: *http://cc.zju.edu.cn/bhh/asm/multbl.asm*

```
47 | code ends
48 | end main
```

程序7.13的输出结果如下所示：

1*1= 1	1*2= 2	1*3= 3	1*4= 4	1*5= 5	1*6= 6	1*7= 7	1*8= 8	1*9= 9
2*1= 2	2*2= 4	2*3= 6	2*4= 8	2*5=10	2*6=12	2*7=14	2*8=16	2*9=18
3*1= 3	3*2= 6	3*3= 9	3*4=12	3*5=15	3*6=18	3*7=21	3*8=24	3*9=27
4*1= 4	4*2= 8	4*3=12	4*4=16	4*5=20	4*6=24	4*7=28	4*8=32	4*9=36
5*1= 5	5*2=10	5*3=15	5*4=20	5*5=25	5*6=30	5*7=35	5*8=40	5*9=45
6*1= 6	6*2=12	6*3=18	6*4=24	6*5=30	6*6=36	6*7=42	6*8=48	6*9=54
7*1= 7	7*2=14	7*3=21	7*4=28	7*5=35	7*6=42	7*7=49	7*8=56	7*9=63
8*1= 8	8*2=16	8*3=24	8*4=32	8*5=40	8*6=48	8*7=56	8*8=64	8*9=72
9*1= 9	9*2=18	9*3=27	9*4=36	9*5=45	9*6=54	9*7=63	9*8=72	9*9=81

程序7.13并没有如程序7.11、7.12那样用cx来控制循环，而是分别用变量s[0]、s[2]来控制外循环、内循环，这是因为代表被乘数字符及乘数字符的s[0]、s[2]本来就需要随循环递增，我们正好可以用它们来控制循环次数。

为了便于读者理解程序7.13的循环过程，这里给出功能及逻辑与它相似的 C语言程序7.14[①]供大家参考。

程序 7.14 multbl.c—输出九九乘法表的C语言代码

```c
1  | #include <stdio.h>
2  | char s[] = "1*1=␣1␣␣";
3  | char cr[] = "\r\n";
4  | main()
5  | {
6  |     int ax;
7  |     char al, ah;
8  |     for(s[0]='1'; s[0]<='9'; s[0]++)
9  |     {
10 |         for(s[2]='1'; s[2]<='9'; s[2]++)
11 |         {
12 |             ax = (s[0]-'0') * (s[2]-'0');
13 |             al = ax / 10;
14 |             ah = ax % 10;
15 |             if(al == 0)
16 |                 s[4] = '␣';
17 |             else
18 |                 s[4] = al + '0';
19 |             s[5] = ah + '0';
20 |             printf(s);
21 |         }
22 |         printf(cr);
23 |     }
24 | }
```

[①] 源程序multbl.c下载链接：http://cc.zju.edu.bn/bhh/asm/multbl.c

习题

1. 输入3个字符，输出ASCII码最大的那一个。

2. 输入5个个位数，输出最大的那个数。

3. 在仍旧使用数据指针表的前提下，改写程序7.5，使得输入A、B、C、D时也能得到跟输入1、2、3、4时一样的结果。

4. 在仍旧使用跳转表的前提下，改写程序7.6，使得输入水果首字母时也能得到跟输入数字字符一样的结果。

5. 逆序输出英文小写字母表。

6. 输入一个大写英文字母设为c，输出 [c，'Z'] 区间内的全部大写字母。

7. 输入一个小写英文字母设为c，用一个循环输出 [c，'z'] 以及 ['a'，c-1] 区间内的26个小写字母。

8. 请仿照程序7.10把一个含有8位十六进制的字符串如"8086CODE"转化成32位整数并保存到变量abc中。

9. 设i是以0为基数的行号，请用双重循环输出8行*号，其中第i行需要输出i+1个*号，$i \in [0,7]$。

10. 设i是以0为基数的行号，请用双重循环输出8行空格+*号，其中第i行需要输出7-i个空格及i+1个*号，$i \in [0,7]$。

11. 请仿照程序7.12输出一个倒置的8层字母金字塔。

12. 输出 [0, 99] 区间内的素数，要求每个数输出时占4个字符的宽度，其中前2个字符用来输出该数的十位（若十位等于0则输出空格）及个位，后2个字符输出空格，每输出10个素数需输出回车及换行，输出最后一个素数后也需要输出回车及换行。

第8章 函数

汇编语言中的函数（function）也称为过程（procedure）。

通过近调用指令call near ptr、call reg16、call mem16调用的函数称为近函数，近函数也称为近过程，近函数必须用retn返回。

用远调用指令call far ptr、call mem32调用的函数称为远函数，远函数也称为远过程，远函数必须用retf返回。

8.1 函数的定义

汇编语言中可以用2种格式定义一个函数：

- 用标号定义函数；
- 用proc定义函数。

8.1.1 用标号定义函数

① 用标号名:定义近函数

```
标号名:
    ...
    retn; 可简写为ret
```

② 用标号名 label near定义近函数

```
标号名 label near
    ...
    retn; 可简写为ret
```

③ 用标号名 label far定义远函数

```
标号名 label far
    ...
    retf
```

8.1.2 用proc定义函数

① 用函数名 proc near定义近函数

```
函数名 proc near      ❀near可以省略不写
    ...
    retn              † retn可简写为ret
函数名 endp
```

② 用函数名 proc far 定义远函数

```
函数名 proc far
    ...
    retf
函数名 endp
```

8.2 函数的参数传递

汇编语言中函数的参数传递方式有3种：

- 用寄存器传递参数；
- 用变量传递参数；
- 用堆栈传递参数。

8.2.1 用寄存器传递参数

程序8.1[①]演示了如何用寄存器EAX传递参数给函数sqrt()做开方运算以及用EAX传递参数给函数val2dec()输出十进制值。

程序 8.1 callvreg.asm—用寄存器传递参数

```
1  .386
2  code segment use16
3  assume cs:code
4  ;Input: EAX
5  ;Output: EAX = sqrt(EAX)
6  sqrt proc near
7  push bp
8  mov bp, sp
9  sub sp, 4               ⬚创建一个32位的动态变量
10 mov [bp-4], eax         † 把EAX保存到该动态变量中
11 fild dword ptr [bp-4]   † 把[bp-4]中的整数转化成小数载入到st(0)
12 fsqrt                   † 对st(0)开方,结果仍旧保存到st(0)
13 fistp dword ptr [bp-4]  † 把st(0)中的值转化成整数并保存到[bp-4]中,
14                         † 再弹出st(0)
15 mov eax, [bp-4]         † EAX=函数的返回值
16 mov sp, bp
17 pop bp
18 ret
19 sqrt endp
20
21 ;Input: EAX
22 ;Output: output EAX to stdout in decimal format
23 val2dec proc near
24     push eax
25     push ebx
26     push ecx
```

```
27        push edx
28        mov cx, 0
29    div_again:
30        xor edx, edx
31        mov ebx, 10
32        div ebx
33        add dl, '0'
34        push dx
35        inc cx
36        or eax, eax
37        jnz div_again
38    pop_again:
39        pop dx
40        mov ah, 2
41        int 21h
42        loop pop_again
43        pop edx
44        pop ecx
45        pop ebx
46        pop eax
47        ret
48    val2dec endp
49
50    main:
51        mov eax, 2147483647
52        call sqrt            † 用EAX传递参数给函数sqrt，函数返回值也在EAX中
53        call val2dec         † 用EAX传递参数给函数val2dec，该函数输出"46341"
54        mov ah, 4Ch
55        int 21h
56    code ends
57    end main
```

8.2.2　用变量传递参数

汇编语言中定义在任何一个段内的变量均为全局变量，我们可以用全局变量传递函数的参数，也可以用全局变量保存函数的返回值。

程序8.2[①]演示了如何用变量p传递参数给函数strlen()求字符串长度以及用变量n传递参数给函数hex()输出n的十六进制值。

程序 8.2 callvvar.asm—用变量传递参数

```
1    .386
2    data segment use16
3    s db "Hello,world!", 0Dh, 0Ah, 00h
4    p dw 0
5    n dw 0
6    data ends
7
8    code segment use16
```

[①]源程序callvvar.asm下载链接：*http://cc.zju.edu.cn/bhh/asm/callvvar.asm*

```
 9  assume cs:code, ds:data
10  ;Input: [p]->string
11  ;Output: [n]=string's length
12  strlen proc near
13      push ax
14      push cx
15      push si
16      xor cx, cx
17      mov si, [p]                    ✐ p是函数strlen()的参数
18  strlen_next_char:
19      lodsb
20      or al, al
21      jz strlen_done
22      inc cx
23      jmp strlen_next_char
24  strlen_done:
25      mov [n], cx                    † n是函数strlen()的返回值
26      pop si
27      pop cx
28      pop ax
29      ret
30  strlen endp
31
32  ;Input: [n]
33  ;Output: Output n in hex to stdout
34  hex proc near
35      push ax
36      push cx
37      push dx
38      mov dx, [n]                    † n是函数hex()的参数
39      mov cx, 4
40  hex_next_4_bits:
41      rol dx, 4
42      push dx
43      and dl, 0Fh
44      cmp dl, 10
45      jae is_alpha
46  is_digit:
47      add dl, '0'
48      jmp hex_output
49  is_alpha:
50      sub dl, 10-'A'                 † DL = DL - (10 - 'A') = DL - 10 + 'A'
51  hex_output:
52      mov ah, 2
53      int 21h
54      pop dx
55      loop hex_next_4_bits
56      pop dx
57      pop cx
58      pop ax
59      ret
```

```
60 || hex endp
61 ||
62 || main:
63 ||     mov ax, data
64 ||     mov ds, ax
65 ||     cld
66 ||     mov [p], offset s          † 用变量p传递s的偏移地址给函数strlen()
67 ||     call strlen                † strlen()的返回值在变量n中
68 ||     call hex                   † 用变量n传递参数给函数hex()，hex()输出000E
69 ||     mov ah, 4Ch
70 ||     int 21h
71 || code ends
72 || end main
```

8.2.3 用堆栈传递参数

用寄存器传递函数的参数有一个局限性：在传递多个参数时，寄存器的数量可能不够。

用变量传递函数的参数也有一个局限性：当函数是一个递归函数时，函数的多次自我调用会毁坏变量中的参数值。

用堆栈传递函数的参数可以克服寄存器、变量传递参数的局限性。用堆栈传递函数的参数主要有三种规范：

① __cdecl
  参数按从右到左顺序压入堆栈，参数的清理由调用者（caller）负责。

② __pascal
  参数按从左到右顺序压入堆栈，参数的清理由被调用者负责。

③ __stdcall
  参数按从右到左顺序压入堆栈，参数的清理由被调用者负责。

无论用哪种规范传递函数的参数，函数的开头都需要用 $push\ bp$ 及 $mov\ bp, sp$ 这两条指令构造堆栈框架（stack frame），所谓构造堆栈框架是指设置寄存器bp的值以便将来可以用bp做参照点引用压在堆栈中的参数及函数内部定义的动态变量，其中函数的参数用 $[bp + idata]$ 引用，动态变量用 $[bp - idata]$ 引用。

只要是使用堆栈来传递函数的参数，那么当函数值是整数或指针时由EAX[1]返回，而当函数值是小数时则由st(0)返回，寄存器EAX、ECX、EDX[2]由调用者负责保存和恢复，寄存器EBX、EBP、ESI、EDI[3]由被调用者（callee）负责保存和恢复。

---

[1]*64位整数由EDX:EAX返回，32位远指针由DX:AX返回，16位整数由AX返回，8位整数由AL返回*

[2]*被调用者可以随意改变EAX、ECX、EDX并且不负责恢复这些寄存器的原值，故调用者若是希望在调用函数后这些寄存器仍保持原值则必须自己负责保存并恢复它们*

[3]*调用者在调用函数后会假设EBX、EBP、ESI、EDI仍保持原值，故被调用者若是要使用这些寄存器就得负责保存并恢复这些寄存器的值*

8.2.3.1 __cdecl

程序8.3①演示了用__cdecl规范把20、10按从右到左顺序传递给函数f()计算两数之和，并且由调用者通过 $add\ sp,4$ 指令清理这两个参数。

程序 8.3 cdecl.asm—用__cdecl规范传递参数

```
 1 | code segment
 2 | assume cs:code
 3 | f proc near
 4 |    push bp          ✏❹
 5 |    mov bp, sp       † ❺
 6 |    mov ax, [bp+4]   † AX = 10h
 7 |    add ax, [bp+6]   † AX += 20h
 8 |    pop bp           † ❻
 9 |    ret              † ❼
10 | f endp
11 | main:
12 |    mov ax, 20h
13 |    push ax          † ❶
14 |    mov ax, 10h
15 |    push ax          † ❷
16 |    call f           † ❸
17 | back:               † 函数f()返回时，AX = 30h
18 |    add sp, 4        † ❽
19 |    mov ah, 4Ch
20 |    int 21h
21 | code ends
22 | end main
```

假定程序8.3刚开始运行时SS = 1000h且SP = 2000h，则程序运行过程中每次执行完有黑色序号标记的语句时堆栈的布局及堆栈指针的变化如表8.1所示。

表 8.1 cdecl.exe运行过程中堆栈的布局及堆栈指针的变化

地址	值	堆栈指针		BP+Δ指向的对象
1000:1FF8	old bp	❹ SP=1FF8h ❺ BP=1FF8h		BP+0→old bp
1000:1FFA	offset back	❸❻SP=1FFAh		BP+2→offset back
1000:1FFC	0010h	❷❼SP=1FFCh		BP+4→0010h
1000:1FFE	0020h	❶ SP=1FFEh		BP+6→0020h
1000:2000	????h	❽ SP=2000h		

8.2.3.2 __pascal

程序8.4②演示了用__pascal规范把10、20按从左到右顺序传递给函数f()计算两数之和，并且由被调用者f()通过 $ret\ 4$ 指令清理这两个参数。

---

①源程序 cdecl.asm 下载链接: *http://cc.zju.edu.cn/bhh/asm/cdecl.asm*

②源程序 pascal.asm 下载链接: *http://cc.zju.edu.cn/bhh/asm/pascal.asm*

程序 8.4 pascal.asm—用__pascal规范传递参数

```
 1 | code segment
 2 | assume cs:code
 3 | f proc near
 4 |     push bp          ✎ ❹
 5 |     mov bp, sp       † ❺
 6 |     mov ax, [bp+6]   † AX = 10h
 7 |     add ax, [bp+4]   † AX += 20h
 8 |     pop bp           † ❻
 9 |     ret 4            † ❼
10 | f endp
11 | main:
12 |     mov ax, 10h
13 |     push ax          † ❶
14 |     mov ax, 20h
15 |     push ax          † ❷
16 |     call f           † ❸
17 | back:               † 函数f()返回时，AX = 30h
18 |     mov ah, 4Ch
19 |     int 21h
20 | code ends
21 | end main
```

假定程序8.4刚开始运行时SS = 1000h且SP = 2000h，则程序运行过程中每次执行完有黑色序号标记的语句时堆栈的布局及堆栈指针的变化如表8.2所示。

表 8.2 pascal.exe运行过程中堆栈的布局及堆栈指针的变化

地址	值	堆栈指针	BP+Δ指向的对象
1000:1FF8	old bp	❹ SP=1FF8h ❺ BP=1FF8h	BP+0→old bp
1000:1FFA	offset back	❸❻SP=1FFAh	BP+2→offset back
1000:1FFC	0020h	❷ SP=1FFCh	BP+4→0020h
1000:1FFE	0010h	❶ SP=1FFEh	BP+6→0010h
1000:2000	????h	❼ SP=2000h	

8.2.3.3　__stdcall

程序8.5[①]演示了用__stdcall规范把20、10按从右到左顺序传递给函数f()计算两数之和，并且由被调用者f()通过$ret\ 4$指令清理这两个参数。

程序 8.5 stdcall.asm—用__stdcall规范传递参数

```
 1 | code segment
 2 | assume cs:code
 3 | f proc near
 4 |     push bp          ✎ ❹
 5 |     mov bp, sp       † ❺
 6 |     mov ax, [bp+4]   † AX = 10h
```

---

① 源程序 stdcall.asm 下载链接: *http://cc.zju.edu.cn/bhh/asm/stdcall.asm*

```
 7        add ax, [bp+6]    † AX += 20h
 8        pop bp            † ❻
 9        ret 4             † ❼
10   f endp
11   main:
12        mov ax, 20h
13        push ax           † ❶
14        mov ax, 10h
15        push ax           † ❷
16        call f            † ❸
17   back:                  † 函数f()返回时, AX = 30h
18        mov ah, 4Ch
19        int 21h
20   code ends
21   end main
```

假定程序8.5刚开始运行时SS = 1000h且SP = 2000h，则程序运行过程中每次执行完有黑色序号标记的语句时堆栈的布局及堆栈指针的变化如表8.3所示。

表 8.3 stdcall.exe运行过程中堆栈的布局及堆栈指针的变化

地址	值	堆栈指针		BP+Δ指向的对象
1000:1FF8	old bp	❹ SP=1FF8h		BP+0→old bp
		❺ BP=1FF8h		
1000:1FFA	offset back	❸❻SP=1FFAh		BP+2→offset back
1000:1FFC	0010h	❷ SP=1FFCh		BP+4→0010h
1000:1FFE	0020h	❶ SP=1FFEh		BP+6→0020h
1000:2000	????h	❼ SP=2000h		

8.3 动态变量

在用 *push bp*、*mov bp, sp* 构造好堆栈框架后，再接着执行指令 *sub sp, idata* 就可以在函数内部定义宽度为idata的动态变量或动态数组。由于 *sub sp, idata* 这条指令是在 *mov bp, sp* 之后执行的，故 *sub sp, idata* 后的SP一定小于BP，又因为此时的SP就是动态变量的首地址且SP与BP的距离为idata，故我们可以用 [bp − idata] 引用该动态变量。

例如，程序8.1的第9行通过 *sub sp, 4* 定义了一个32位的动态变量，在第10、11、13、15行用 [bp − 4] 引用该变量，第16行用 *mov sp, bp* 指令删除该动态变量。

8.4 递归

C语言程序8.6[①]定义并调用了一个递归函数f()，该函数的功能是计算 $\sum_{i=1}^{n} i$。

[①]源程序 *recuradd.c* 下载链接：*http://cc.zju.edu.cn/bhh/asm/recuradd.c*

程序 8.6 recuradd.c—计算 $\sum\limits_{i=1}^{n} i$ 的 C 语言递归函数

```c
1  int f(int n)
2  {
3      if(n <= 1)
4          return 1;
5      else
6          return n + f(n-1);
7  }
8  main()
9  {
10     f(3);
11  here:
12         ;
13  }
```

把程序8.6翻译成汇编语言，可得程序8.7[①]。

程序 8.7 recuradd.asm—计算 $\sum\limits_{i=1}^{n} i$ 的汇编语言递归函数

```asm
1  code segment
2  assume cs:code
3  ;Input: n=[bp+4]
4  ;Output: AX=1+2+3+···+n
5  f proc near
6      push bp          ✎ ❸❻❾
7      mov bp, sp       † ①②③
8      mov ax, [bp+4]
9      cmp ax, 1
10     je done
11     dec ax
12     push ax          † ❹❼
13     call f           † ❺❽
14 there:
15     add sp, 2        † ⓬⓯
16     add ax, [bp+4]
17 done:
18     pop bp           † ❿⓭⓰
19     ret              † ⓫⓮⓱
20 f endp
21
22 main:
23     mov ax, 3
24     push ax          † ❶
25     call f           † ❷
26 here:               † f(3)的返回值在AX中，值为6
27     add sp, 2        † ⓲
28     mov ah, 4Ch
29     int 21h
30 code ends
```

[①] 源程序 recuradd.asm 下载链接: http://cc.zju.edu.cn/bhh/asm/recuradd.asm

```
31 ‖ end main
```

请注意程序8.7第7行有3个白色序号①②③，其中①是在❸之后执行，②是在❻之后执行，③是在❾之后执行。为便于描述程序执行过程中的堆栈布局，我们把执行完①之后的BP记作$BP_①$，同理，执行完②、③之后的BP分别记作$BP_②$、$BP_③$。通过对比C语言代码和汇编语言代码，我们可以发现，调用f(3)时，形参n为$[BP_① + 4]$，调用f(2)时，形参n为$[BP_② + 4]$，调用f(1)时，形参n为$[BP_③ + 4]$，由此可见，形参n在递归过程中其地址是会发生变化的，即本质上每次调用f()时的形参n并不是同一个n。

假定程序8.7刚开始运行时$SS = 1000h$且$SP = 2000h$，则程序运行过程中每次执行完有黑色序号及白色序号标记的语句时堆栈的布局及堆栈指针的变化如表8.4所示，其中与$BP_①$相关的语句这一栏的含义是指执行完有黑白序号的语句时BP的当前值为$BP_①$，例如$BP_②$：②❼❽❾❿⓫⓬表示执行完②❼❽❾❿⓫⓬中任何一条语句时，BP的值为$BP_②$即1FF4h，此时的形参n就是$[bp_② + 4]$，其值等于2。

表 8.4 recuradd.exe运行过程中堆栈的布局及堆栈指针的变化

地址	值	堆栈指针	BP+Δ指向的对象	与$BP_①$相关的语句
1000:1FEE	$BP_②$=1FF4h	❾SP=1FEEh ③$BP_③$=1FEEh	$BP_③$+0→$BP_②$	$BP_③$：③
1000:1FF0	there	❽❿SP=1FF0h	$BP_③$+2→there	
1000:1FF2	1	❼⓫SP=1FF2h	$BP_③$+4→1	
1000:1FF4	$BP_①$=1FFAh	❻⓬SP=1FF4h ②$BP_②$=1FF4h	$BP_②$+0→$BP_①$	$BP_②$：②❼❽❾❿⓫⓬
1000:1FF6	there	❺⓭SP=1FF6h	$BP_②$+2→there	
1000:1FF8	2	❹⓮SP=1FF8h	$BP_②$+4→2	
1000:1FFA	old bp	❸⓯SP=1FFAh ①$BP_①$=1FFAh	$BP_①$+0→old bp	$BP_①$：①❹❺❻⓭⓮⓯
1000:1FFC	here	❷⓰SP=1FFCh	$BP_①$+2→here	
1000:1FFE	3	❶⓱SP=1FFEh	$BP_①$+4→3	
1000:2000	????h	⓲SP=2000h		

习题

1. 近调用call指令的操作数有哪几种形式？远调用call指令的操作数有哪几种形式？
2. 定义函数有哪几种格式？
3. 函数的参数传递方式一共有哪几种？
4. 当函数值是一个8位、16位、32位数时，可以分别用什么寄存器返回这些值？
5. 多线程函数以及递归函数能否采用全局变量来传递函数的参数？为什么？
6. 用堆栈传递函数的参数一共有哪几种规范？他们在参数压栈顺序以及参数清理上有什么区别？
7. 用堆栈传递函数的参数时，被调函数可以随意使用哪些寄存器而不需要在函数返回前恢复他们的原值？同时，要注意保护哪些寄存器的原值并在函数返回前恢复他们的原值？

8. 如何在函数中创建、引用、销毁动态变量？

9. 如何验证程序8.7中的递归函数 f() 的形参会随着该函数的每一层调用而创建并且该形参在各层调用中具有不同的地址？

10. 编写一个程序，要求函数 main() 用寄存器 AX 传递参数 x 给函数 f()，函数 f() 计算 AX 的平方并通过寄存器 EAX 返回函数值，函数 main() 以十进制格式输出 f() 的返回值。

11. 编写一个程序，要求函数 main() 用堆栈传递参数 x（$x \in [1,9]$）给递归函数 f()，函数 f() 计算 x 的阶乘并通过寄存器 EAX 返回函数值，函数 main() 以十进制格式输出 f() 的返回值。

12. 请使用堆栈传递函数参数，把以下C语言程序翻译成汇编语言程序：

```c
#include <stdio.h>
void output(char *s)
{
    while(*s != '\0')
    {
        putchar(*s);
        s++;
    }
    putchar('\n');
}
char *input(char *s)
{
    char c;
    int i = 0;
    while((c = getchar()) != '\n')
    {
        *(s+i) = c;
        i++;
    }
    *(s+i) = '\0';
    return s;
}
main()
{
    char a[100];
    char *p;
    p = input(&a[0]);
    output(p);
}
```

13. 请使用堆栈传递函数参数写汇编语言函数 f()、g()、h()，让它们分别实现C语言函数 strcpy()、strcat()、strcmp() 的功能，再在 main() 中调用 f()、g()、h()。

14. 请使用堆栈传递函数参数，把以下C语言程序翻译成汇编语言程序：

```c
#include <stdio.h>
int a[5]={33, 55, 44, 11, 22}, b[5];

int f(int b[], int n, int x)
{
```

```
        int i, j;
        for(i=0; i<n; i++)
        {
            if(x < b[i])
                break;
        }
        for(j=n-1; j>=i; j--)
        {
            b[j+1] = b[j];
        }
        b[i] = x;
        return n + 1;
    }

main()
{
    int i, count=0;
    for(i=0; i<5; i++)
    {
        count = f(&b[0], count, a[i]);
    }
    for(i=0; i<5; i++)
    {
        printf("%d ", b[i]);
    }
}
```

15. 请用汇编语言写一个递归函数void f(unsigned int x);输出x的二进制值，再在
main()中调用函数f()。

第9章　中断程序设计

9.1　时钟中断程序设计①

1. 每隔1秒显示计数

程序9.1②演示了如何修改int 8h的中断向量使其指向中断函数int_8h，并让该函数每隔1秒在屏幕左上角(0,0)处显示'0'到'9'计数。

程序 9.1 int8.asm—每隔1秒显示计数

```
 1  code segment
 2  assume cs:code, ds:code
 3  s db '0', 17h               ✐ 待显示的字符及颜色
 4  count db 0                  † 每隔1/18秒 count++
 5  stop  db 0                  † stop==1时程序结束
 6  old_8h dw 0, 0             † 用来保存int 8h的中断向量
 7  int_8h:                     † 中断函数
 8     push ax                  †⎫中断函数不能破坏任何一个寄存器的值，
 9     push es                  †⎬故需要把用到的寄存器都压入堆栈
10     mov ax, 0B800h
11     mov es, ax               † ES = 0B800h
12     inc cs:[count]           † 因每隔1/18秒自动产生一次时钟中断int 8h,
13     cmp cs:[count], 18       † 故需要累计18次中断才刚好是1秒钟
14     jb skip                  † 不足18次中断就返回
15     mov cs:[count], 0        † 满18次中断后，count清零
16     mov ax, word ptr cs:[s]
17     mov es:[0], ax           † 在(0,0)处显示计数
18     inc cs:s[0]              † 计数加1
19     cmp cs:s[0], '9'
20     jbe skip
21     mov stop, 1              † 计数超过'9'时把stop置1
22  skip:
23     pop es                   †⎫恢复寄存器的值
24     pop ax                   †⎬
25     push ax
26     mov al, 20h              † EOI信号(end of interrupt)
27     out 20h, al             † 20h是中断控制器的端口号
28                              † 发送20h信号给20h号端口是告诉中断控制器
29                              † 本次硬件中断已处理完毕，如果不发送此信号
30                              † 给中断控制器的话，下次再有硬件中断发生时
31                              † 中断控制器将不会放行新中断从而CPU将无法
```

---

① 默认配置下的Bochs虚拟机并不能精准模拟时钟中断的频率，若读者用Bochs虚拟机调试本节中的程序，请用记事本打开配置文件 *bochs@bw\dos.bxrc*，搜索 "clock:"，并把该行内容改成：
clock: sync=realtime, time0=local, rtc_sync=1

② 源程序int8.asm下载链接：*http://cc.zju.edu.cn/bhh/asm/int8.asm*

```
32 ┊                                    ┊ 收到新的中断请求
33 ┊      pop ax
34 ┊      iret                          ┊ 中断返回
35 ┊ main:
36 ┊      push cs
37 ┊      pop ds                        ┊ DS = CS
38 ┊      xor ax, ax
39 ┊      mov es, ax                    ┊ ES = 0
40 ┊      mov bx, 8h*4
41 ┊      mov ax, es:[bx]
42 ┊      mov dx, es:[bx+2]
43 ┊      mov cs:old_8h[0], ax  ┊⎫
44 ┊      mov cs:old_8h[2], dx  ┊⎭ 保存int 8h的中断向量
45 ┊      cli                           ┊ 禁止硬件中断,
46 ┊                                    ┊ 防止在修改中断向量期间发生硬件中断
47 ┊      mov word ptr es:[bx], offset int_8h
48 ┊      mov es:[bx+2], cs             ┊ 修改int 8h的中断向量为code:int_8h
49 ┊      sti                           ┊ 允许硬件中断
50 ┊ wait_for_stop_signal:
51 ┊      ;int 8                        ┊ 此处可能会发生int 8h
52 ┊      cmp stop, 1
53 ┊      ;int 8                        ┊ 此处可能会发生int 8h
54 ┊      jne wait_for_stop_signal
55 ┊      cli
56 ┊      mov ax, cs:old_8h[0]
57 ┊      mov dx, cs:old_8h[2]
58 ┊      mov es:[bx], ax       ┊⎫
59 ┊      mov es:[bx+2], dx     ┊⎭ 恢复int 8h的中断向量
60 ┊      sti
61 ┊      mov ah, 4Ch
62 ┊      int 21h
63 ┊ code ends
64 ┊ end main
```

　　程序9.1中的int_8h中断函数在处理完它自己的事情后并没有跳转到原int 8h的中断函数,这样会导致每次时钟中断发生时原来的int 8h函数得不到调用。如果要让int_8h在每次中断处理结束时跳转到原int 8h中断函数,只要删除第25至34行并改成以下语句:

$$jmp\ dword\ ptr\ cs:[old\_8h]$$

请注意只要在中断处理结束时跳转到原中断函数,那么就不需要在跳转前向20h号端号发送20h信号,因为原中断函数里面会发送EOI信号给中断控制器。

2. 演奏音乐

　　程序9.2[①]利用时钟中断实现精确延时并通过控制方波发生器的振荡频率设置音调来演奏"*Dreaming of Home and Mother*"。

程序 9.2 music.asm——演奏音乐

```
1 ┊ NOTE_1  =  440          🖉 定义各音调对应的频率
2 ┊ NOTE_2  =  495
```

---

　　① 源程序 *music.asm* 下载链接: *http://cc.zju.edu.cn/bhh/asm/music.asm*

```
 3  NOTE_3   =    550
 4  NOTE_4   =    587
 5  NOTE_5   =    660
 6  NOTE_6   =    733
 7  NOTE_7   =    825
 8
 9  ONE_BEEP   =    600              † 一拍延时600ms
10  HALF_BEEP  =    300              † 半拍延时300ms
11
12  data segment
13  ticks dw 0
14  music dw  NOTE_5, ONE_BEEP
15  dw   NOTE_3, HALF_BEEP
16  dw   NOTE_5, HALF_BEEP
17  dw   NOTE_1*2, ONE_BEEP*2
18  dw   NOTE_6, ONE_BEEP
19  dw   NOTE_1*2, ONE_BEEP
20  dw   NOTE_5, ONE_BEEP*2
21  dw   NOTE_5, ONE_BEEP
22  dw   NOTE_1, HALF_BEEP
23  dw   NOTE_2, HALF_BEEP
24  dw   NOTE_3, ONE_BEEP
25  dw   NOTE_2, HALF_BEEP
26  dw   NOTE_1, HALF_BEEP
27  dw   NOTE_2, ONE_BEEP*4
28  dw   NOTE_5, ONE_BEEP
29  dw   NOTE_3, HALF_BEEP
30  dw   NOTE_5, HALF_BEEP
31  dw   NOTE_1*2, HALF_BEEP*3
32  dw   NOTE_7, HALF_BEEP
33  dw   NOTE_6, ONE_BEEP
34  dw   NOTE_1*2, ONE_BEEP
35  dw   NOTE_5, ONE_BEEP*2
36  dw   NOTE_5, ONE_BEEP
37  dw   NOTE_2, HALF_BEEP
38  dw   NOTE_3, HALF_BEEP
39  dw   NOTE_4, HALF_BEEP*3
40  dw   NOTE_7/2, HALF_BEEP
41  dw   NOTE_1, ONE_BEEP*4
42  dw   NOTE_6, ONE_BEEP
43  dw   NOTE_1*2, ONE_BEEP
44  dw   NOTE_1*2, ONE_BEEP*2
45  dw   NOTE_7, ONE_BEEP
46  dw   NOTE_6, HALF_BEEP
47  dw   NOTE_7, HALF_BEEP
48  dw   NOTE_1*2, ONE_BEEP*2
49  dw   NOTE_6, HALF_BEEP
50  dw   NOTE_7, HALF_BEEP
51  dw   NOTE_1*2, HALF_BEEP
52  dw   NOTE_6, HALF_BEEP
53  dw   NOTE_6, HALF_BEEP
```

```
54 | dw    NOTE_5, HALF_BEEP
55 | dw    NOTE_3, HALF_BEEP
56 | dw    NOTE_1, HALF_BEEP
57 | dw    NOTE_2, ONE_BEEP*4
58 | dw    NOTE_5, ONE_BEEP
59 | dw    NOTE_3, HALF_BEEP
60 | dw    NOTE_5, HALF_BEEP
61 | dw    NOTE_1*2, HALF_BEEP*3
62 | dw    NOTE_7, HALF_BEEP
63 | dw    NOTE_6, ONE_BEEP
64 | dw    NOTE_1*2, ONE_BEEP
65 | dw    NOTE_5, ONE_BEEP*2
66 | dw    NOTE_5, ONE_BEEP
67 | dw    NOTE_2, HALF_BEEP
68 | dw    NOTE_3, HALF_BEEP
69 | dw    NOTE_4, HALF_BEEP*3
70 | dw    NOTE_7/2, HALF_BEEP
71 | dw    NOTE_1, ONE_BEEP*3
72 | dw    0, 0
73 | data ends
74 |
75 | code segment
76 | assume cs:code, ds:data
77 | old_int8h dw 0, 0                 † 用来保存int 8h的中断向量
78 | ;Input: AX=frequency
79 | frequency:                        † 设置声音频率
80 |     push cx
81 |     push dx
82 |     mov cx, ax                    † CX=frequency
83 |     mov dx, 0012h                 †⎫
84 |     mov ax, 34DCh                 †⎬ DX:AX=1193180
85 |     div cx                        † AX = interval = 1193180/frequency
86 |     pop dx
87 |     pop cx
88 |     cli                           † 禁止硬件中断
89 |     push ax
90 |     mov al, 0B6h                  †⎫设置方波发生器(square wave generator)
91 |     out 43h, al                   †⎬的脉冲间隔
92 |     pop ax
93 |     out 42h, al                   † 先向42h号端口发送interval的低8位
94 |     mov al, ah
95 |     out 42h, al                   † 再向42h号端口发送interval的高8位
96 |     sti                           † 允许硬件中断
97 |     ret
98 |
99 | ;Input: AX=ticks
100|  delay:                           † 延时并发声
101|     push ax
102|     cli
103|     in al, 61h
104|     or al, 3
```

```
105        out 61h, al              † 开喇叭
106        sti
107        pop ax
108        mov [ticks], ax
109   wait_until_ticks_elapsed:
110        cmp [ticks], 0
111        jne wait_until_ticks_elapsed
112        cli
113        in al, 61h
114        and al, not 3
115        out 61h, al              † 关喇叭
116        sti
117        ret
118
119   int_8h:                       † 时钟中断函数
120        push ax
121        push ds
122        mov ax, data
123        mov ds, ax
124        cmp [ticks], 0
125        je skip
126        dec [ticks]
127   skip:
128        pop ds
129        pop ax
130        jmp dword ptr cs:[old_int8h]
131
132   main:
133        mov ax, data
134        mov ds, ax
135        xor ax, ax
136        mov es, ax
137        mov bx, 8*4
138        mov ax, es:[bx]          †⎫
139        mov dx, es:[bx+2]        †⎬ 保存int 8h的中断向量
140        mov cs:old_int8h[0], ax  †⎪
141        mov cs:old_int8h[2], dx  †⎭
142        cli                      † 禁止硬件中断
143        mov word ptr es:[bx], offset int_8h
144        mov es:[bx+2], cs        † 修改int 8h的中断向量
145        mov al, 36h              †⎫ 修改时钟中断的中断间隔(interrupt interval)
146        out 43h, al             †⎭
147        ;
148        mov dx, 0012h            †⎫ PIT(Programmable Interval Timer)的
149        mov ax, 34DCh            †⎬ 最高振荡频率为DX:AX=1193180Hz, 当
150                                 †⎭ interval设成1时每秒可产1193180个tick
151        mov cx, 1000             † CX=时钟频率, 设成每秒1000个tick, 即每隔
152                                 † 1ms产生一次时钟中断
153        div cx                   † AX = interval = 1193180/1000
154        out 40h, al              † 先向40h号端口发送interval的低8位
155        mov al, ah               †
```

```
156        out 40h, al              † 再向40h号端口发送interval的高8位
157                                  † PIT会每隔1/1193180秒把interval减1,
158                                  † 当interval=0时就产生一次时钟中断
159        sti                       † 允许硬件中断
160        mov si, offset music
161        cld
162    again:
163        lodsw                     † AX=音调
164        test ax, ax
165        jz done
166        call frequency            † 设置声音频率
167        lodsw                     † AX=拍
168        call delay                † 延时并发声
169        jmp again
170    done:
171        cli                       † 禁止硬件中断
172        mov ax, cs:old_int8h[0]   † ⎫
173        mov dx, cs:old_int8h[2]   † ⎬ 恢复int 8h的中断向量
174        mov es:[bx], ax           † ⎪
175        mov es:[bx+2], dx         † ⎭
176        mov al, 36h               † ⎫ 修改时钟中断的中断间隔
177        out 43h, al               † ⎭
178        mov al, 0
179        out 40h, al               † 先向40h号端口interval的低8位
180        mov al, 0
181        out 40h, al               † 再向40h号端口interval的高8位
182                                  † 当interval=0时相当于interval=10000h,
183                                  † 故恢复的时钟中断频率为1193180/65536
184                                  † =18.2次/秒
185        sti                       † 允许硬件中断
186        mov ah, 4Ch
187        int 21h
188    code ends
189    end main
```

9.2　键盘中断程序设计

　　程序9.3①演示了如何修改键盘中断int 9h的中断向量使其指向中断函数int_9h并让该函数在每次发生键盘中断时显示键码。

程序 9.3 int9.asm—键盘中断程序

```
1    data segment
2    old_9h dw 0, 0
3    stop   db 0
4    key    db 0
5    phead  dw 0
6    key_extend  db "KeyExtend=", 0
```

---

① 源程序int9.asm下载链接: *http://cc.zju.edu.cn/bhh/asm/int9.asm*

```
 7  key_up         db  "KeyUp=", 0
 8  key_down       db  "KeyDown=", 0
 9  key_code       db  "00h␣", 0
10  hex_tbl        db  "0123456789ABCDEF"
11  cr             db  0Dh, 0Ah, 0
12  data ends
13
14  code segment
15  assume cs:code, ds:data
16  int_9h:
17      push ax
18      push bx
19      push cx
20      push ds
21      mov ax, data
22      mov ds, ax            ✐ 这里设置DS是因为被中断的不一定是当前进程
23      in al, 60h            † AL=键码
24      mov [key], al
25      cmp al, 0E0h          † 0E0h是前缀键码
26      je  extend
27      cmp al, 0E1h          † 0E1h是前缀键码
28      jne up_or_down
29  extend:
30      mov [phead], offset key_extend
31      call output
32      jmp check_esc
33  up_or_down:
34      test al, 80h          † 最高位=1时是键盘被释放时的键码
35      jz down
36  up:
37      mov [phead], offset key_up
38      call output
39      mov bx, offset cr
40      call display_str      † 输出回车换行
41      jmp check_esc
42  down:                     † 最高位=0时是键盘被压下时的键码
43      mov [phead], offset key_down
44      call output
45  check_esc:
46      cmp [key], 81h        † Esc键被释放时的键码
47      jne int_9h_iret
48      mov [stop], 1         † Esc键松开时stop置1
49  int_9h_iret:
50      mov al, 20h           † 发EOI(End Of Interrupt)信号
51      out 20h, al           † 给中断控制器，表示本次中断已处理完毕
52      pop ds
53      pop cx
54      pop bx
55      pop ax
56      iret                  † 中断返回
57  output:
```

```
58       push ax
59       push bx
60       push cx
61       mov bx, offset hex_tbl
62       mov cl, 4
63       push ax                  † 设AL=31h=0011 0001B
64       shr al, cl               † AL=03h
65       xlat                     † AL = DS:[BX+AL] = '3'
66       mov key_code[0], al
67       pop ax
68       and al, 0Fh              † AL=01h
69       xlat                     † AL='1'
70       mov key_code[1], al
71       mov bx, [phead]
72       call display_str    † 输出提示信息
73       mov bx, offset key_code
74       call display_str    † 输出键码
75       pop cx
76       pop bx
77       pop ax
78       ret
79  display_str:
80       push ax
81       push bx
82       push si
83       mov si, bx
84       mov bx, 0007h           † BH=page number,
85                               † BL=foreground color in graphics mode
86  display_next_char:
87       mov ah, 0Eh            † AH=0Eh
88       lodsb
89       or al, al
90       jz display_str_done
91       int 10h                † 调用int 10h的0Eh号功能输出AL中的字符
92       jmp display_next_char
93  display_str_done:
94       pop si
95       pop bx
96       pop ax
97       ret
98  main:
99       mov ax, data
100      mov ds, ax
101      cld
102      xor ax, ax
103      mov es, ax
104      mov bx, 9*4
105      push es:[bx]           †⎫
106      pop old_9h[0]          †⎬ 保存int 9h的中断向量
107      push es:[bx+2]         †⎪
108      pop old_9h[2]          †⎭
```

```
109    cli
110    mov word ptr es:[bx], offset int_9h
111    mov es:[bx+2], cs    † 修改 int 9h 的中断向量
112    sti
113 wait_again:
114    cmp [stop], 1
115    jne wait_again       † 主程序在此循环等待
116    push old_9h[0]       †
117    pop es:[bx]          †
118    push old_9h[2]       †    恢复 int 9h 的中断向量
119    pop es:[bx+2]        †
120    mov ah, 4Ch
121    int 21h
122 code ends
123 end main
```

9.3　单步中断程序设计

　　程序9.4[①]演示了如何修改 int 1h 的中断向量使其指向 int_1h 函数并让该函数在 CPU 的单步模式下对将要执行的指令进行解密。

　　把程序9.4编译成 int1.exe 后，需要按图9.1所示对 int1.exe 进行修改[②]。

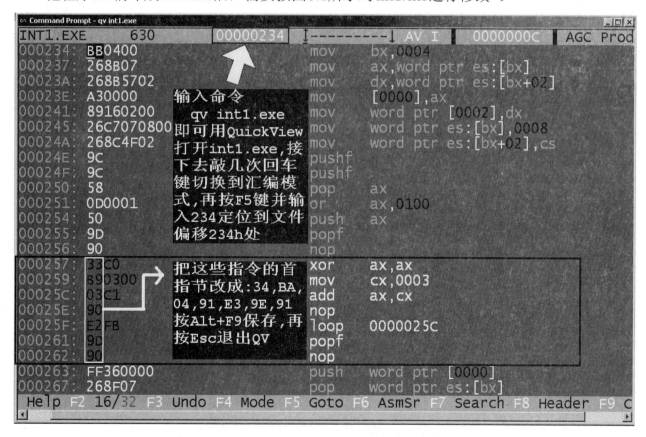

图 9.1　用 QuickView 修改 int1.exe

[①] 源程序 int1.asm 下载链接：_http://cc.zju.edu.cn/bhh/asm/int1.asm_

[②] 修改好的 int1.exe 的压缩包 int1.zip 下载链接：_http://cc.zju.edu.cn/bhh/asm/int1.zip_

改好的int1.exe不能用Turbo Debugger进行调试，而是需要用S-ICE或Bochs进行调试，调试时需要在地址CS:0008即int_1h中断函数的入口地址处设一个指令执行断点，调试步骤请参考第5.6（p.70）节及第5.7（p.74）节。

程序 9.4 int1.asm—单步中断程序

```
 1  code segment
 2  assume cs:code, ds:code
 3  old_1h dw 0, 0
 4  prev_addr dw offset first, code
 5                               ✐[prev_addr]是前一条指令的地址
 6  int_1h:
 7      push bp
 8      mov bp, sp
 9      push bx
10      push es
11      mov bx, cs:prev_addr[0]    †⎫ les bx, dword ptr cs:[prev_addr]
12      mov es, cs:prev_addr[2]    †⎭
13      inc byte ptr es:[bx]       † 加密上一条指令
14      les bx, dword ptr [bp+2]   † es:bx→下条指令的首字节
15      dec byte ptr es:[bx]       † 解密下一条指令
16      mov cs:prev_addr[0], bx    †⎫ 更新[prev_addr]
17      mov cs:prev_addr[2], es    †⎭
18      pop es
19      pop bx
20      pop bp
21      iret                       † 中断返回
22
23  main:
24      push cs
25      pop ds                     † DS=CS
26      xor ax, ax
27      mov es, ax                 † ES=0
28      mov bx, 4                  † BX=4
29      mov ax, es:[bx]            †⎫
30      mov dx, es:[bx+2]          †⎪ 保存int 1h的中断向量
31      mov old_1h[0], ax          †⎬
32      mov old_1h[2], dx          †⎭
33      mov word ptr es:[bx], offset int_1h
34      mov es:[bx+2], cs          † 修改int 1h的中断向量
35      pushf                      † save FL
36      ;
37      pushf                      †⎫ AX = FL
38      pop ax                     †⎭
39      or ax, 100h                † 第8位即TF位置1
40      push ax                    †⎫ FL = AX，此时TF=1，CPU进入单步模式
41      popf                       †⎭
42  ;本条指令执行完后产生int 1h中断的条件是：本条指令执行前TF=1
43  ;故第41行popf后并不会产生int 1h单步中断
44  first:
45      nop                        † 由于nop前TF=1，故nop后会产生int 1h中断
46  ;int 1h(first int 1h)
```

```
47  single_step_begin:
48      xor ax, ax                    †
49  ;int 1h                           †
50      mov cx, 3                     †
51  ;int 1h                           †
52  next:                             †
53      add ax, cx                    †   编译生成int1.exe后,
54  ;int 1h                           †   需要用QuickView把
55      nop                           †   这些指令的首字节加1
56  ;int 1h                           †
57      loop next                     †
58  ;int 1h                           †
59      popf                          †  restore FL
60  ;int 1h(final int 1h)             †
61      nop                           †  因nop前TF=0, 故nop后不会产生int 1h中断
62  single_step_end:
63      push old_1h[0]                †
64      pop es:[bx]                   †
65      push old_1h[2]                †    恢复int 1h的中断向量
66      pop es:[bx+2]                 †
67      mov ah, 4Ch
68      int 21h
69  code ends
70  end main
```

9.4 驻留程序设计

如果我们希望一个程序的已绑定某个中断向量(如int 8h)的中断函数在该程序运行结束时还能继续影响后续运行的程序, 那么就需要在程序结束时保留该中断函数占用的那块内存, 要达到这个目的, 该程序不能调用int 21h的4Ch号功能结束, 而要调用int 21h的31h号功能。

int 21h的31h号功能[①] 称为驻留 (Terminate & Stay Resident), 简称TSR, 该功能的参数如下:

```
AH = 31h
AL = 返回码
DX = 从PSP起需要保留的内存块的节长度
```

其中返回码的意义等同于int 21h的4Ch号功能, 详见第4.3.2 (p.49) 节; 节长度中的节是长度单位, 1节=10h字节, 节的含义等同于第4.2.1.1 (p.46) 节中的para, 其全称为paragraph; PSP是指程序段前缀, 具体含义请参考第3.2.2 (p.37) 节。

由程序9.1(p.179)可知,CPU每隔1/18秒就会调用一次时钟中断int 8h,利用这个规律,我们可以编写一个修改int 8h中断向量的驻留程序让它每隔1/18秒刷新游戏PC-MAN的生命值。

首先按第5.6.1 (p.70) 节所述步骤启动Bochs虚拟机。

接下去在Bochs虚拟机内输入以下命令运行游戏工具Game Buster及游戏PC-MAN:

[①]int 21h的31h号功能调用请参考主页"中断大全"链接: *http://cc.zju.edu.cn/bhh/intr/rb-2723.htm*

```
cd \game
gb
pc
```

等游戏出现画面并死了几条命之后，连续按2次左Ctrl键呼出游戏工具Game Buster，选择菜单1. Address Analysis→L[①] → /十进制生命值[②]→Y→Esc键返回游戏，等又死了一条命之后再按2次左Ctrl键呼出Game Buster并按照前面一样的步骤用它分析减少的生命值，如此反复几次后，选择GB菜单2. List Address就能看到它分析出来的生命值的地址：0000:ACA9，按Esc返回游戏后立即按Ctrl+D呼出S-ICE，在S-ICE的命令窗输入以下命令：

```
map
```

这条命令的功能是查看当前内存布局，我们从S-ICE列出的进程列表中可以找到其中一条信息：094A:0000 9676 Owner is PC，其中094A是游戏的PSP段址。接着在S-ICE命令窗中输入以下命令：

```
? ACA9-94A0
```

这条命令的作用是计算生命值地址与PSP段首地址之差，它算出来的答案是1809，这样我们就拿到了生命值与PSP之间的相对距离1809h，这个距离并不会因为PC-MAN下次载入到新的地址而发生变化。

为了防止int_8h中断函数误改别的进程的数据或代码，我们还需要让它检测当前是否有PC-MAN在运行，这就要求我们先找出PC-MAN的一些特征代码以便让中断函数在修改生命值前做代码比较。接着在S-ICE命令窗输入以下命令：

```
bpmb 0:ACA9 w
x
```

当再死一条命时，S-ICE会弹出并显示造成生命值改变的指令为：

```
096A:0786 A25903      mov [0359],AL
```

于是再输入以下命令计算该指令的首地址与PSP段首地址之差：

```
? 96A0+786-94A0
```

S-ICE算出来的答案是0986，这样我们又拿到了特征代码的地址：PSP:0986h，该地址指向的前2字节特征代码为：A2、59。

最后，我们根据上述分析写出程序9.5[③]，该程序需要在游戏PC-MAN前运行，即在重新启动Bochs虚拟机后，输入以下命令运行mypcman及pc：

```
cd \masm
masm mypcman;
link mypcman;
mypcman
cd \game
```

[①]L表示模糊分析，H表示精确分析

[②]不加/前缀的数值默认是16进制，有/前缀的数值是十进制，输入X则表示结束分析

[③]源程序mypcman.asm下载链接：http://cc.zju.edu.cn/bhh/asm/mypcman.asm

```
pc
```

现在我们可以看到 PC 的命不会减少了。

程序 9.5 mypcman.asm—刷新 PC-MAN 的生命值

```
 1 | .386
 2 | code segment use16
 3 | assume cs:code, ds:code
 4 | old_8h dw 0, 0
 5 | int_8h:
 6 |     push ax
 7 |     push bx
 8 |     push es
 9 |     mov ah, 62h         ✍ 调用 int 21h 的 62h 号功能获取当前 PSP 段址
10 |     int 21h             † BX=current PSP's segment
11 |     mov es, bx
12 |     cmp word ptr es:[0986h], 59A2h
13 |                         † 检测 PC-MAN 是否在运行
14 |     jne goto_old_8h
15 |     mov byte ptr es:[1809h], 10
16 |                         † 永远剩余 10 条命
17 | goto_old_8h:
18 |     pop es
19 |     pop bx
20 |     pop ax
21 |     jmp dword ptr cs:[old_8h]
22 |
23 | main:
24 |     push cs
25 |     pop ds              † DS=CS
26 |     xor ax, ax
27 |     mov es, ax
28 |     mov bx, 8*4         † ES:BX→int 8h's vector
29 |     push es:[bx]        †  ⎫
30 |     pop old_8h[0]       †  ⎬ 保存 int 8h 的中断向量
31 |     push es:[bx+2]      †  ⎪
32 |     pop old_8h[2]       †  ⎭
33 |     cli
34 |     mov word ptr es:[bx], offset int_8h
35 |     mov es:[bx+2], cs   † 修改 int 8h 的中断向量
36 |     sti
37 |     mov dx, offset main
38 |     add dx, 100h        † include PSP's len
39 |     add dx, 0Fh         † 当驻留长度不能被 10h 整除时，
40 |                         † 加上 0Fh 可以把零头算作 10h 字节
41 |     shr dx, 4           † DX=(100h+offset main+0Fh)/10h
42 |     mov ah, 31h
43 |     int 21h             † 驻留
44 | code ends
45 | end main
```

习题

1. 修改程序9.1使得每隔1秒钟在屏幕左上角显示当前的时、分、秒。

2. 如果要把时钟频率改成100次/秒，则应该向43h号端口以及40h号端口写入哪些数据？

3. 修改程序9.3使得字母键被按下时输出这些键对应的大写字符。

4. 修改程序9.3使得Shift键和字母键同时被按下时输出这些键对应的小写字符。

5. 程序9.4第7行push bp指令执行后会产生int 1h中断吗？为什么？

6. 程序9.4第21行iret指令执行后会产生int 1h中断吗？为什么？

7. 如果删除程序9.4第11~13行，该程序还能正常运行吗？为什么？

8. 修改程序9.5使得int_8h函数停止对生命变量进行刷新，同时要求在侦查到PC-MAN在运行时立即把地址096A:0786处的指令mov [0359]，AL的3字节机器码改成3个90h即3条nop指令从而使生命值永不减少。

第10章　内存分配与文件操作

10.1　内存分配

DOS是一个单任务操作系统，当一个程序载入内存并运行时，从该程序的PSP起直到9000:FFFF都属于该程序。如果一个程序想要在运行过程中动态分配一块内存，那么它先要调用int 21h 的4Ah号这个内存重分配功能保留该程序数据段、代码段、堆栈段占用的空间，并把后续的内存空间释放掉，接下去再调用int 21h 的48h号功能分配内存，用完分配的内存后想要释放掉则要调用 int 21h的49h号功能。上述3个跟内存分配有关的功能的参数及返回值见表10.1。

表 10.1　与内存分配相关的DOS中断调用

功能号	功能	参数	返回值
48h	分配内存	AH=48h BX=待分配内存块的节长度	①成功时，AX=段地址，CF=0 ②失败时，AX=错误码，CF=1，BX=最大内存块的节长度
49h	释放内存	AH=49h ES=待释放内存块的段地址	①成功时，CF=0 ②失败时，CF=1，AX=错误码
4Ah	重分配内存	AH=4Ah BX=重分配内存块的节长度	①成功时，CF=0 ②失败时，AX=错误码，CF=1，BX=最大内存块的节长度

程序10.1[①]分配一块4000字节的内存，并交替使用两个16位字1742h和7157h把该内存块填满，然后把该内存块的内容复制到视频缓冲区B800:0000，敲任意键后释放该内存块并结束程序。

程序 10.1 malloc.asm—内存分配演示

```
1    .386
2    data segment use16
3    psp_seg dw 0              ✍ PSP 段址
4    buf_seg dw 0             † 内存块段址
5    data ends
6
7    code segment use16
8    assume cs:code, ds:data, ss:stk
9    main:
10       mov ax, data
11       mov ds, ax
12       mov [psp_seg], es     † 保存 PSP 段址
```

[①] 源程序 malloc.asm 下载链接：*http://cc.zju.edu.cn/bhh/asm/malloc.asm*

```
13      mov bx, offset stk_top      † BX=栈顶的偏移地址
14      add bx, 000Fh
15      shr bx, 4                   † BX=堆栈空间的节长度
16      mov ax, stk
17      sub ax, data                † AX=data+code的节长度
18      add bx, ax                  † BX=data+code+stk的节长度
19      add bx, 10h                 † BX=PSP+data+code+stk的节长度
20      mov ah, 4Ah                 † AH=4Ah，重新分配内存功能
21      mov es, [psp_seg]           † ES=PSP段址
22      int 21h                     † 重新分配内存
23      jnc realloc_ok              † 若重新分配内存成功则转realloc_ok
24  error:                          † 重分配内存失败
25      jmp exit
26  realloc_ok:
27      mov ah, 48h                 † AH=48h，分配内存功能
28      mov bx, (4000+15)/16        † BX=需要分配的内存块节长度
29      int 21h                     † 分配内存
30      jc  error                   † 若内存分配失败则跳转到error
31  malloc_ok:
32      mov [buf_seg], ax           † 保存分配所得内存块段址
33      cld                         † 清方向标志
34      mov es, [buf_seg]           † ES=内存块段址
35      xor di, di                  † DI=0
36      mov cx, 4000/4              † 循环次数
37  store:
38      mov ax, 1742h
39      stosw
40      mov ax, 7157h
41      stosw
42      loop store                  † 交替存放两个字到内存块中
43      push ds                     † 保存DS
44      mov ds, [buf_seg]           † DS=内存块段址
45      xor si, si                  † SI=0
46      mov ax, 0B800h
47      mov es, ax                  † ES=0B800h
48      xor di, di                  † DI=0
49      mov cx, 4000/2              † 需要复制的字数
50      rep movsw                   † 把2000字从分配内存块复制到视频缓冲区
51      pop ds                      † 恢复DS
52      mov ah, 0
53      int 16h                     † 等待按键
54      mov ah, 49h                 † AH=49h，释放内存功能
55      mov es, [buf_seg]           † ES=内存块段址
56      int 21h                     † 释放内存
57  exit:
58      mov ah, 4Ch
59      int 21h                     † 结束程序
60  code ends
61  stk segment stack use16
62      dw 100h dup(0)
63  stk_top label word              † 堆栈顶端
```

```
64 stk ends
65 end main
```

10.2 文件操作

DOS系统下的文件名格式是8.3，即主名最多8个字符，扩展名最多3个字符。当调用int 21h的3Ch号创建文件功能或者3Dh号打开文件功能时，文件名必须符合C语言字符串标准，即必须用00h结束。int 21h的3Eh号功能用来关闭文件，3Fh号功能用来读文件，40h号功能用来写文件，42h号功能用来移动文件指针。与上述文件操作相关的这些DOS中断调用及它们的参数、返回值见表 10.2。

表 10.2 与文件操作相关的DOS中断调用

功能号	功能	参数	返回值
3Ch	创建文件	AH=3Ch CX=文件属性① DS:DX→文件名	①成功时，AX=handle，CF=0 ②失败时，AX=错误码，CF=1
3Dh	打开文件	AH=3Dh AL=打开方式② DS:DX→文件名	①成功时，AX=handle，CF=0 ②失败时，AX=错误码，CF=1
3Eh	关闭文件	AH=3Eh BX=handle	①成功时，CF=0 ②失败时，AX=错误码，CF=1
3Fh	读文件	AH=3Fh BX=handle CX=待读字节数 DS:DX→buf	①成功时，AX=已读字节数，CF=0 ②失败时，AX=错误码，CF=1
40h	写文件	AH=40h BX=handle CX=待写字节数 DS:DX→buf	①成功时，AX=已写字节数，CF=0 ②失败时，AX=错误码，CF=1
42h	移动文件指针	AH=42h AL=移动的参照点③ BX=handle CX:DX=移动的距离④	①成功时，DX:AX=当前文件指针与文件首字节的距离，CF=0 ②失败时，AX=错误码，CF=1

表10.2中的handle是指打开或新建文件成功时返回的文件编号，一般译作句柄，后续读、写、关闭文件、移动文件指针时不再以文件名作参数，而是以句柄作参数。

---

① 文件属性:0=可写, 1=只读

② 打开方式:0=只读,1=只写,2=可读可写

③ 移动的参照点:0=文件首字节位置,1=文件指针当前位置,2=EOF即文件末字节位置+1

④ 移动的距离: 距离为正时向右移动文件指针, 距离为负时向左移动文件指针

程序10.2①演示了如何以只读方式打开fdemo.asm文件再逐字节读取文件内容并写入到另一新建的文件fcopy.asm中。

程序 10.2 fdemo.asm—文件操作演示

```
 1  .386
 2  data segment use16
 3  file1    db "fdemo.asm", 0      † 源文件名
 4  file2    db "fcopy.asm", 0      † 目标文件名
 5  handle1  dw 0                    † 源文件句柄
 6  handle2  dw 0                    † 目标文件句柄
 7  flen     dd 0                    † 源文件长度
 8  buf      db 0                    † 1字节缓冲区
 9  data ends
10
11  code segment use16
12  assume cs:code, ds:data
13  main:
14      mov ax, data
15      mov ds, ax
16      mov ah, 3Dh                  † AH=3Dh, 打开文件功能
17      mov al, 0                    † AL=00h, 只读方式
18      mov dx, offset file1         † DS:DX→源文件名
19      int 21h                      † 打开源文件
20      jc  exit                     † 若有错则转exit
21      mov [handle1], ax            † 保存源文件句柄
22      mov ah, 42h                  † AH=42h, 移动文件指针功能
23      mov al, 2                    † 以EOF为移动参照点
24      mov bx, [handle1]            † BX=源文件句柄
25      xor cx, cx                   † CX:DX表示移动距离
26      xor dx, dx                   † 移动距离=0
27      int 21h                      † 移动文件指针, 返回DX:AX=文件长度
28      shl edx, 10h
29      mov dx, ax                   † EDX=文件长度
30      mov [flen], edx              † 保存源文件长度
31      mov esi, edx                 † ESI=源文件长度
32      mov ah, 42h                  †
33      mov al, 0                    † 以文件首字节位置为移动参照点
34      mov bx, [handle1]            † BX=源文件句柄
35      xor cx, cx                   † CX:DX表示移动距离
36      xor dx, dx                   † 移动距离=0
37      int 21h                      † 移动文件指针到首字节处
38      mov ah, 3Ch                  † AH=3Ch, 创建文件功能
39      mov cx, 0                    † CX=0, 可写
40      mov dx, offset file2         † DS:DX→目标文件名
41      int 21h                      † 创建目标文件
42      jc  exit                     † 若有错则转exit
43      mov [handle2], ax            † 保存目标文件句柄
44  again:
45      mov ah, 3Fh                  † AH=3Fh, 读文件功能
```

① 源程序fdemo.asm下载链接: http://cc.zju.edu.cn/bhh/asm/fdemo.asm

```
46    mov bx, [handle1]              † BX=源文件句柄
47    mov cx, 1                      † CX=1，每次读取一个字节
48    mov dx, offset buf            † DS:DX→buf，buf用来保存读取的字节
49    int 21h                        † 读文件
50    mov ah, 40h                    † AH=40h，写文件功能
51    mov bx, [handle2]              † BX=目标文件句柄
52    mov cx, 1                      † CX=1，每次写入一个字节
53    mov dx, offset buf            † DS:DX→buf，buf中是待写入的字节
54    int 21h                        † 写文件
55    dec esi                        † ESI--
56    jnz again                      † 若没有读完源文件则继续循环
57 done:
58    mov ah, 3Eh                    † AH=3Eh，关闭文件功能
59    mov bx, [handle1]              † BX=源文件句柄
60    int 21h                        † 关闭源文件
61    mov ah, 3Eh
62    mov bx, [handle2]              † BX=目标文件句柄
63    int 21h                        † 关闭目标文件
64 exit:
65    mov ah, 4Ch
66    int 21h                        † 结束运行
67 code ends
68 end main
```

习题

1. 修改程序10.2，要求先编程获取fdemo.asm的文件长度，再分配一块足够容纳该文件全部内容的内存，接着一次读入该文件内容到内存中，最后输出该文件内容。

2. 编写一个程序，要求模仿QuickView的十六进制查看文件功能，用三栏显示某个指定文件的内容，左侧栏显示当前行在文件内的偏移位置，中间栏显示当前行各个字符的十六进制值，右侧栏显示当前行的各个字符，支持用PgUp、PgDn翻页，支持Home、End键显示首页及末页，按Esc键时结束程序运行。

第11章　混合语言编程

11.1　在C语言源代码中嵌入汇编指令

11.1.1　在TC源代码中嵌入汇编指令

如程序11.1[①]所示，TC源代码中嵌入的每条汇编指令都必须加asm关键词。

程序 11.1 tcasm.c—TC内嵌汇编指令

```
1  #include <stdio.h>
2  main()
3  {
4      int x=10, y=20, z;
5      asm mov ax, [x]
6      asm add ax, [y]
7      asm mov [z], ax
8      printf("z=%d\n", z);
9  }
```

TC的集成环境不能编译含有内嵌汇编指令的源程序，要编译这种代码必须用命令行编译器TCC，具体的编译及调试命令如下：

```
d:
cd \tc
tcc -v tcasm.c          ✍ -v表示编译时加入调试信息
td tcasm                † 用td调试
```

11.1.2　在VC源代码中嵌入汇编指令

如程序11.2[②]所示，VC源代码中嵌入的汇编指令要用__asm{及}包起来。

程序 11.2 vcasm.c—VC内嵌汇编指令

```
1   #include <stdio.h>
2   #include <math.h>
3   int main()
4   {
5       int x=-1, y=-2, z;
6       __asm
7       {
8           mov eax, [x]
9           add eax, [y]
10          mov [z], eax
```

[①]源程序tcasm.c下载链接: *http://cc.zju.edu.cn/bhh/asm/tcasm.c*

[②]源程序vcasm.c下载链接: *http://cc.zju.edu.cn/bhh/asm/vcasm.c*

```
11        push [z]
12        call abs
13        add esp, 4
14        mov [z], eax
15     }
16     printf("z=%d\n", z);
17     return 0;
18  }
```

VC中还支持内嵌纯汇编语言写的函数，具体如程序11.3①所示。

程序 11.3　vcasmfun.c—VC内嵌汇编函数

```
1  #include <stdio.h>
2  __declspec(naked) int f(int a, int b)
3  {
4      __asm
5      {
6          push ebp
7          mov ebp, esp
8          mov eax, [ebp+8]
9          add eax, [ebp+0Ch]
10         pop ebp
11         ret
12     }
13 }
14
15 int main()
16 {
17     int y;
18     y = f(10, 20);
19     printf("y=%d\n", y);
20     return 0;
21 }
```

VC的集成环境支持对含有内嵌汇编指令或内嵌汇编函数的代码进行编译、调试，如果我们希望在调试时看到机器代码，则可以在按F10键开始调试后选择菜单View→Debug Windows→Disassembly，在VC中单步跟踪要按F10键，跟踪进入函数体则要按F11键。

11.2　用C语言调用汇编语言模块中的函数

假定要在C语言程序caller.c的main()函数中调用一个汇编语言程序called.asm中的函数f()计算两数之和及两数之差，其中函数f()的原型如下：

```
int f(int x, int y, int *p);
/* 函数f()的功能是返回x+y，同时把x-y赋值给*p */
```

则实现C语言调用汇编语言模块中的函数的编程步骤如下：

① 先写一个汇编程序11.4②，该程序中定义了函数f()

---

① 源程序vcasmfun.c下载链接：*http://cc.zju.edu.cn/bhh/asm/vcasmfun.c*

② 源程序called.asm下载链接：*http://cc.zju.edu.cn/bhh/asm/called.asm*

程序 11.4 called.asm—C语言调用汇编模块中的函数之被调者

```
1  public _f
2  _TEXT segment byte public 'CODE'
3  assume cs:_TEXT
4  ;int f(int x, int y, int *p)
5  _f proc near
6  push bp
7  mov bp, sp
8  push bx
9  mov ax, [bp+4]; AX = x
10 sub ax, [bp+6]; AX = x - y
11 mov bx, [bp+8]; BX = p
12 mov [bx], ax  ; *p = x - y
13 mov ax, [bp+4]
14 add ax, [bp+6]; return AX
15 pop bx
16 pop bp
17 ret
18 _f endp
19 _TEXT ends
20 end
```

注意，C语言的任何变量名、函数名经过编译后都是带有下划线的，所以这里的函数f()为了能够被C语言调用必须命名为_f；对函数_f加public声明是让它具有全局属性，否则它就不能和C语言模块连接；段名命名为_TEXT是为了和C语言代码对应的段名保持一致[①]；由于本程序只是定义了一个函数，它不是一个完整的程序，所以最后只写end，其后不跟标号；程序中对bp、bx做了保护，这是因为C语言的 __cdecl 规范规定任何一个函数都有义务保存并恢复bx、bp、si、di这4个寄存器的值。

② 把called.asm编译成called.obj

```
masm /Ml called;
```

其中命令行参数/Ml要求编译器区分源代码中变量、标号、函数名的大小写。

③ 把called.obj拷到TC目录中

```
copy called.obj  d:\tc
```

④ 写一个C程序11.5[②]

程序 11.5 caller.c—C语言调用汇编模块中的函数之调用者

```
1  #include <stdio.h>
2  extern int f(int x, int y, int *p);
3  #include <stdio.h>
4  int main()
5  {
6      int x=10, y=20, sum, diff;
```

[①]用 tcc -S 命令把任意一个.c编译成.asm再打开此asm文件，即可观察到TC的代码段名为_TEXT，同时还可以看到代码段的对齐方式为byte，合并类型为public，类名为'CODE'

[②]源程序caller.c下载链接：http://cc.zju.edu.cn/bhh/asm/caller.c

```
7 ‖    sum = f(x, y, &diff);
8 ‖    printf("sum=%d, diff=%d\n", sum, diff);
9 ‖ }
```

⑤ 编译、连接、调试

```
d:
cd \tc
tcc -v caller.c called.obj     ✍tcc会先把caller.c编译成caller.obj,
                               † 再把caller.obj+called.obj
                               † 连接成caller.exe
td caller                      † 用td调试
```

习题

1. 仿照程序11.3把以下C语言程序中的函数f()改写成VC可编译的纯汇编函数：

```
#include <stdio.h>
char a[100] = "abracadabraxYankeeZulu";
char *f(char *p, int n, char c)
{
    int i;
    for(i=0; i<n; i++)
    {
        if(p[i] == c)
        {
            p[i] &= ~0x20;
            return &p[i];
        }
    }
    return NULL;
}
main()
{
    char *p;
    p = f(a, strlen(a), 'x');
    if(p != NULL)
        puts(p);
    else
        puts("Not found!");
}
```

2. 修改程序11.4及程序11.5使得函数f()的原型变成

double f(double x, double y, double *p);

的情况下，函数main()能通过调用f()计算出两个小数之和及差。

第12章   保护模式程序设计

12.1   保护模式基础知识

12.1.1   保护模式与实模式的区别

实模式与保护模式是CPU的两种工作模式，DOS工作在实模式下，Windows及Linux则工作在保护模式下。

本书前面各章介绍的就是实模式编程，实模式（real mode）具有以下6个特征：

① 逻辑地址由16位段地址:16位偏移地址构成；

② 20位物理地址=16位段地址*10h + 16位偏移地址；

③ CPU可访问的内存空间为1M；

④ 段长度为固定64K即10000h字节；

⑤ 段的属性为可读+可写+可执行；

⑥ 中断向量表位于地址空间0:0～0:3FFh，每个中断向量的宽度为4字节。

本章要介绍的就是保护模式编程，保护模式（protected mode）具有以下6个特征：

① 逻辑地址由16位段地址:32位偏移地址构成；

② 32位物理地址=$gdt[$段地址 & $0FFF8h].base\_address$ + 32位偏移地址
   其中gdt是指全局描述符表的首地址，若把*段地址 & 0FFF8h*记作s，那么s就是*段地址*清除低3位后的值，gdt[s]表示gdt + s指向的一个64位段描述符，*base_address*表示该描述符定义的32位段首地址。

③ CPU可访问的内存空间为4G；

④ 段长度可通过编程设定，其范围为$[1, 2^{32}]$；

⑤ 段的属性可以通过编程来设定：

❶可读+可写　的数据段

❷只读不可写　的数据段

❸可读+可执行　的代码段

❹只执行不可读　的代码段

请注意在保护模式下，代码段永远不可写，数据段永远不可执行。若要改变代码段的内容，则必须为该段创建一个段首地址及段长度与代码段描述符一致的数据段描述符，然后对该数据段进行写入。同样道理，若要执行数据段中的内容，则必须为该段创建一个段首地址及段长度与数据段描述符一致的代码段描述符，然后跳到该代码段中运行。

⑥ 中断向量表的首地址可以通过编程设定，每个中断向量的宽度为8字节。

12.1.2 保护模式的段机制

保护模式下要把形式为16位段地址:32位偏移地址的逻辑地址转化成物理地址,需要用到一张简称gdt的全局描述符表(global descriptor table),gdt实际上是一个结构数组,该数组的每个元素称为描述符(descriptor)。用来描述任务状态段(task state segment)、调用门(call gate)、中断门(interrupt gate)、陷阱门(trap gate)、任务门(task gate)、局部描述符表(local descriptor table)的描述符统称系统描述符,而用来描述数据段(包括堆栈段)[①]、代码段的描述符则统称段描述符。

12.1.2.1 段描述符

段描述符的结构如下所示:

```
_desc struc
lim_0_15      dw  0;  +0 段内最大偏移地址的低16位
bas_0_15      dw  0;  +2 段首地址的低16位
bas_16_23     db  0;  +4 段首地址的16位至23位
access        db  0;  +5 段的属性
gran          db  0;  +6 段的粒度
bas_24_31     db  0;  +7 段首地址的24位至31位
_desc ends
```

根据第4.4.4节(p.59)的介绍,上述类型是结构类型,该类型的宽度可以用size _desc求得,其值为8。

上述结构类型一共包含6个成员,其中 bas_0_15、base_16_23、bas_24_31这 3个成员合在一起共32位称作base_address,这个base_address用来定义32位段首地址,例如当bas_0_15 = 5678h、bas_16_23 = 34h、bas_24_31 = 12h时,段首地址 = 12345678h。

结构成员gran的低4位与lim_0_15合在一起共20位称作segment_limit,其中gran的低4位代表segment_limit的高4位,lim_0_15表示segment_limit的低16位。segment_limit用来定义段内最大偏移地址,例如,当lim_0_15 = 0FFFFh、gran = 0Fh时,段内最大偏移地址 = 0FFFFFh,相当于规定了段长度为0FFFFFh + 1 = 100000h字节即1M。第12.1.1节(p.202)曾提到保护模式的段长度最大可达4G,那么怎么凭这区区20位的segment_limit来定义最大段内偏移地址0FFFFFFFFh呢?方法是把gran的最高位置1,此位称为粒度(granularity),当粒度 = 1时,segment_limit的含义将变成段内最大页号而非段内最大偏移地址,其中1页 = 1000h字节即4K,例如当lim_0_15 = 0FFFFh、gran = 8Fh时,段内最大页号 = 0FFFFFh,该页对应的偏移地址范围为[0FFFFF000h, 0FFFFFFFFh][②],正好可以覆盖0FFFFFFFFh这个4G内存中的最大偏移地址。

结构成员gran的第6位称作D位,当D = 1时表示当前描述符描述的是一个32位的段,而当D = 0时则表示这是一个16位的段。当代码段描述符的D = 1时,由cs:eip指向当前将要执行的指令,loop指令的循环次数由ecx控制,lodsb指令会取出ds:esi指向的字节,机器码组合33h、0C0h会被解释成 *xor eax, eax* 指令,而当D = 0时,由cs:ip指向当前将要执行

---

① 本章讨论的数据段均包括堆栈段在内
② 第 *i* 页对应的偏移地址计算公式为: [*i**1000h, *i**1000h+0FFFh]

的指令，loop指令的循环次数由cx控制，lodsb指令会取出ds : si指向的字节，机器码组合33h、0C0h会被解释成 *xor ax, ax* 指令。同理，当堆栈段描述符的D = 1时，由ss : esp指向堆栈顶端，当D = 0时，则由ss : sp指向堆栈顶端。结构成员gran的第5位称作L位，当L = 1时表示当前描述符描述的是一个64位的段，反之则需要由D位来决定这是一个32位还是16位段。gran的第4位称为AVL位，此位保留给系统程序员用，程序员可以把它用作某种标记，但CPU的行为并不会受此位值影响。

　　结构成员access用来定义段的属性，它的各个位的名称如图12.1所示。

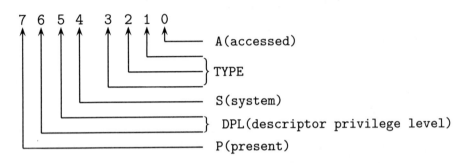

图 12.1 描述符结构成员access包含的各个位的名称

access各个位的含义列举如下：

① P位表示当前描述符描述的段是否存在，P = 1表示存在，P = 0表示不存在。访问P = 0的段将触发NPF(Segment Not Present Fault)，NPF发生时，CPU会在发生异常[①]的指令上方插入并执行 *int 0Bh* 指令。只有当一个段的内存被临时备份到硬盘，用硬盘来虚拟这块内存时才需要把P清0，正常情况下我们都应该把P置1。

② DPL由access的第6位及第5位构成，它用来定义允许访问本段的进程的最低权限，即段的DPL[②]用来控制哪种级别的进程可以访问本段。设某个数据段的DPL值=data_dpl，那么只有当进程的CPL[③] ≤ data_dpl时，该进程才可以访问本段中的数据；设某个代码段的DPL值=code_dpl，那么只有当进程的CPL ≥ code_dpl时，该进程才可以jmp或call本段中的代码。例如，若数据段的DPL = 11B即DPL = 3，那么CPL = 0、1、2、3的任何进程均有权访问该段；若代码段的DPL = 3，那么仅有CPL = 3的进程才可以访问该段，除非把DPL改成0，才可以让CPL = 0、1、2、3的任何进程访问该段。

③ S位表示描述符的类别，S = 1表示当前描述符是段描述符，该描述符只能用来描述一个数据段或代码段，S = 0则表示当前描述符是系统描述符。

④ A位表示当前描述符所描述的段有没有被访问过，A = 1表示已访问过，A = 0表示未访问过。只要当前描述符离gdt的距离[④]被成功地赋值给某个段寄存器，那么该描述符中

---

①　*异常（exception）分成三类：❶fault、❷trap、❸abort，访问P=0的段的指令所触发的异常属于fault。fault发生时cpu一定会在指令上方插入并执行int n指令，n的值决定于fault的类别，例如NPF对应的n=0Bh，GPF（General Protection Fault）对应的n=0Dh，非法指令fault对应的n=6，除法溢出fault对应的n=0*

②　*虽然DPL并不存在于段中，而是存在于段描述符中，但为了便于讲解，防止在语句中频繁出现过长的专业术语，我们把描述某个段的段描述符中的结构成员access中的DPL称作该段的DPL*

③　*CPL表示current privilege level，当前进程的CPL保存在CS及SS的低2位中，例如CS=1Bh表示当前进程的CPL=3，再如CS=18h表示当前进程的CPL=0，请注意CPL的值越小表示进程的权限越高*

④　*描述符与描述符表（如gdt）首地址的距离称为该描述符描述对象的选择子（selector），段选择子（seg-*

的A位就会被CPU置1，A位一旦置1将一直保持，直到程序员通过编程把它清0。只有当S＝1时，即当前描述符所描述的对象是一个数据段或代码段时，A位才表示该段是否已访问过的含义，反之，A需要跟随在TYPE之后合并成4位表示系统描述符所描述的对象的类型。

⑤ TYPE由access的第3、2、1位构成，TYPE与A合起来共4位，再结合S位，一共可以表示描述符所描述的32种对象，具体如表12.1所示。

表 12.1 描述符成员access包含的低5位（S、TYPE、A）及它们所定义的对象类型

对象类型＼S TYPE␣A	S＝1	S＝0
000␣0	未访问的　只读数据段	undefined
001␣0	未访问的　可读可写数据段	LDT①
010␣0	未访问的　只读expand_down②数据段	286 call gate
011␣0	未访问的　可读可写expand_down数据段	286 interrupt gate
100␣0	未访问的　只执行代码段	undefined
101␣0	未访问的　可读可执行代码段	undefined
110␣0	未访问的　只执行conforming③代码段	386 call gate
111␣0	未访问的　可读可执行conforming代码段	386 interrupt gate
000␣1	已访问的　只读数据段	286 TSS
001␣1	已访问的　可读可写数据段	busy 286 TSS
010␣1	已访问的　只读expand_down数据段	task gate
011␣1	已访问的　可读可写expand_down数据段	286 trap gate
100␣1	已访问的　只执行代码段	386 TSS
101␣1	已访问的　可读可执行代码段	busy 386 TSS
110␣1	已访问的　只执行conforming代码段	undefined
111␣1	已访问的　可读可执行conforming代码段	386 trap gate

ment selector）可以理解成实模式下的段地址*(segment address)*

① *LDT表示局部描述符表（local descriptor table），LDT的首地址、长度、属性必须用一个位于gdt的描述符来描述。段寄存器的第2位称为table indicator，该位等于1时表示段寄存器清除低3位后的值必须与LDT首地址相加指向段描述符，而该位等于0时表示段寄存器清除低3位后的值必须与gdt首地址相加指向段描述符，例如DS=1Ch，则段描述符位于LDT + (DS & 0FFF8h) = LDT + 18h处，再如DS=1Bh，则段描述符位于gdt + (DS & 0FFF8h) = gdt + 18h处。*

② *当access的第4、3、2位的值分别是1、0、0时，它定义的是常规数据段，也称expand_up数据段，expand_up数据段的段内最小偏移地址固定为0，段内最大偏移地址=segment_limit × $2^{12×G}$ + (0FFFh × G)；当access的第4、3、2位的值分别是1、0、1时，它定义的是expand_down数据段，expand_down数据段的段内最大偏移地址为 $2^{16×(D+1)} − 1$，段内最小偏移地址=(segment_limit+1) × $2^{12×G}$，expand_down数据段通常仅用作堆栈段。*

③ *当access的第4、3、2位的值分别是1、1、0时，它定义的是常规代码段，常规代码段要求调用者的CPL=该代码段的DPL，否则jmp或call指令将触发GPF；当access的第4、3、2位的值分别是1、1、1时，它定义的是conforming代码段，conforming代码段要求调用者的CPL≥该代码段的DPL，特别地，当调用者的CPL>该代码段的DPL时，jmp或call指令并不会触发GPF，当控制权通过jmp或call指令从调用者转移到conforming段内后，CS及SS的CPL将保持原值，而并不会变成conforming段的DPL。*

12.1.2.2　如何访问保护模式下的数据段

关于gdt以及gdt包含的段描述符，我们已有如下结论：gdt是一个结构数组，该数组包括的元素叫描述符，每个描述符由8字节构成，用来描述数据段及代码段的描述符叫段描述符，可读可写的常规数据段描述符的access成员的第4、3、2、1位等于1、0、0、1，可读可执行的常规代码段描述符的access成员的第4、3、2、1位等于1、1、0、1。

接下去我们将学习如何访问保护模式下的数据段。

1.　空描述符

假设已定义如程序12.1①第21～27行所示的一张gdt表，这张gdt表内一共有6个描述符，其中第0个描述符null_desc称为空描述符②，由于该描述符与gdt首地址的距离为0，故它描述的对象的选择子=0，当我们把0赋值给某个段寄存器比如DS时并不会触发异常，就像我们把指针变量赋值为0并不会触发异常一样，这个赋值只是意味着DS指向了一个不存在的对象，不过，我们后续决不能引用DS段内的任何变量，比如执行 *mov al, ds : [ebx]* 这条指令时，无论EBX等于几，一定会触发GPF③。空描述符的意义是它描述了一个不存在的对象，该对象的选择子刚好等于0，而0相当于空指针，我们在编程时把0赋值给段寄存器不仅达到了清除段寄存器的原值让它不再指向原来的对象的目的，而且还实现了故意让该段寄存器指向一个不存在的段的效果，使得后续程序在使用该段寄存器引用段内任何变量时一定触发GPF从而让我们获知误用了该段寄存器。

2.　第1个数据段描述符

第1个描述符vram_desc描述了一个数据段，该段的段首地址=000B8000h，段内最大偏移地址segment_limit = 00FFFh，段属性access = 93h表示这是一个存在的、已访问的、DPL = 0的、可读可写的常规数据段。那么如何让ES指向该数据段呢？具体可按以下步骤进行：

① 首先我们需要把gdt的物理首地址及gdt_limit④赋值给寄存器gdtr，gdtr的结构如程序12.1第14～18行所示，它是一个宽度为48位的寄存器，其中高32位用来存储gdt的物理首地址，低16位用来存储 gdt_limit，于是我们需要先定义一个类型为_gdtr的结构变量my_gdtr，注意该变量的宽度也是48位，再对该变量的各个成员赋值，最后执行指令 *lgdt fword⑤ ptr my_gdtr* 把该变量的值赋值给寄存器gdtr，具体程序第145～155行所示。

② 运行程序第142～143行以及第157～160行让CPU进入保护模式。其中第142～143行的功能是打开A20地址线为切换到保护模式做准备；第157行cli指令的功能是禁止硬件中断，目的是防止在保护模式代码运行期间产生诸如时钟、键盘之类的硬件中断，如果删除这条指令，程序运行期间发生的任何中断都会触发异常，这是因为本程序并没有创建中断向量表，CPU无法在中断发生时找到中断向量并调用中断服务函数；第158～160

---

① 源程序 *promode1.asm* 下载链接：*http://cc.zju.edu.cn/bhh/asm/promode1.asm*

② gdt表中的首个描述符称为空描述符（ *null descriptor* ），它是一个保留描述符，不管它的成员被设置成什么值，都表示它描述的对象不存在

③ *GPF* 是指 *General Protection Fault*，*GPF* 发生时，*CPU* 会在发生异常的指令上方插入并执行 *int 0Dh* 指令

④ *gdt_limit=gdt* 表的长度-1

⑤ *fword ptr* 表示其修饰的变量为48位宽度

行的功能是把控制寄存器 cr0 的第 0 位①置 1，此位一旦置 1，CPU 就会立即进入保护模式。

③ 执行程序第 69 ~ 70 行对 ES 进行赋值，注意 ES 的值就等于 vram_selector，其值为 8，而 vram_selector 其实就是 vram_desc 这个描述符与 gdt 首地址的距离，故我们把 vram_selector 称作是 vram_desc 这个描述符所描述的数据段的选择子，当然，出于对保护模式的选择子与实模式的段地址这两个概念建立一个类比关系这样的目的，我们完全可以把 vram_selector 当作是 vram_desc 这个描述符所描述的数据段的段地址。

④ 完成了对 ES 的赋值，接着就可以像实模式那样引用 ES 指向的数据段中的任何变量了，例如执行 *mov word ptr es : [0], 1741h* 指令相当于执行以下这段实模式指令的效果：

```
mov ax, 0B800h
mov es, ax
mov word ptr es:[0], 1741h
```

这是因为保护模式下的 ES 指向的数据段的段首地址 = 000B8000h，于是 es : 0 这个逻辑地址可按以下公式转化成物理地址：

$$物理地址 = gdt[选择子 \& 0FFF8h].base\_address + 偏移地址$$
$$= gdt[es \& 0FFF8h].base\_address + 0$$
$$= gdt[8].base\_address + 0$$
$$= 000B8000h + 0$$
$$= 000B8000h$$

注意，这里的 gdt[8] 绝不可按 C 语言语法理解成 gdt 表的第 8 个元素，而是必须按汇编语言的语法理解成 gdt 首地址 + 8 指向的那个描述符，gdt[8].base_address 正是 ES 指向的数据段的段首地址。显然，根据公式计算出来的物理地址跟实模式代码中的 es : 0 对应的物理地址是相同的。

3. 第 2 个数据段描述符

第 2 个描述符 mega_desc 也描述了一个数据段，该段的段首地址 = 00000000h，段内最大偏移地址 segment_limit = 0FFFFFh，段属性 access = 0F3h 表示这是一个存在的、已访问的、DPL = 3 的、可读可写的常规数据段。假如我们也用 ES 指向 mega_desc 描述的数据段并且利用 ES 访问物理地址 0B8000h，那么，如同对待第 1 个描述符那样，可以按以下步骤进行：

① 用 lgdt 指令把 gdt 的物理首地址及 gdt_limit 赋值给寄存器 gdtr。

② 调用函数 switch_a20 打开 A20 地址线，把控制寄存器 cr0 的第 0 位置 1 让 CPU 进入保护模式。

③ 执行以下代码访问物理地址 0B8000h

```
mov ax, mega_selector
mov es, ax
mov edi, 0B8000h
mov word ptr es:[edi], 1741h
```

①控制寄存器 cr0 的第 0 位称为 PE 位（protection enable），当它置 1 时 CPU 进入保护模式，当它清 0 时 CPU 进入实模式

注意mega_selector的值为10h，它是mega_desc这个描述符与gdt首地址的距离，故它是mega_desc描述的数据段的选择子。

第1个数据段描述符vram_desc与第2个数据段描述符mega_desc的共同点是它们描述的数据段均能覆盖显卡地址B800:0000 ~ B800:0FFF，故位于程序第66行的保护模式函数protect既可以用第1个数据段的选择子来访问显卡地址并在屏幕坐标(0,0)处输出蓝底白字的字符串"Hello,"，又可以用第2个数据段的选择子来访问显卡地址并在屏幕坐标(0,1)处输出红底白字的字符串"Protected Mode!"。

4. 第3个数据段描述符

第3个描述符data_desc描述的也是一个可读可写的常规数据段，它描述的对象其实是data段，由于data段的段首地址在编译时不可知，故我们在data段内定义data_desc时并没有对它做初始化赋值，而是在code段内于程序运行时调用函数fill_gdt_item计算出data的段首地址并填入到data_desc的 bas_0_15、bas_16_23、bas_24_31三个成员中从而实现data_desc的初始化，具体过程见程序12.1的第128 ~ 133行。data_desc在整个程序中的作用是描述data段从而让data段可以成为DS指向的对象，程序中运行在保护模式下的函数protect会以DS作为选择子（即段地址）引用data段内的数组s、t，并把它们分别输出到屏幕坐标(0,0)及(0,1)处。

程序 12.1 promode1.asm—第1个保护模式程序

```
 1  ;============================================================
 2  ;Copyright (c) iceman@zju.edu.cn
 3  ;------------------------------------------------------------
 4  .386P
 5  _desc struc
 6  lim_0_15    dw  0
 7  bas_0_15    dw  0
 8  bas_16_23   db  0
 9  access      db  0
10  gran        db  0
11  bas_24_31   db  0
12  _desc ends
13
14  _gdtr struc
15  _gdtr_lim        dw  0
16  _gdtr_bas_0_15   dw  0
17  _gdtr_bas_16_31  dw  0
18  _gdtr ends
19
20  data segment use16
21  gdt   label byte
22  null_desc _desc <0000h, 0000h, 00h, 00h, 00h, 00h>
23  vram_desc _desc <0FFFh, 8000h, 0Bh, 93h, 00h, 00h>
24  mega_desc _desc <0FFFFh, 0000h, 00h, 0F3h, 4Fh, 00h>
25  data_desc _desc <>
26  code_desc _desc <>
27  code32_desc _desc <>
28  gdt_limit       = $ - offset gdt - 1
```

```
29  vram_selector = offset vram_desc - offset gdt
30  mega_selector = offset mega_desc - offset gdt
31  data_selector = offset data_desc - offset gdt
32  code_selector = offset code_desc - offset gdt
33  code32_selector = offset code32_desc - offset gdt
34  my_gdtr _gdtr <>
35  s db "Hello,", 0
36  t db "Protected␣Mode!", 0
37  data ends
38
39  code32 segment use32
40  assume cs:code32, ds:code32
41  str32 db "32-bit", 0
42  protect32:
43      mov ax, cs
44      mov ds, ax
45      mov esi, offset str32
46      mov ax, mega_selector
47      mov es, ax
48      mov edi, 0B8000h+320
49      mov ah, 27h
50  show_3rd_row:
51      lodsb
52      or al, al
53      jz done_3rd_row
54      stosw
55      jmp show_3rd_row
56  done_3rd_row:
57      db 066h                       ;\
58      db 0EAh                       ; \ jmp far ptr code_selector:
59      dw offset back_to_protect16   ; / back_to_protect16
60      dw code_selector              ;/
61  end_of_code32 label byte
62  code32 ends
63
64  code segment use16
65  assume cs:code, ds:data
66  protect:
67      mov ax, data_selector
68      mov ds, ax
69      mov ax, vram_selector
70      mov es, ax
71      mov ah, 17h
72      mov di, 0
73      mov bx, offset s
74  show_1st_row:
75      mov al, [bx]
76      inc bx
77      cmp al, 0
78      je done_1st_row
79      mov es:[di], ax
```

```
 80        add di, 2
 81        jmp show_1st_row
 82    done_1st_row:
 83        mov ax, mega_selector
 84        mov es, ax
 85        mov edi, 0B8000h+160
 86        mov ah, 47h
 87    show_2nd_row:
 88        mov al, [bx]
 89        inc bx
 90        cmp al, 0
 91        je done_2nd_row
 92        mov es:[edi], ax
 93        add edi, 2
 94        jmp show_2nd_row
 95    done_2nd_row:
 96        db 66h                  ;\
 97        db 0EAh                 ; \
 98        dd offset protect32 ;  / jmp far ptr code32:protect32
 99        dw code32_selector  ; /
100    back_to_protect16:
101        mov ax, data_selector
102        mov ds, ax      ; reset DS's segment_limit to 0FFFFh
103        mov es, ax      ; reset ES's segment_limit to 0FFFFh
104        mov eax, cr0
105        and eax, not 1 ; EAX's bit0 = 0
106        mov cr0, eax    ; switch to real mode
107        db 0EAh                        ;\
108        dw offset back_to_real_mode ; \ jmp far ptr
109        dw seg back_to_real_mode    ;/  code:back_to_real_mode
110    main:
111        mov dx, 8A00h    ;\
112        mov ax, 8A00h    ; \
113        out dx, ax       ;  \ activate Bochs Enhanced Debugger
114        mov ax, 8AE0h    ;  /
115        out dx, ax       ; /
116        ;
117        cld
118        mov ax, data
119        mov ds, ax
120        ;
121        mov dx, code
122        mov ebx, 10000h-1
123        mov al, 9Bh; P=1, DPL=00, S=1, TYPE=101, A=1
124        mov ah, 00h; G=0, D=0, L=0, AVL=0
125        mov si, code_selector
126        call fill_gdt_item
127        ;
128        mov dx, data
129        mov ebx, 10000h-1
130        mov al, 93h; P=1, DPL=00, S=1, TYPE=001, A=1
```

```
131    mov ah, 00h; G=0, D=0, L=0, AVL=0
132    mov si, data_selector
133    call fill_gdt_item
134    ;
135    mov dx, code32
136    mov ebx, offset end_of_code32 - 1
137    mov al, 9Bh; P=1, DPL=00, S=1, TYPE=101, A=1
138    mov ah, 40h; G=0, D=1, L=0, AVL=0
139    mov si, code32_selector
140    call fill_gdt_item
141    ;
142    mov ah, 0DFh      ; signal for A20 gated on
143    call switch_a20 ; enable A20
144    ;
145    mov my_gdtr._gdtr_lim, gdt_limit
146    mov dx, seg gdt
147    mov ax, offset gdt
148    movzx edx, dx
149    movzx eax, ax
150    shl edx, 4
151    add edx, eax; edx = physical address of gdt
152    mov my_gdtr._gdtr_bas_0_15, dx
153    shr edx, 10h
154    mov my_gdtr._gdtr_bas_16_31, dx
155    lgdt fword ptr my_gdtr; load gdt's base & limit into gdtr
156    ;
157    cli
158    mov eax, cr0
159    or eax, 1          ; enable protected mode flag
160    mov cr0, eax       ; switch to protected mode
161    ;
162    db 0EAh                ;\
163    dw offset protect ; \ jmp far ptr
164    dw code_selector  ;/  code_selector:protect
165    ;
166 back_to_real_mode:
167    sti
168    mov ah, 0DDh        ; signal for A20 gated off
169    call switch_a20 ; disable A20
170    mov ah, 4Ch
171    int 21h
172
173 ;input:
174 ;    DX = real mode segment address
175 ;    EBX= segment_limit
176 ;    AL = access
177 ;    AH = gran
178 ;    SI = selector to target descriptor
179 ;output:
180 ;gdt+si -> descriptor with full info
181 fill_gdt_item proc
```

```
182        mov gdt[si].access, al
183        mov gdt[si].gran, ah
184        mov gdt[si].lim_0_15, bx; set lower 16 bits of limit
185        shr ebx, 10h
186        or  gdt[si].gran, bl; set higher 4 bits of limit
187        movzx edx, dx
188        shl edx, 4; convert segment address to physical address
189        mov gdt[si].bas_0_15, dx ; set lower 16 bits of base address
190        shr edx, 10h
191        mov gdt[si].bas_16_23, dl; set mid 8 bits of base address
192        mov gdt[si].bas_24_31, dh; set higher 8 bits of base address
193        ret
194  fill_gdt_item endp
195
196  switch_a20 proc
197     cli                ;
198     call test_8042     ; ensure 8042 input buffer empty
199     jnz  a20_fail      ;
200     mov  al, 0ADh      ; disable keyboard
201     out  64h, al
202     call test_8042
203     jnz  a20_fail
204     mov  al, 0D1h      ; 8042 cmd to write output port
205     out  64h, al       ; output cmd to 8042
206     call test_8042     ; wait for 8042 to accept cmd
207     jnz  a20_fail      ;
208     mov  al, ah        ; 8042 port data
209     out  60h, al       ; output port data to 8042
210     call test_8042     ; wait for 8042 to accept data
211     jnz  a20_fail
212     mov  al, 0AEh      ; enable keyboard
213     out  64h, al
214     call test_8042
215  a20_fail:
216     sti
217     ret
218  switch_a20 endp
219
220  test_8042 proc
221     push cx
222     xor cx, cx
223  test_again:
224     in al, 64h; 8042 status port
225     jmp $+2    ; wait a while
226     test al, 2; input buffer full flag (Bit1)
227     loopnz test_again
228     jz test_8042_ret
229  test_next:
230     in al, 64h
231     jmp $+2
232     test al, 2
```

```
233 ||    loopnz test_next
234 || test_8042_ret:
235 ||    pop cx
236 ||    ret
237 || test_8042 endp
238 || code ends
239 || end main
```

12.1.2.3 如何访问保护模式下的代码段

根据上一节内容，我们已了解到在保护模式下要访问某个数据段则必须事先为该数据段创建一个描述符，再把此描述符离gdt首地址的距离作为该数据段的选择子赋值给某个段寄存器如DS或者ES。同样道理，要访问保护模式下的代码段如code段，我们也一样要先为该代码段创建一个描述符如code_desc，再计算出此描述符离gdt首地址的距离设为code_selector，最后用一条如下形式的远跳指令跳到该段内的某个标号如protect处运行：

```
db 0EAh              ☞ 0EAh是远跳指令的机器码
dw offset protect    † offset protect是目标偏移地址
dw code_selector     † code_selector是目标段选择子
```

上述用db、dw构造的代码若转化成汇编指令格式，就是

```
jmp far ptr code_selector:protect
```

不过，在源代码中我们并不能以指令格式来写这条远跳指令，否则会编译失败，具体原因解释见第6.8.1.3节（p.131）。另外，请特别注意，在保护模式下，jmp far ptr指令的目标段地址必须是保护模式代码段的选择子，不能是实模式代码段的段地址，例如程序12.1第164行*dw code_selector*不可以改成*dw code*，否则程序运行时会触发GPF，因为CPU在执行这条指令时会发现gdt + code根本不指向一个有效的代码段描述符。

保护模式下的远跳指令jmp far ptr的机器码有以下2种格式：

❶ *0EAh, 16位偏移地址, 16位选择子*

❷ *0EAh, 32位偏移地址, 16位选择子*

其中❶一般存在于16位代码段中，❷通常存在于32位代码段中。

CPU在执行远跳指令时，会根据当前代码段描述符成员gran中的D位来推断跟随在0EAh之后的远指针的形式及宽度，比如，D = 0时，远指针一定是16位选择子:16位偏移地址这种形式，其宽度为4字节（32位），而当D = 1时，远指针一定是16位选择子:32位偏移地址这种形式，其宽度为6字节（48位）。有关D位的详细含义及解释请参考第12.1.2.1节（p.203）。

在写程序时，我们通常根据远跳目标地址所属代码段的描述符中的D位来决定远跳指令应该采用哪种形式，比如，当目标代码段为16位即D = 0时，就选择形式❶，而当目标代码段为32位即D = 1时就选择形式❷。不过，这样的选择在当前代码段描述符的D位跟远跳指令目标代码段描述符的D位不一致时会产生矛盾，例如，当前是16位代码段（D = 0），而远跳指令的目标地址属于32位代码段（D = 1），那么，当我们试图用❷实现远跳时，CPU会把32位偏移地址解析成16位选择子:16位偏移地址从而跳到一个完全错误的目标地址上。同样道理，若当前是32位代码段（D = 1），而远跳指令的目标地址属于16位代码段（D = 0），那么，当我们试图用❶实

现远跳时，CPU会把16位选择子:16位偏移地址解析成32位偏移地址，接着它再把跟随在❶之后的2个字节取出并解析成16位选择子从而也跳到一个完全错误的目标地址上。

如何解决上述矛盾？在保护模式中，若当前代码段描述符的D位与远跳指令目标代码段的D位不一致，那么我们需要在远跳指令的机器码0EAh前面插入一个机器码66h，这个66h是指令前缀码，其作用是强制CPU把这条指令按~D[①]代码段环境解释并执行。例如，程序12.1第96行处的远跳指令的运行环境是16位代码段code，而这条指令要跳到code32这个32位目标段内，因此这条指令就必须加前缀66h，这样才能让CPU按照32位代码段的运行环境来解释并执行这条指令。同理，程序12.1第57行的远跳指令的运行环境是32位代码段code32，而这条指令要跳到code这个16位目标段内，因此这条指令也必须加前缀66h，这样才能让CPU按照16位代码段的运行环境来解释并执行这条指令。

程序12.1一共定义了两个代码段，一共是16位的code段，另一个是32位的code32段，其中code段的功能是在屏幕上输出s、t，而code32段的功能是在屏幕上输出str32。描述符code_desc描述的是code段，code32_desc描述的是code32段，尽管这两个描述符都是代码段描述符，但是它们的D位不相同会导致code和code32里面的代码运行在不同的环境下，具体差别请看第12.1.2.1节（p.203）中关于D位的解释。

12.1.3　保护模式的段访问权限检查

在保护模式下，当前进程的权限由CPL决定，CPL位于段寄存器CS及SS的低2位，CPL的值越小则进程的权限越高，故CPL＝0表示最高权限，CPL＝3表示最低权限。数据段、代码段的访问权限由它们的DPL决定。CPU对权限的检查发生在段寄存器被赋值时，此时，它会通过对max(CPL,RPL)与DPL做比较来判断当前指令是否越权，其中RPL(request privilege level)是指段选择子的低2位。由于访问数据段和代码段时的权限检查有不同的规则，故我们分别加以讨论。

12.1.3.1　数据段访问权限检查规则

假定进程p要访问数据段d，p的CPL用p.cpl表示，d的DPL用d.dpl表示，d的选择子用s表示，s的第2位称为TI(table indicator)[②]设为0，s的低2位称为RPL记作s.rpl，那么必须在满足条件

$$max(p.cpl, \ s.rpl) \leqslant d.dpl \tag{12.1}$$

的情况下，p才可以访问d。

CPU对权限的检查发生在段寄存器被赋值时，例如，程序12.1第69、70行对ES的赋值：

```
69 | mov ax, vram_selector
70 | mov es, ax
```

第69行vram_selector的值＝8，它是vram_desc这个描述符与gdt首地址的距离，当它赋值给ax后，ax就成了vram_desc描述的数据段（设为vram）的选择子，请注意ax的第2位ax.ti＝0，ax的低2位ax.rpl＝0，vram.dpl＝0，cs.cpl[③]＝0，当CPU执行第70行时，会按

---

① 若当前代码段描述符的D位=0，那么~D=1；若当前代码段描述符的D位=1，那么~D=0;
② 关于TI的介绍请参考表12.1（p.205）中LDT的脚注
③ 实模式CS的CPL规定为0，程序12.1第162行的远跳指令从实模式跳到protect，故保护模式函数protect的

公式12.1做如下权限检查：

$$max(cs.cpl,\ ax.rpl) = max(0,\ 0) = 0$$

$$\leqslant$$

$$vram.dpl = 0$$

经过上述检查，CPU认为第70行并没有越权，故会对ES进行赋值，后续程序就可以用 ES 访问vram了。设想一下把第69行改成 *mov ax, vram_selector or 3* 之后CPU执行第70行时会发生什么？同样代入公式12.1 做如下权限检查：

$$max(cs.cpl,\ ax.rpl) = max(0,\ 3) = 3$$

$$\nleqslant$$

$$vram.dpl = 0$$

经过上述检查，CPU认为第70行越权了，于是产生GPF，程序将无法继续往下运行。

再举一个例子，程序12.1第83、84行也涉及数据段访问权限检查：

```
83  mov ax, mega_selector
84  mov es, ax
```

第83行mega_selector的值＝10h，它是mega_desc这个描述符与gdt首地址的距离，当它赋值给ax后，ax就成了mega_desc描述的数据段（设为mega）的选择子，请注意ax的第2位ax.ti = 0，ax的低2位ax.rpl = 0，mega.dpl = 3，cs.cpl = 0，当CPU执行第84行时，会按公式12.1做如下权限检查：

$$max(cs.cpl,\ ax.rpl) = max(0,\ 0) = 0$$

$$\leqslant$$

$$mega.dpl = 3$$

经过上述检查，CPU认为第84行并没有越权，故会对ES进行赋值。假如我们像上例那样把第83行改成 *mov ax, mega_selector or 3*，那么CPU执行第84行时会触发GPF吗？不会！这是因为尽管此时ax.rpl = 3 并且max(cs.cpl, ax.rpl) = 3，但依然满足条件max(cs.cpl, ax.rpl) ⩽ mega.dpl，由此可见，像mega这样的DPL＝3的数据段一定可以被任何进程访问。

经过上述两个例子的讲解，大家应该已经明确CPL ⩽ DPL是确保当前进程没有越权访问相关数据段的重要条件，但是我们可能还有一个疑问，那就是CPU在做数据段访问权限检查时，为什么要让RPL参与进来？这个RPL究竟有什么用？这里先不作展开，请各位阅读第12.2.1节 (p.219) 来进一步了解RPL在权限检查中的意义。

12.1.3.2　代码段访问权限检查规则

假定进程p要通过 *jmp far ptr s:off* 或 *call far ptr s:off* 指令访问代码段t，其中s是t的选择子，off是目标偏移地址，那么CPU会按以下规则做权限检查：

① 若t是一个常规代码段，则权限检查规则为：

$$max(p.cpl,\ s.rpl) == t.dpl$$

② 若t是一个conforming代码段，则权限检查规则为：

CS的CPL也为0

$$p.cpl \geqslant t.dpl$$

有关conforming代码段的介绍请参考表12.1（p.205）中 conforming的脚注。

12.1.4　如何从保护模式返回实模式

从保护模式返回实模式的步骤如下：

① 跳到一个segment_limit = 0FFFFh且DPL = 0的保护模式代码段中

② 对保护模式中曾经赋值过的段寄存器如DS、ES进行重新赋值，并且要确保赋值给它们的选择子所指向的数据段具备以下特性：

　❶segment_limit = 0FFFFh

　❷DPL = 0

③ 清除控制寄存器cr0的第0位

④ 执行一条远跳指令 $jmp\ far\ ptr\ s:off$ 跳进实模式代码段，其中s是实模式代码段的段地址，off是目标偏移地址

上述步骤中，①②的作用是刷新段寄存器CS、DS、ES中的 描述符缓冲[①]，确保它们将来[②]指向的段一定具备segment_limit = 0FFFFh以及 DPL = 0的特性，因为这是实模式下所有段的固有特性。

程序12.1第57 ~ 60行处的远跳指令实现了步骤①，从32位保护模式代码段code32（segment_limit = 32h）跳到了16位保护模式代码段code（segment_limit = 0FFFFh），从而把CS的描述符缓冲中的 segment_limit更新为0FFFFh；第101 ~ 103行实现了步骤②，对段寄存器DS、ES重新赋值，使它们的描述符缓冲中的segment_limit更新为0FFFFh；第104 ~ 106行实现了步骤③，清除了cr0的第0位，使CPU进入实模式；第107 ~ 109行处的远跳指令跳入实模式代码段，实现了步骤④。

12.1.5　如何调试保护模式程序

保护模式程序必须用Bochs虚拟机的内置调试器Bochs Enhanced Debugger来调试。程序12.1的调试步骤如下所示：

① 双击Bochs虚拟机的硬盘镜像文件bochs@bw\dos.img并把promode1.asm拖到虚拟机 c:\masm目录内，关闭硬盘镜像管理软件WinImage。

② 启动Bochs虚拟机：

双击bochsdbg.exe→Load→dos.bxrc→Start→ 切换到Bochs Enhanced Debugger 窗口→

[①] *段寄存器的描述符缓冲（descriptor cache）是段寄存器的隐含部分，也称影子寄存器（shadow register），里面包含了段选择子指向的段的描述符中的3个重要成员信息：❶base_address ❷segment_limit ❸access。CPU 利用段寄存器的描述符缓冲把逻辑地址转化成物理地址，而不是通过频繁查询gdt表来达到此目的，这样可以减少总线周期（bus cycle）。只有当段寄存器被赋值时，该段寄存器的描述符缓冲才会被刷新，缓冲信息会被更换成新的段选择子指向的段的描述符包含的相应信息。实模式下的段寄存器也有描述符缓冲，其中base_address=段地址 *10h，segment_limit=0FFFFh，DPL=0。*

[②]*实模式下对段寄存器的赋值本质上是让该段寄存器的描述符缓冲中的base_address=段地址*10h，但并不能与此同时改变segment_limit及DPL，故在返回实模式前，我们一定要提前设置好段寄存器的描述符缓冲中的segment_limit及DPL。*

Continue→ 切换到Bochs for Windows - Display窗口→ 选择2. NO_soft-ice敲回车。

③ 在Bochs虚拟机中输入以下4条命令：

```
cd \masm          ✐ 进入虚拟机子目录c:\masm
masm promode1;    ✝ 编译
link promode1;    ✝ 连接
promode1          ✝ 运行
```

此时会看到如图12.2所示的Bochs Enhanced Debugger界面，当前将要执行的指令为物理地址0x00005B7C处的cld，观察左侧寄存器窗口可以看到cs=05B1，ip=006C，可见当前将要执行的指令cld的逻辑地址为05B1:006C。

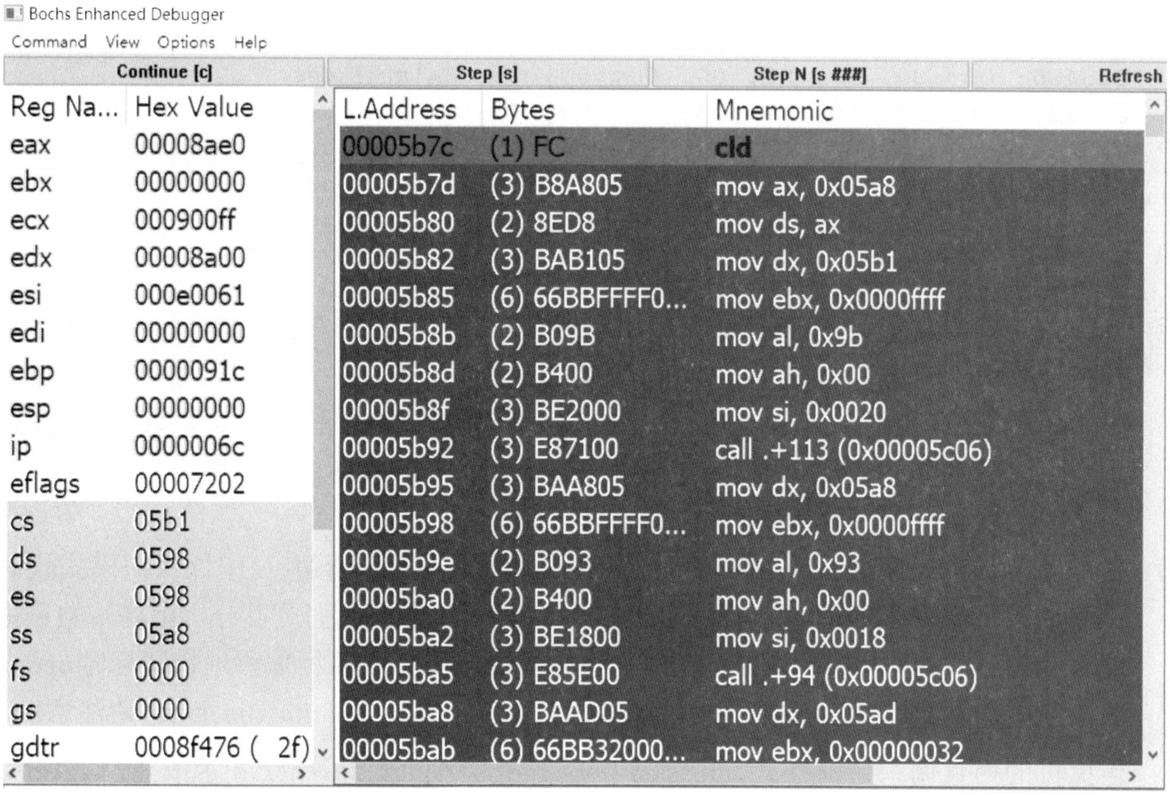

图 12.2 用Bochs Enhanced Debugger调试保护模式程序promode1.exe

③ 按8次F8键单步跟踪到物理地址5B92处（即源程序第126行），观察寄存器窗口中ds=05A8，si=0020，按快捷键Ctrl+F7并输入0x5AA0可观察到右侧数据窗会显示物理地址5AA0（逻辑地址为05A8:0020）处的内容为8个0，另外，输入 $x/8xb\ 0x05A8 * 0x10 + 0x20$ [①] 这条命令也可以查看该地址处的内容。

④ 按F8单步执行5B92处的call指令，再按快捷键Ctrl+F7并输入0x5AA0可观察到右侧数据窗中物理地址 5AA0（逻辑地址为05A8:0020）处的内容已发生了变化：

   FF, FF, 10, 5B, 00, 9B, 00, 00

与此同时，输入命令 $x/8xb\ 0x5AA0$ 也可以在调试器输出窗查看该地址处的内容，通过该命令看到的内容与数据窗中显示的内容是完全一致的，后续调试过程中我们可以随意选

[①] x命令用来查看内存变量的值，其中$/8xb$是x命令的参数，表示要查看8个16进制字节，x代表hex，b代表byte。在Bochs Enhanced Debugger命令行输入help x可了解关于x命令更为详细的用法

择Ctrl+F7或x命令来查看内存变量的值。目前我们看到物理地址 5AA0 处的8个字节是code段的描述符，这8个字节是通过调用函数 fill_gdt_item 填入的。

⑤ 鼠标双击地址5BA5处的call指令（即源程序第133行），该指令会立即变红，表示此处已设置了一个断点，接着点Continue按钮或者在命令行输入命令c让程序往下运行直到遇到刚才所设的断点自动停住，程序停住后，双击5BA5处的call指令取消断点，再F8单步执行这条call指令，然后输入命令 $x/8xb\ 0x5A80 + 0x18$ 查看data段的描述符可得以下8个字节：FF,FF,80,5A,00,93,00,00。类似地，在地址5BB8处（即源程序第140行）设断点再点Continue运行到此处再F8步过，再输入命令 $x/8xb\ 0x5A80 + 0x28$ 查看code32段的描述符，可得：32,00,D0,5A,00,9B,40,00。我们还可以在此时输入命令 $x/48xb\ 0x5A80$ 查看源程序中定义的全部6个描述符：

```
0x5A80:  00,  00,  00,  00,  00,  00,  00,  00     ✎ null_desc
0x5A88:  FF,  0F,  00,  80,  0B,  93,  00,  00     † vram_desc
0x5A90:  FF,  FF,  00,  00,  00,  F3,  4F,  00     † mega_desc
0x5A98:  FF,  FF,  80,  5A,  00,  93,  00,  00     † data_desc
0x5AA0:  FF,  FF,  10,  5B,  00,  9B,  00,  00     † code_desc
0x5AA8:  32,  00,  D0,  5A,  00,  9B,  40,  00     † code32_desc
```

⑥ 让程序运行到地址5BE7处（即源程序第155行），输入 $x/6xb\ 0x5B80 + 0x30$ 这条命令查看结构变量my_gdtr的6字节内容：2F,00,80,5A,00,00，可见gdt表的物理首地址=00005A80h,gdt表的长度=002Fh+1=30h。F8步过这条lgdt指令后，可输入命令 $info\ gdt$ 查看gdt表中的全部描述符信息，也可输入 $info\ gdt\ \#$ 查看第#个描述符信息，在本程序中，$\# \in [0,5]$。

⑦ 让程序运行到地址5BF7处（即源程序第155行），这是一条跳入16位保护模式代码段code的远跳指令，其机器码为:EA,00,00,20,00,根据机器码我们可以分析出跳转的目标地址为0020h:0000h，其中0020h是code段的选择子，0000h是目标偏移地址即标号protect的偏移地址，所以这条指令的含义就是 $jmp\ far\ ptr\ code\_seletor : protect$，请注意Bochs虚拟机的内置调试器Bochs Enhanced Debugger会把jmp far ptr表示成jmpf。F8步过这条指令后我们就从实模式code段跳入保护模式code段，CS会从实模式下的代码段地址05B1h变成保护模式下的段选择子0020h，IP会从00E7h变成0000h。

⑧ 让程序运行到地址5B1A处（即源程序第71行），此时段寄存器DS、ES均已赋值为保护模式数据段的段选择子，我们可以用命令 $info\ gdt\ ds/8$ 以及 $info\ gdt\ es/8$ 分别查看它们指向的数据段的描述符信息，这里ds/8以及es/8是为了把选择子的值转化成描述符的序号，因为选择子的值刚好是序号的8倍。

⑨ 让程序运行到地址5B53处（即源程序第96行），这是一条跳入32位保护模式代码段code32的远跳指令，其机器码为：66,EA,07,00,00,00,28,00,根据机器码我们可以分析出跳转的目标地址为0028h:00000007h，其中0028h是code32段的选择子，00000007h是目标偏移地址即标号protect32的偏移地址，故此指令的含义为：

$jmp\ far\ ptr\ code32\_seletor : protect32$

程序运行到此，protect函数已经在屏幕坐标(0,0)及（0,1）处分别输出了蓝底白字的"Hello,"以及红底白字的"Protected Mode!"，我们可以从任务栏选中Bochs图标再切换到Bochs for windows - Display窗口查看输出结果。F8步过这条指令后，我们就从16位的保护模式段code跳入32位的保护模式段code32，CS会从选择子0020h变成选择子0028h，EIP会从00000043h变成00000007h。

⑩ 让程序运行到地址5AFD处（即源程序第57行），这是一条跳入16位保护模式代码段code的远跳指令，其机器码为：66,EA,4B,00,20,00，根据机器码我们可以分析出跳转的目标地址为0020h:004Bh，其中0020h是code段的选择子，004Bh是目标偏移地址即标号back_to_protect16的偏移地址，故此指令的含义为：

$$jmp\ far\ ptr\ code\_seletor : back\_to\_protect16$$

程序运行到此处，protect32函数已经在屏幕坐标(0,2)处输出了绿底白字的"32-bit"。F8步过这条指令后，我们就从32位的保护模式段code32跳回16位的保护模式段code，CS会从选择子0028h变回选择子0020h，IP会从002Dh变成004Bh。

⑪ 让程序运行到地址5B6C处（即源程序第107行），这是一条跳入16位实模式段code的远跳指令，其机器码为：EA,EC,00,B1,05，根据机器码我们可以分析出跳转的目标地址为05B1h:00ECh，其中05B1h是code段的实模式段地址，00ECh是目标偏移地址即标号back_to_real_mode的偏移地址，故此指令的含义为：

$$jmp\ far\ ptr\ code : back\_to\_real\_mode$$

F8步过这条指令后，我们就从16位保护模式段code跳回16位实模式段code了，CS会从保护模式的段选择子0020h变回实模式的段地址05B1h，IP会从005Ch变成00ECh。

⑫ 让程序运行到地址5C04h处（即源程序第171行），这是一条int 21h指令，调用的是DOS的4Ch号结束程序功能，因此F8步过这条指令后，整个程序运行就结束了，至此，我们完成了整个程序的调试。

12.2 保护模式进阶

本章我们将用实例讲解调用门（call gate）和中断门（interrupt gate）的概念及用法，其中调用门可以用来作为跳板实现ring3[1]任务[2]调用ring0[3]函数，中断门也同样可以作为跳板让CPU在ring3任务发生中断时跳到ring0中断服务函数中处理中断。

12.2.1 调用门

12.2.1.1 什么是调用门

调用门是一个远指针，它指向目标函数的首条指令，利用调用门可以实现ring3任务调用ring0函数。

---

[1] CPL=3的任务简称ring3任务

[2] 任务（task）是指执行单元（unit of execution）或工作单元（unit of work），在某些操作系统中，任务与进程（process）同义，而在另一些操作系统中，任务与线程（thread）同义，本章用任务这个词指代一个正在工作的或者挂起的函数

[3] 所属代码段的DPL=0的函数简称ring0函数

调用门描述符是对调用门的描述，它也需要像段描述符那样定义在gdt表中才能起作用，不过调用门描述的对象并不是一个段，而是待调用的目标函数的地址及属性，故调用门描述符属于系统描述符。调用门选择子是指调用门描述符与gdt首地址的距离。调用门描述符的结构如下所示：

```
_call_gate struc
offset_0_15  dw 0 ; +0 lower 16 bits for target offset
selector     dw 0 ; +2 target code segment's selector
arg_count    db 0 ; +4 count of arguments
attrib       db 0 ; +5 P DPL S TYPE A
                  ;    1 00  0  110 0=386 call gate
offset_16_31 dw 0 ; +6 upper 16 bits for target offset
_call_gate ends
```

其中结构成员offset_0_15、offset_16_31分别表示目标函数32位偏移地址的低16位和高16位，selector表示目标函数所属代码段的选择子，而attrib则相当于段描述符中的access，它用来表示调用门的属性，其中第4位（S位）必须等于0，第6、5位（DPL）用来设定调用门的访问权限，第4、3、2、1位（TYPE␣A）必须等于1100B，成员arg_count表示目标函数需要的参数个数，每个参数的宽度规定为4字节。

12.2.1.2　调用门相关的call指令用法及操作

我们可以用call指令调用调用门指定的目标函数，call指令的格式如下：

```
call far ptr callgate_selector:0    ◈ callgate_selector是调用门的选择子
```

上述格式中的目标偏移地址0并没有实际用途，因为callgate_selector指向的调用门既包含了目标函数的段地址即段选择子又包含了目标函数的偏移地址。这条call指令在源程序中必须用如下的db、dw、dd伪指令构造：

```
db 09Ah                ◈ call far ptr
dd 0                   † 32位偏移地址
dw callgate_selector   † 16位选择子
```

例如，程序12.2第156～158行就用了上述语法实现了ring3func函数调用ring0func函数。

假定当前任务执行以下指令调用callgate_selector指向的调用门指定的目标函数target_func(1, 2, 3, 4)：

```
push 4
push 3
push 2
push 1
call far ptr callgate_selector:0
```

且callgate_selector指向的调用门的结构成员arg_count = 4,那么CPU会做以下操作：

```
esp = esp - 10h;
dword ptr [esp] = 1;
```

```
dword ptr [esp+4] = 2;
dword ptr [esp+8] = 3;
dword ptr [esp+0Ch] = 4;
callgate_dpl =                      ✍调用门的DPL
   (gdt[callgate_selector & 0FFF8h].attrib >> 5) & 3;
target_code_selector   =       † 目标函数所属代码段的选择子
   gdt[callgate_selector & 0FFF8h].selector & 0FFF8h;
target_func_dpl =              † 目标函数所属代码段的DPL
   (gdt[target_code_selector].access >> 5) & 3;
if(max(cs.cpl,callgate_selector.rpl) > callgate_dpl)
{                               † 若当前任务的CPL > 调用门的DPL 或
                                † 调用门选择子的RPL > 调用门的DPL
   GPF();                       † 则触发GPF
}
else /* max(cs.cpl,callgate_selector.rpl) <= callgate_dpl */
{
   if(cs.cpl < target_func_dpl)
   {                               † 若当前任务的CPL < 目标函数的DPL
      GPF();                       † 则触发GPF
   }
   else /* cs.cpl >= target_func_dpl */
   {
      if(cs.cpl == target_func_dpl)
      {                            † 若当前任务的CPL == 目标函数的DPL
         esp = esp - 8;

                                   † eip是下条指令的偏移地址
         dword ptr ss:[esp] = eip;

                                   † cs是下条指令的段地址
         word ptr ss:[esp+4] = cs;
      }
      else /* cs.cpl > target_func_dpl */
      {                            † 若当前任务的CPL > 目标函数的DPL
         i = target_func_dpl;† 设i为目标函数所属代码段的DPL
         old_ss = ss;
         old_esp = esp;
         ss = tr->tss.ss_i;    † 当i=0时, ss=tr->tss.ss0
         esp = tr->tss.esp_i;  † 当i=0时, esp=tr->tss.esp0
         esp = esp - 20h;
         dword ptr ss:[esp] = eip;
         word ptr ss:[esp+4] = cs;
         dword ptr ss:[esp+8] = 1;
         dword ptr ss:[esp+0Ch] = 2;
         dword ptr ss:[esp+10h] = 3;
         dword ptr ss:[esp+14h] = 4;
         dword ptr ss:[esp+18h] = old_esp;
         dword ptr ss:[esp+1Ch] = old_ss;
      } /* cs.cpl > target_func_dpl */
      eip = (gdt[callgate_selector & 0FFF8h].offset_16_31
            << 10h)
```

```
            | gdt[callgate_selector & 0FFF8h].offset_0_15;
      cs = gdt[callgate_selector & 0FFF8h].selector & 0FFF8h
            | target_func_dpl;
   } /* cs.cpl >= target_func_dpl */
} /* max(cs.cpl,callgate_selector.rpl) <= callgate_dpl */
```

12.2.1.3　调用门相关的retf指令用法及操作

当前任务用call指令调用调用门指定的目标函数时，该目标函数需要用 retf 指令返回当前任务。

retf指令的格式如下：

```
retf ␣ | retf n
```

其中n是一个常数，其值＝gdt[callgate_selector & 0FFF8h].arg_count∗4。若目标函数被调用时没有发生堆栈切换，那么$retf\ n$先弹出eip、cs，再esp＝esp＋n；若目标函数被调用时发生了堆栈切换，那么retf n先弹出eip、cs，再esp＝esp＋n清除目标函数堆栈中的参数，然后弹出esp、ss恢复当前任务的堆栈指针，最后再esp＝esp＋n清理当前任务堆栈中的参数。

12.2.1.4　任务状态段与任务切换

为了演示ring3任务调用ring0函数，我们得先设法让CPU跳到ring3任务中，即让CS的CPL从0变成3，这需要用到任务状态段（task state segment）。

任务状态段简称TSS，它只是一个结构变量，并不是如数据段、代码段那样的一个段，TSS的结构如程序12.2第30～58行所示。TSS结构的宽度可以用size _tss求得，其值＝68h。程序第38～55行定义的结构成员表示该TSS所属任务的寄存器的当前值，第32～37行定义的结构成员表示当该TSS所属任务通过调用门调用更高权限的目标函数并进行堆栈切换时该目标函数要使用的堆栈指针，例如ring3任务通过调用门调用ring0函数时，那么ring3任务的TSS中的成员ss0、esp0必须事先赋值，让ss0:esp0指向ring0函数将使用的堆栈的顶端，注意属于ring0函数的堆栈段的DPL必须等于0，而ring3任务自己正在用的堆栈段的DPL则必须等于3，它们不能是同一个堆栈段。结构成员back_link表示上一级任务[①]的TSS的选择子。

任务切换的前提条件是双方必须各有一个TSS以及与TSS配套的TSS描述符、TSS选择子。要让TSS起作用，我们必须在gdt中定义TSS的描述符，定义好TSS描述符后，求出该描述符与gdt首地址的距离即得该TSS的选择子。TSS描述符描述的是TSS的首地址、长度、属性，它的格式跟段描述符完全一致，TSS描述符是系统描述符，它的结构成员access中S位必须等于0，TYPE␣A要么等于1001B，要么等于1011B，其中前者表示386 TSS，后者表示busy 386 TSS，也就是说，access的第1位用来表示TSS的busy状态，其中1表示busy，0表示available。那么在什么情况下，TSS会是busy状态呢？当任务A用jmp、iret指令发起任务切换时，则A的TSS描述

[①]当任务A通过call、int指令切换到任务B时，我们称A是B的上一级任务，CPU在任务切换发生时会把A的TSS的选择子填入B的 TSS的结构成员back_link中，并把寄存器EFL的第0Eh位即NT（nested task）位置1，当B用iret指令返回时，CPU会先检查EFL的NT位是否为1，若NT＝1则取出B的TSS中的back_link作为目标TSS的选择子并返回A

符的结构成员 access 的第 1 位就会清 0，同时 B 的 TSS 描述符的结构成员 access 的第 1 位就会置 1，表示任务切换成功时，A 的 TSS 是 available 状态，而 B 的 TSS 是 busy 状态，请注意处于 busy 状态的 TSS 不能成为任务切换的目标。当任务 A 用 call、int 指令发起任务切换时，那么 A 的 TSS 保持 busy 状态，B 的 TSS 变成 busy 状态，与此同时，CPU 中的 EFL 寄存器中的 NT 位会自动置 1。

当 CPU 刚从实模式进入保护模式时，如何为当前的保护模式任务定义一个 TSS 并把此 TSS 赋予该任务？解决方法是用 ltr 指令，这条指令的格式如下：

```
ltr reg16 | mem16
```

ltr 指令的含义是 load task register，其作用是把 TSS 的选择子赋值给 tr 寄存器，而 tr 是指任务寄存器（task register），它指向当前任务的 TSS。例如，程序 12.2 第 185 ~ 186 行就是用了 ltr 指令把 ring0tss_selector 赋值给 tr，而 ring0tss_selector 是 ring0tss 的选择子，于是我们通过 ltr 指令把 ring0tss 这个 TSS 赋予 protect 函数。

当任务 A 切换到 B 时，CPU 会把 A 当前的寄存器值保存到 A 的 TSS 中，其中结构成员 _eip 保存的是当前指令的下一条指令的偏移地址，然后从 B 的 TSS 中取出所有寄存器成员的值赋值给各个寄存器，包括 cs : eip 以及 ss : esp 也会被赋值，这里要特别注意 B 的 TSS 中的结构成员 _cs、_ss 的低 2 位必须等于 _cs 指向的代码段的 DPL，如果不一致，任务切换就会失败，如果一致，则任务切换成功，任务寄存器 tr 会被自动赋值为 B 的 TSS 的选择子。

前面提到可以用 jmp、call、int、iret 指令发起任务切换，现假设任务 A 想要用 jmp far ptr 指令切换到任务 B，那么 jmp 指令的格式为：

```
jmp far ptr b_tss_selector:0     ⌂ b_tss_selector 是 B 的 TSS 的选择子
```

上述格式中的目标偏移地址 0 并无实际用途，因为 b_tss_selector 指向的 TSS 已经包含了 _cs、_eip 这两个成员，而 _cs : _eip 正是目标函数的地址。这条 jmp 指令在源程序中必须用如下的 db、dw、dd 伪指令构造：

```
db 0EAh              ⌂ jmp far ptr
dd 0                 † 32 位偏移地址
dw b_tss_selector    † 16 位选择子
```

例如，程序 12.2 第 188 ~ 191 行以及第 160 ~ 162 行均用了上述语法分别实现从 ring0 的 protect 函数跳到 ring3 的 ring3func 函数以及从 ring3func 跳回 protect 函数。请注意用 jmp 指令进行任务切换时，CPU 会按照数据段访问权限检查规则检验 A 是否有权切换到 B：

$$max(a.cpl, \ b\_tss\_selector.rpl) \ \leqslant \ b\_tss.dpl$$

其中 a.cpl 表示 A 的 CPL，b_tss.dpl 表示 B 的 TSS 的 DPL。

程序 12.2 中，为了让 ring3func 函数运行时的 CPL = 3，我们需要事先构造 2 个 TSS，并在 GDT 表中为他们定义相应的描述符，再计算他们的选择子：

① 2 个 TSS：ring0tss、ring3tss
② 2 个描述符：ring0tss_desc、ring3tss_desc
③ 2 个选择子：ring0tss_selector、ring3tss_selector

完成这些准备工作后，才可以用 ring3tss_selector 作为远跳指令的段地址让 CPU 从 ring0 函数 protect 跳到 ring3 函数 ring3func，也才能在 ring3func 中通过

call_gate_selector完成对ring0函数ring0func的调用后，用ring0tss_selector作为远跳指令的段地址让CPU从ring3func跳回ring0func。

12.2.1.5　调用门实例

程序12.2[①]演示了函数ring3func如何通过call_gate_selector指向的调用门实现对函数ring0func的调用。

程序12.2的执行流程如下：

①　第205～209行：呼出Bochs Enhanced Debugger
②　第211～286行：完成gdt表的初始化赋值
③　第288～289行：打开A20地址线，为进入保护模式做准备
④　第291～301行：把gdt表的首地址及gdt_limit赋值给gdtr寄存器
⑤　第303～306行：把cr0的第0位置1，让CPU进入保护模式
⑥　第308～310行：跳入16位ring0函数protect
⑦　第168～191行：跳入32位ring3函数ring3func
⑧　第149～158行：通过调用门调用ring0函数ring0func，该函数有4个参数：

　　❶ 0B8000h

　　❷ mega_selector

　　❸ offset ring3str

　　❹ ring3func_cs

⑨　第112～142行：ring0func函数，该函数的作用是把 ring3func_cs:ring3str指向的字符串输出到显卡地址mega_selector:0B8000h。当程序执行到第120行时，ring0func函数的堆栈布局如下所示：

```
ebp+00  →  old ebp
ebp+04  →  caller_eip        ✎ = offset  call_done
ebp+08  →  caller_cs         † = ring3code_selector  or  3
ebp+0C  →  0B8000h
ebp+10  →  mega_selector
ebp+14  →  offset ring3str
ebp+18  →  ring3func_cs      † = ring3code_selector  or  3
```

其中ring3func_cs是指第150行push cs指令压入的ring3func函数的CS，它的值=ring3code_selector or 3，caller_cs是指第156行call指令执行时隐式压入的call_done这个标号所属代码段的段选择子，它的值也等于ring3code_selector or 3，caller_eip是指call指令执行时由CPU隐式压入的call_done这个标号的32位偏移地址。请注意在32位代码段中运行的*push 段寄存器*指令即便其操作数的宽度仅有16位也会对esp减4，例如，push cs时，CPU执行的动作是：

$$esp = esp - 4$$

$$word\ ptr\ ss:[esp] = cs$$

另外，32位代码中的push指令的操作数也可以是一个常数，该常数不管大小都会被

---

①源程序 promode2.asm 下载链接：*http://cc.zju.edu.cn/bhh/asm/promode2.asm*

当作一个32位数处理，例如push 1时，CPU执行的动作是：

$$esp = esp - 4$$

$$dword\ ptr\ ss : [esp] = 1$$

本函数在输出字符串前会对调用者ring3func是否有权访问mega_selector及ring3func_cs指向的段进行检验，其方法是先用第120行处的指令$mov\ ecx, [ebp + 08h]$获得压在堆栈中的caller_cs即ring3func函数所属代码段的选择子，由于ring3func是ring3函数，它的cs.cpl一定等于3，故caller_cs的低2位也必定为3。

接下去本函数在第121行以及第124行用arpl[①]指令强行把caller_cs的低2位赋值给ax的低2位，从而使得ax.rpl=caller_cs.cpl，有了这个经过改造的ax，CPU就可以运用数据段访问权限检查规则检验第122行对ES的赋值以及第125行对DS的赋值是否为ring3func函数有权执行的指令，这是因为ax.rpl = caller_cs.cpl = 3且ring0func.cpl=0，于是它们的最大值max(ring0func.cpl, ax.rpl)=3代表的实际上是ring3func函数的权限级别，而非ring0func函数的权限级别，因此只要ring3func无权访问mega_selector以及ring3func_cs指向的段，那么第122行以及第125行的段寄存器赋值指令均会触发GPF，从而阻止ring3func借ring0func之力对这两个段进行越权访问，这正是Intel在数据段访问权限检查规则中引入RPL的高明之处。

在本程序中，由于mega_desc以及ring3code_desc的DPL均等于3，故程序第122行以及第125行并不会触发GPF。

如果读者想在debug时体会一下GPF，请把第154、155行加上注释，再把第152、153行取消注释，重新编译后运行，跟踪到物理地址61CDh（即源程序第121行），观察一下寄存器AX = 8，CX = 33h，F8单步执行$arpl\ ax, cx$，观察到寄存器AX = 0Bh，再F8单步执行物理地址61CFh处的指令（即源程序第122行）$mov\ es, ax$，猛然发现CPU竟然跳到了物理地址0FFFFFFF0h处，这是因为第122行触发GPF并产生连锁反应最终导致CPU复位重启[②]。

⑩ 第160～162行：跳回16位ring0函数protect的back_to_protect16标号处（即源程序第192行）

⑪ 第193～203行：设置段寄存器DS、ES、SS的segment_limit = 0FFFFh，清除cr0的第3位[③]及第0位返回实模式，跳回实模式main函数的back_to_real_mode标号处（即源

[①]arpl指令的含义是adjust RPL，$arpl\ ax, cx$指令先比较cx的低2位是否大于ax的低2位，若是则把cx的低2位赋值给ax的低2位且ZF=1，若不是则ax保持不变且ZF=0

[②]GPF发生时，CPU会在触发GPF的指令上方插入并调用int 0Dh指令，但由于本程序中不存在中断向量表，故int 0Dh失败，从而触发第2个fault即Double Fault，接着CPU会在触发Double Fault的指令上方插入并执行int 08h，同样因为中断向量表不存在，int 08h也失败，从而触发第3个fault即Triple Fault，CPU一旦检测到Triple Fault就会自动复位重启

[③]cr0的第3位称为TS位，当发生任务切换时，该位会置1，TS位的作用是让新任务在首次执行浮点指令时触发NMF（numeric fault）异常从而让新任务有机会通过异常处理中断int 07h来保存上一级任务的浮点处理器状态，不过，在返回实模式前我们必须把TS位清0，否则后续运行TD时会因为它没有处理int 07h却试图执行fninit指令对FPU进行初始化而死机

程序第312行）

⑫ 第313～322行：把ss赋值为实模式堆栈段的段地址，关闭A20地址线并结束程序

程序 12.2 promode2.asm—call gate演示

```
 1  ;============================================================
 2  ;Copyright (c) Black White
 3  ;iceman@zju.edu.cn
 4  ;------------------------------------------------------------
 5  .386P
 6  _desc struc
 7  lim_0_15    dw 0
 8  bas_0_15    dw 0
 9  bas_16_23   db 0
10  access      db 0
11  gran        db 0
12  bas_24_31   db 0
13  _desc ends
14
15  _gdtr struc
16  _gdtr_lim       dw 0
17  _gdtr_bas_0_15  dw 0
18  _gdtr_bas_16_31 dw 0
19  _gdtr ends
20
21  _call_gate struc
22  offset_0_15  dw 0 ; +0 lower 16 bits for target offset
23  selector     dw 0 ; +2 target code segment's selector
24  arg_count    db 0 ; +4 count of arguments
25  attrib       db 0 ; +5 P DPL S TYPE A
26               ;      1 00  0  110 0=386 call gate
27  offset_16_31 dw 0 ; +6 upper 16 bits for target offset
28  _call_gate ends
29
30  _tss struc
31  back_link dw 0, 0 ; +00
32  esp0    dd 0        ; +04
33  ss0     dw 0, 0     ; +08
34  esp1    dd 0        ; +0C
35  ss1     dw 0, 0     ; +10
36  esp2    dd 0        ; +14
37  ss2     dw 0, 0     ; +18
38  _cr3    dd 0        ; +1C
39  _eip    dd 0        ; +20
40  _efl    dd 0        ; +24
41  _eax    dd 0        ; +28
42  _ecx    dd 0        ; +2C
43  _edx    dd 0        ; +30
44  _ebx    dd 0        ; +34
45  _esp    dd 0        ; +38
46  _ebp    dd 0        ; +3C
```

```
47   _esi    dd  0            ; +40
48   _edi    dd  0            ; +44
49   _es     dw  0, 0         ; +48
50   _cs     dw  0, 0         ; +4C
51   _ss     dw  0, 0         ; +50
52   _ds     dw  0, 0         ; +54
53   _fs     dw  0, 0         ; +58
54   _gs     dw  0, 0         ; +5C
55   _ldt    dw  0, 0         ; +60
56   tflag   dw  0            ; +64
57   iobase  dw  0068h        ; +66
58   _tss ends
59
60   my_stk segment stack use16
61       db 200h dup(0)
62   end_of_my_stk label byte
63   my_stk ends
64
65   ring0stk segment use32
66       db 200h dup(0)
67   end_of_ring0stk label byte
68   ring0stk ends
69
70   ring3stk segment use32
71       db 200h dup(0)
72   end_of_ring3stk label byte
73   ring3stk ends
74
75   data segment use16
76   gdt  label byte
77   null_desc _desc <0000h, 0000h, 00h, 00h, 00h, 00h>
78   vram_desc _desc <0FFFh, 8000h, 0Bh, 93h, 00h, 00h>
79   mega_desc _desc <0FFFFh, 0000h, 00h, 0F3h, 4Fh, 00h>
80   data_desc _desc <>
81   code_desc _desc <>
82   code32_desc     _desc <>
83   ring3code_desc _desc <>
84   my_stk_desc     _desc <>
85   ring0stk_desc   _desc <>
86   ring3stk_desc   _desc <>
87   call_gate_desc _call_gate <>
88   ring0tss_desc   _desc <>
89   ring3tss_desc   _desc <>
90   gdt_limit       = $ - offset gdt - 1
91   vram_selector = offset vram_desc - offset gdt
92   mega_selector = offset mega_desc - offset gdt
93   data_selector = offset data_desc - offset gdt
94   code_selector = offset code_desc - offset gdt
95   code32_selector     = offset code32_desc - offset gdt
96   ring3code_selector = offset ring3code_desc - offset gdt
97   my_stk_selector     = offset my_stk_desc - offset gdt
```

```
98  ring0stk_selector  = offset ring0stk_desc - offset gdt
99  ring3stk_selector  = offset ring3stk_desc - offset gdt
100 call_gate_selector = offset call_gate_desc - offset gdt
101 ring0tss_selector  = offset ring0tss_desc - offset gdt
102 ring3tss_selector  = offset ring3tss_desc - offset gdt
103 ring0tss _tss <>
104 ring3tss _tss <>
105 my_gdtr _gdtr <>
106 data ends
107
108 code32 segment use32
109 assume cs:code32, ds:code32
110 ring0func:
111     push ebp
112     mov ebp, esp
113     push ds
114     push es
115     push esi
116     push edi
117     mov eax, [ebp+10h]; AX = mega_selector
118     mov ecx, [ebp+08h]; CX = caller's CS whose CPL is 3
119     arpl ax, cx       ; adjust RPL in AX according to CX
120     mov es, ax        ; ES = mega_selector or 3
121     mov eax, [ebp+18h]; AX = ring3code_selector
122     arpl ax, cx       ; adjust RPL in AX according to CX
123     mov ds, ax        ; DS = ring3code_selector or 3
124     mov esi, [ebp+14h]
125     mov edi, [ebp+0Ch]
126     mov ah, 067h
127 draw_next_char:
128     lodsb
129     or al, al
130     jz ring0func_done
131     stosw
132     jmp draw_next_char
133 ring0func_done:
134     pop edi
135     pop esi
136     pop es
137     pop ds
138     pop ebp
139     retf 10h
140 end_of_code32 label byte
141 code32 ends
142
143 ring3code segment use32
144 assume cs:ring3code
145 ring3str db "call␣gate␣demo␣for␣calling␣"
146          db "ring0␣function␣from␣ring3␣process", 0
147 ring3func:
148     push cs; ring3func_cs
```

```
149      push offset ring3str
150      ;push vram_selector
151      ;push 0
152      push mega_selector
153      push 0B8000h
154      db 09Ah
155      dd 0
156      dw call_gate_selector
157  call_done:
158      db 0EAh
159      dd 0
160      dw ring0tss_selector
161  end_of_ring3code label byte
162  ring3code ends
163
164  code segment use16
165  assume cs:code, ds:data
166  protect:
167      mov ax, data_selector
168      mov ds, ax
169      mov es, ax
170      mov ax, my_stk_selector
171      mov ss, ax
172      mov sp, offset end_of_my_stk
173      ;
174      mov ring3tss._esp, offset end_of_ring3stk
175      mov ring3tss._ss, ring3stk_selector or 3
176      mov ring3tss._eip, offset ring3func
177      mov ring3tss._cs, ring3code_selector or 3
178      mov ring3tss._ds, mega_selector
179      mov ring3tss._es, mega_selector
180      mov ring3tss.ss0, ring0stk_selector
181      mov ring3tss.esp0, offset end_of_ring0stk
182      ;
183      mov ax, ring0tss_selector
184      ltr ax; load task register
185      ;
186      db 66h
187      db 0EAh
188      dd 0
189      dw ring3tss_selector
190  back_to_protect16:
191      mov ax, data_selector
192      mov ds, ax              ; reset DS's segment_limit to 0FFFFh
193      mov es, ax              ; reset ES's segment_limit to 0FFFFh
194      mov ax, my_stk_selector
195      mov ss, ax              ; reset SS's segment_limit to 0FFFFh
196      mov eax, cr0
197      and eax, not 1001B      ; EAX's bit3(TS)=0, bit0(PE)=0
198      mov cr0, eax            ; switch to real mode
199      db 0EAh                         ;\
```

```
200    dw offset back_to_real_mode ; \ jmp far ptr code:
201    dw seg back_to_real_mode    ;/  back_to_real_mode
202 main:
203    mov dx, 8A00h    ;\
204    mov ax, 8A00h    ; \
205    out dx, ax       ;  \ activate Bochs Enhanced Debugger
206    mov ax, 8AE0h    ; /
207    out dx, ax       ;/
208    ;
209    cld
210    mov ax, data
211    mov ds, ax
212    ;
213    mov dx, code
214    mov ebx, 10000h-1
215    mov al, 9Bh; P=1, DPL=00, S=1, TYPE=101, A=1
216    mov ah, 00h; G=0, D=0, L=0, AVL=0
217    mov si, code_selector
218    call fill_gdt_item
219    ;
220    mov dx, data
221    mov ebx, 10000h-1
222    mov al, 93h; P=1, DPL=00, S=1, TYPE=001, A=1
223    mov ah, 00h; G=0, D=0, L=0, AVL=0
224    mov si, data_selector
225    call fill_gdt_item
226    ;
227    mov dx, code32
228    mov ebx, offset end_of_code32 - 1
229    mov al, 9Bh; P=1, DPL=00, S=1, TYPE=101, A=1
230    mov ah, 40h; G=0, D=1, L=0, AVL=0
231    mov si, code32_selector
232    call fill_gdt_item
233    ;
234    mov dx, ring3code
235    mov ebx, offset end_of_ring3code - 1
236    mov al,0FBh; P=1, DPL=11, S=1, TYPE=101, A=1
237    mov ah, 40h; G=0, D=1, L=0, AVL=0
238    mov si, ring3code_selector
239    call fill_gdt_item
240    ;
241    mov dx, my_stk
242    mov ebx, 10000h-1
243    mov al, 93h; P=1, DPL=00, S=1, TYPE=001, A=1
244    mov ah, 00h; G=0, D=0, L=0, AVL=0
245    mov si, my_stk_selector
246    call fill_gdt_item
247    ;
248    mov dx, ring0stk
249    mov ebx, offset end_of_ring0stk - 1
250    mov al, 93h; P=1, DPL=00, S=1, TYPE=001, A=1
```

```
251    mov ah, 40h; G=0, D=1, L=0, AVL=0
252    mov si, ring0stk_selector
253    call fill_gdt_item
254    ;
255    mov dx, ring3stk
256    mov ebx, offset end_of_ring3stk - 1
257    mov al,0F3h; P=1, DPL=11, S=1, TYPE=001, A=1
258    mov ah, 40h; G=0, D=1, L=0, AVL=0
259    mov si, ring3stk_selector
260    call fill_gdt_item
261    ;
262    mov dx, seg ring0tss
263    mov cx, offset ring0tss
264    mov ebx, size _tss - 1
265    mov al,0E9h; P=1, DPL=11, S=0, TYPE=100, A=1
266    mov ah, 00h; G=0, D=0, L=0, AVL=0
267    mov si, ring0tss_selector
268    call fill_gdt_item
269    ;
270    mov dx, seg ring3tss
271    mov cx, offset ring3tss
272    mov ebx, size _tss - 1
273    mov al,0E9h; P=1, DPL=11, S=0, TYPE=100, A=1
274    mov ah, 00h; G=0, D=0, L=0, AVL=0
275    mov si, ring3tss_selector
276    call fill_gdt_item
277    ;
278    mov dx, code32_selector
279    mov ebx, offset ring0func
280    mov al,0ECh; P=1, DPL=11, S=0, TYPE=110, A=0
281    mov ah, 4   ; count of arguments
282    mov si, call_gate_selector
283    call fill_gdt_item
284    ;
285    mov ah, 0DFh    ; signal for A20 gated on
286    call switch_a20 ; enable A20
287    ;
288    mov my_gdtr._gdtr_lim, gdt_limit
289    mov dx, seg gdt
290    mov ax, offset gdt
291    movzx edx, dx
292    movzx eax, ax
293    shl edx, 4
294    add edx, eax; edx = physical address of gdt
295    mov my_gdtr._gdtr_bas_0_15, dx
296    shr edx, 10h
297    mov my_gdtr._gdtr_bas_16_31, dx
298    lgdt fword ptr my_gdtr; load gdt's base & limit into gdtr
299    ;
300    cli
301    mov eax, cr0
```

```
302        or eax, 1              ; enable protected mode flag
303        mov cr0, eax          ; switch to protected mode
304        ;
305        db 0EAh               ;\
306        dw offset protect     ; \ jmp far ptr code_selector:protect
307        dw code_selector      ;/
308        ;
309  back_to_real_mode:
310        mov ax, my_stk   ; Replacing segment selector in SS
311        mov ss, ax       ; with segment address is a must here,
312                         ; else DOS will take that selector as
313                         ; a segment address and reassign it to SS.
314        mov sp, offset end_of_my_stk
315        sti
316        mov ah, 0DDh     ; signal for A20 gated off
317        call switch_a20  ; disable A20
318        mov ah, 4Ch
319        int 21h
320
321  ; input:
322  ;    DX = segment address or selector
323  ;    CX = offset address
324  ;    EBX= segment_limit or target offset
325  ;    AL = access or attrib
326  ;    AH = gran
327  ;    SI = selector to target descriptor
328  ; output:
329  ; gdt+si -> descriptor with full info
330  fill_gdt_item proc
331        test al, 10h
332        jz is_system_desc
333  is_segment_desc:
334        xor cx, cx
335        jmp is_386_tss
336  jmp_table dw is_reserved, is_286_tss, is_ldt, is_busy_286_tss
337            dw is_286_call_gate, is_task_gate, is_286_int_gate
338            dw is_286_trap_gate, is_reserved, is_386_tss
339            dw is_reserved, is_busy_386_tss, is_386_call_gate
340            dw is_reserved, is_386_int_gate, is_386_trap_gate
341  is_system_desc:
342        movzx di, al
343        and di, 0Fh
344        shl di, 1     ; DI = TYPE * 2
345        jmp word ptr cs:jmp_table[di]
346  is_386_tss:
347        mov gdt[si].access, al
348        mov gdt[si].gran, ah
349        mov gdt[si].lim_0_15, bx; set lower 16 bits of limit
350        shr ebx, 10h
351        or  gdt[si].gran, bl; set higher 4 bits of limit
352        movzx edx, dx ;
```

```asm
353        movzx ecx, cx  ; dx:cx->tss
354        shl  edx, 4
355        add  edx, ecx; ; convert logical address to physical address
356        mov  gdt[si].bas_0_15, dx ; set lower 16 bits of base address
357        shr  edx, 10h
358        mov  gdt[si].bas_16_23, dl; set mid 8 bits of base address
359        mov  gdt[si].bas_24_31, dh; set higher 8 bits of base address
360        ret
361 is_386_call_gate:
362        mov  gdt[si].selector, dx
363        mov  gdt[si].offset_0_15, bx
364        shr  ebx, 10h
365        mov  gdt[si].offset_16_31, bx
366        mov  gdt[si].arg_count, ah
367        mov  gdt[si].attrib, al
368        ret
369 is_task_gate:
370 is_386_int_gate:
371 is_386_trap_gate:
372 is_ldt:
373 is_286_tss:
374 is_busy_286_tss:
375 is_busy_386_tss:
376 is_286_call_gate:
377 is_286_int_gate:
378 is_286_trap_gate:
379 is_reserved:
380        ret
381 fill_gdt_item endp
382
383 switch_a20 proc
384        cli              ;
385        call test_8042   ; ensure 8042 input buffer empty
386        jnz  a20_fail    ;
387        mov  al, 0ADh    ; disable keyboard
388        out  64h, al
389        call test_8042
390        jnz  a20_fail
391        mov  al, 0D1h    ; 8042 cmd to write output port
392        out  64h, al     ; output cmd to 8042
393        call test_8042   ; wait for 8042 to accept cmd
394        jnz  a20_fail    ;
395        mov  al, ah      ; 8042 port data
396        out  60h, al     ; output port data to 8042
397        call test_8042   ; wait for 8042 to accept data
398        jnz  a20_fail
399        mov  al, 0AEh    ; enable keyboard
400        out  64h, al
401        call test_8042
402 a20_fail:
403        sti
```

```
404    ret
405 switch_a20 endp
406
407 test_8042 proc
408    push cx
409    xor cx, cx
410 test_again:
411    in al, 64h; 8042 status port
412    jmp $+2    ; wait a while
413    test al, 2; input buffer full flag (Bit1)
414    loopnz test_again
415    jz test_8042_ret
416 test_next:
417    in al, 64h
418    jmp $+2
419    test al, 2
420    loopnz test_next
421 test_8042_ret:
422    pop cx
423    ret
424 test_8042 endp
425 code ends
426 end main
```

12.2.2　中断门

12.2.2.1　什么是中断门

中断门是一个远指针，它指向中断服务函数（interrupt service routine）[①]的首条指令，利用中断门可以实现ring3任务发生中断时让CPU跳到ring0中断服务函数中处理中断。

中断门描述符是对中断门的描述，我们需要把它定义在简称idt的中断描述符表（interrupt descriptor table）中它才能起作用。

idt是一个结构数组，每个元素的宽度均为8字节，该数组的每个元素可以是以下三种描述符之一：

- 中断门（interrupt gate）描述符
- 陷阱门（trap gate）描述符
- 任务门（task gate）描述符

只有当我们用lidt指令把idt表的物理首地址及idt_limit[②]保存到idtr寄存器中后，这张idt表才能起作用。lidt指令的格式如下所示：

```
lidt fword ptr my_idtr
```

其中my_idtr是一个_idtr类型的、宽度为48位的结构变量，其结构如下所示：

```
_idtr struc
_idtr_lim        dw 0    ✍ idt_limit
```

---

① 中断服务函数简称ISR

② idt_limit=idt表的长度-1

```
_idtr_bas_0_15   dw 0     † idt首地址的低16位
_idtr_bas_16_31  dw 0     † idt首地址的高16位
_idtr ends
```

在实模式下，位于固定地址空间 0：0 ～ 0：3FFh 的中断向量表也需要由 idtr 指定，此时 idtr 的成员 _idtr_lim = 03FFh，_idtr_bas_0_15 = 0，_idtr_bas_16_31 = 0。

为了便于从保护模式返回实模式时恢复 idtr 的值，我们可以在改变 idtr 前先用 sidt 指令备份 idtr 的值，sidt 指令的格式如下：

```
sidt fword ptr old_idtr
```

其中 old_idtr 也是 _idtr 类型的结构变量。

中断门描述符跟调用门描述符类似，它描述的对象也是待调用的目标函数的地址及属性，只不过这个目标函数是指中断服务函数，故中断门描述符也属于系统描述符。由于对中断门指定的中断服务函数的调用并不是通过 jmp、call 指令发起，故中断门并没有选择子。中断描述符的结构如下所示：

```
_int_gate struc
i_offset_0_15    dw 0; +0 lower 16 bits for target offset
i_selector       dw 0; +2 target code segment's selector
i_reserved       db 0; +4 always 0
i_attrib         db 0; +5 P DPL S TYPE A
                    ;    1 00  0   111 0=386 interrupt gate
i_offset_16_31   dw 0; +6 upper 16 bits for target offset
_int_gate ends
```

其中结构成员 i_selector 表示目标函数所属代码段的选择子，成员 i_offset_0_15、i_offset_16_31 分别表示目标函数 32 位偏移地址的低 16 位和高 16 位，成员 i_attrib 相当于段描述符中的 access，表示中断门的属性，其中第 4 位（S 位）必须等于 0，第 6、5 位（DPL）用来设定中断门的访问权限，第 4、3、2、1 位（TYPE␣A）必须等于 1110B。

12.2.2.2　中断类别

中断一共有 3 种类别：

- *硬件中断 (hardware interrupt)*
- *软件中断 (software interrupt)*
- *异常 (exception)*

其中硬件中断是指由硬件事件触发的中断，如时间中断 int 08h、键盘中断 int 09h；软件中断是指由程序员发起的 int n 指令所产生的中断；异常是指由指令执行错误导致的中断，如除法溢出导致的 int 00h 中断、非法指令导致的 int 06h 中断、GPF 导致的 int 0Dh 中断。

在保护模式下，要调用中断门指定的目标函数，只能用 int n 指令发起，其中与硬件中断或异常相关的 int n 是隐式中断[①]，而与软件中断相关的 int n 是显式中断[②]。

[①] *当前任务中发生硬件中断时，CPU 会在中断处插入并执行一条 int n 指令；当任务中发生异常时，CPU 会根据异常的类型决定是在触发异常的指令的上方还是下方插入并执行一条 int n 指令。由于发生硬件中断以及异常时插入的 int n 指令都是不可见的，故我们称这样的 int n 是隐式中断*

[②] *当 CPU 执行机器码位于内存中的 int n 指令时，这样的 int n 就是显式中断，显式中断一定是程序员用 int n*

12.2.2.3 中断门相关的int指令用法及操作

在保护模式下执行int n指令调用中断门指向的目标函数时，CPU会做以下操作：

```
old_efl = EFL;
EFL.IF = 0; /* clear Interrupt Flag */
EFL.TF = 0; /* clear Trap Flag */
EFL.RF = 0; /* clear Resume Flag */
EFL.NT = 0; /* clear Nested Task Flag */
int_gate_dpl =      ◎中断门的DPL
    (idt[n*8].i_attrib >> 5) & 3;
                    † idt[n*8]表示idt+n*8指向的中断描述符


if(IsExplicitInt() && cs.cpl > int_gate_dpl)
{                   † 若为显式中断  并且  当前任务的CPL > 中断描述符的DPL，
    GPF();          † 则触发GPF
}
else /* IsImplicitInt() || cs.cpl <= int_gate_dpl */
{
                    † 中断服务函数所属代码段的选择子
    target_code_selector = idt[n*8].i_selector & 0xFFF8;

    isr.dpl =       † 中断服务函数所属代码段的DPL
        (gdt[target_code_selector].access >> 5) & 3;

    if(cs.cpl < isr.dpl)
    {               † 若当前任务的CPL < 中断服务函数的DPL，
        GPF();      † 则触发GPF
    }
    else /* cs.cpl >= isr.dpl */
    {
        if(cs.cpl == isr.dpl)
        {
            if(IsExceptionAndHasErrorCode())
            {       † 若当前中断为异常且有错误码
                esp = esp - 10h;
                dword ptr [esp] = ErrorCode;

                    † eip为下条指令的偏移地址
                dword ptr [esp+4] = eip;

                    † cs为下条指令的段地址
                word ptr [esp+8] = cs;

                dword ptr [esp+0C] = old_efl;
            }
            else    † 若当前中断为硬件中断、软件中断或无错误码的异常
            {
                esp = esp - 0Ch;
                dword ptr [esp] = eip;
```

指令发起的

```
                        word ptr [esp+4] = cs;
                        dword ptr [esp+8] = old_efl;
             }
      } /* cs.cpl == isr.dpl */
      else /* cs.cpl > isr.dpl */
      {
                            † 设i为中断服务函数所属代码段的DPL
            i = isr.dpl;

            old_ss = ss;
            old_esp = esp;

                            † 当i=0时，ss=tr->tss.ss0
            ss = tr->tss.ssᵢ;

                            † 当i=0时，esp=tr->tss.esp0
            esp = tr->tss.espᵢ;

            if(IsExceptionAndHasErrorCode())
            {          † 若当前中断为异常且有错误码
               esp = esp - 18h;
               dword ptr ss:[esp] = ErrorCode;
               dword ptr ss:[esp+4] = eip;
               word ptr ss:[esp+8] = cs;
               dword ptr ss:[esp+0C] = old_efl;
               dword ptr ss:[esp+10h] = old_esp;
               dword ptr ss:[esp+14h] = old_ss;
            }
            else       † 若当前中断为硬件中断、软件中断或无错误码的异常
            {
               esp = esp - 14h;
               dword ptr ss:[esp] = eip;
               word ptr ss:[esp+4] = cs;
               dword ptr ss:[esp+8] = old_efl;
               dword ptr ss:[esp+0Ch] = old_esp;
               dword ptr ss:[esp+10h] = old_ss;
            }
      } /* cs.cpl > isr.dpl */
      eip = idt[n*8].i_offset_16_31 << 10h |
            idt[n*8].i_offset_0_15;
      cs = (idt[n*8].i_selector & 0FFF8h) | isr.dpl;
   } /* cs.cpl >= isr.dpl */
} /* IsImplicitInt() || cs.cpl <= int_gate_dpl */
```

根据上述中断操作过程，我们可以得出以下结论：

① 当前任务执行显式中断时，CPU会做权限检查，只有当满足条件cs.cpl ≤ int_gate.dpl时，该中断指令才能被执行，否则会触发GPF。

② 当前任务执行隐式中断时，CPU并不会对当前任务是否有权访问中断门做权限检查，比如无论ring3任务还是ring0任务，它们既可以访问DPL = 0的中断门，也可以访问DPL = 3

的中断门，请特别注意CPU不会阻止ring3任务访问DPL = 0的中断门。

③ 无论是显式中断还是隐式中断，都必须满足条件 cs.cpl ⩾ isr.dpl才能调用中断门指定的目标函数，这个条件其实就是代码段访问权限检查规则，其意思是只有低权限的函数才可以调用高权限的函数，反之不行。

④ 当cs.cpl == isr.dpl时，从当前任务跳到中断服务函数属于同级别跳转，故不会发生堆栈切换，即中断服务函数使用的是当前任务的堆栈，并且堆栈中不会压入当前任务的堆栈指针，而只是压入old_efl、cs、eip。

⑤ 当cs.cpl > isr.dpl时，从当前任务跳到中断服务函数属于跨级别跳转，故会发生堆栈切换，即中断服务函数使用的是定义在当前任务TSS中的$ss_{isr.dpl}:esp_{isr.dpl}$，比如cs.cpl= 3且isr.dpl = 0，那么中断服务函数使用的是当前任务TSS中的ss0 : esp0。请注意TSS中不存在ss3 : esp3，这是因为发生跨级别跳转时，由cs.cpl > isr.dpl决定了isr.dpl的最大值为2，另外我们还需注意，当发生堆栈切换时，中断服务函数会在堆栈中先压入当前任务的old_ss、old_esp，再压入old_efl、cs、eip。

12.2.2.4 中断门相关的iretd指令用法及操作

运行在保护模式下的32位中断服务函数需要用32位中断返回指令iretd实现中断返回，若中断服务函数处理的是带有错误码的异常，则该中断服务函数需要把留在堆栈顶端的ErrorCode先pop掉，再执行iretd指令。

若当前中断服务函数被调用时没有发生堆栈切换，那么iretd时仅弹出eip、cs、efl；若当前中断服务函数被调用时发生了堆栈切换，那么iretd时会弹出eip、cs、efl、esp、ss。

12.2.2.5 中断门实例

程序12.3[①]演示了如何用中断门作为跳板使得ring3任务以及ring0任务发生时钟中断以及键盘中断时让CPU跳到ring0中断服务函数处理中断。

程序12.3的功能是在屏幕左上角以4位16进制格式显示当前程序已运行的秒数，当用户敲Esc键时程序结束。

为了让本程序在Bochs虚拟机中运行时精准地显示程序已运行的秒数，请在调试前按照第9.1节(p.179) 的脚注修改Bochs虚拟机的配置文件。

程序12.3的执行流程如下：

① 第304 ~ 308行：呼出Bochs Enhanced Debugger
② 第310 ~ 384行：完成gdt表的初始化赋值
③ 第386 ~ 405行：完成idt表的初始化赋值
④ 第407 ~ 408行：打开A20地址线，为进入保护模式做准备
⑤ 第410 ~ 420行：把gdt表的首地址及gdt_limit赋值给gdtr寄存器
⑥ 第422 ~ 433行：把idt表的首地址及idt_limit赋值给idtr寄存器
⑦ 第435 ~ 438行：把cr0的第0位置1，让CPU进入保护模式
⑧ 第440 ~ 442行：跳入16位ring0函数protect
⑨ 第263 ~ 288行：跳入32位ring3函数ring3func

①源程序promode3.asm下载链接: http://cc.zju.edu.cn/bhh/asm/promode3.asm

⑩ 第247～253行：循环调用ring0_query_stop函数获取变量stop的值，若stop的值为0则继续调用ring0_query_stop函数，否则结束循环，其中对ring0函数ring0_query_stop的调用是通过call指令结合 调用门选择子call_gate_selector来实现的。在不断查询stop变量的循环期间，若发生时钟中断或键盘中断，CPU就会通过中断门跳到中断服务函数ring0_int_08h或ring0_int_09h中处理中断。

例如，假定在第250、251行中间发生时钟中断，由于当前任务的CPL = 3，而int 08h中断服务函数的DPL = 0，于是CPU会先从ring3堆栈切换到ring0堆栈，再在ring0堆栈中压入efl、cs、eip，然后跳到第147行的ring0_int_08h标号处调用int 08h中断服务函数。位于第147～170行的int 08h中断服务函数ring0_int_08h的功能是每隔18次时钟中断就把变量seconds加1，再在屏幕左上角以4位16进制格式显示seconds的值，完成中断处理后，执行第170行的iretd指令返回到第251行call_done标号处。

再如，假定在第253、247行中间发生键盘中断，CPU会从ring3堆栈切换到ring0堆栈，再在ring0堆栈中压入efl、cs、eip，然后跳到第172行的ring0_int_09h标号处调用int 09h中断服务函数。位于第172～186行的int 09h中断服务函数ring0_int_09h的功能是读取当前的键码，判断是否为Esc键，若是则把stop变量置1，完成中断处理后，执行第186行的iretd指令返回到第247行check_stop_again标号处。

若当前任务ring3func执行第248～250行处的call指令跳到第139行处的ring0_query_stop函数内，那么在该函数运行期间，即从第140行执行到第145行的过程中也可能发生时钟中断或键盘中断。假如在第142、143行中间发生时钟中断，由于当前函数ring0_query_stop的CPL = 0，而int 08h中断服务函数的DPL也等于0，因此CPU不会做堆栈切换，它会在当前的属于ring0_query_stop函数的ring0堆栈中压入efl、cs、eip，然后跳到第147行的ring0_int_08h标号处调用int 08h中断服务函数，完成中断处理后，执行第170行的iretd指令返回到第143行。

⑪ 第255～257行：跳回16位ring0函数protect的back_to_protect16标号处（即源程序第289行）

⑫ 第290～302行：设置段寄存器DS、ES、SS的segment_limit = 0FFFFh，恢复idtr的值，清除cr0的第3位及第0位返回实模式，跳回main函数的back_to_real_mode标号处（即源程序第444行）

⑬ 第445～454行：把ss赋值为实模式堆栈段的段地址，关闭A20地址线并结束程序

程序 12.3 promode3.asm—interrupt gate演示

```
1  ;================================================================
2  ;Copyright (c) Black White
3  ;iceman@zju.edu.cn
4  ;----------------------------------------------------------------
5  .386P
6  _desc struc
7  lim_0_15    dw 0
8  bas_0_15    dw 0
9  bas_16_23   db 0
10 access      db 0
11 gran        db 0
```

```
12  bas_24_31   db 0
13  _desc ends
14
15  _gdtr struc
16  _gdtr_lim        dw 0
17  _gdtr_bas_0_15   dw 0
18  _gdtr_bas_16_31  dw 0
19  _gdtr ends
20
21  _idtr struc
22  _idtr_lim        dw 0
23  _idtr_bas_0_15   dw 0
24  _idtr_bas_16_31  dw 0
25  _idtr ends
26
27  _int_gate struc
28  i_offset_0_15   dw 0; +0 lower 16 bits for target offset
29  i_selector      dw 0; +2 target code segment's selector
30  i_reserved      db 0; +4 always 0
31  i_attrib        db 0; +5 P DPL S TYPE A
32                      ;    1 00  0  111 0=386 interrupt gate
33  i_offset_16_31 dw 0; +6 upper 16 bits for target offset
34  _int_gate ends
35
36  _call_gate struc
37  offset_0_15  dw 0 ; +0 lower 16 bits for target offset
38  selector     dw 0 ; +2 target code segment's selector
39  arg_count    db 0 ; +4 count of arguments
40  attrib       db 0 ; +5 P DPL S TYPE A
41                    ;    1 00  0  110 0=386 call gate
42  offset_16_31 dw 0 ; +6 upper 16 bits for target offset
43  _call_gate ends
44
45  _tss struc
46  back_link dw 0, 0 ; +00
47  esp0    dd 0          ; +04
48  ss0     dw 0, 0       ; +08
49  esp1    dd 0          ; +0C
50  ss1     dw 0, 0       ; +10
51  esp2    dd 0          ; +14
52  ss2     dw 0, 0       ; +18
53  _cr3    dd 0          ; +1C
54  _eip    dd 0          ; +20
55  _efl    dd 0          ; +24
56  _eax    dd 0          ; +28
57  _ecx    dd 0          ; +2C
58  _edx    dd 0          ; +30
59  _ebx    dd 0          ; +34
60  _esp    dd 0          ; +38
61  _ebp    dd 0          ; +3C
62  _esi    dd 0          ; +40
```

```
63 ║ _edi   dd 0          ; +44
64 ║ _es    dw 0, 0       ; +48
65 ║ _cs    dw 0, 0       ; +4C
66 ║ _ss    dw 0, 0       ; +50
67 ║ _ds    dw 0, 0       ; +54
68 ║ _fs    dw 0, 0       ; +58
69 ║ _gs    dw 0, 0       ; +5C
70 ║ _ldt   dw 0, 0       ; +60
71 ║ tflag  dw 0          ; +64
72 ║ iobase dw 0068h      ; +66
73 ║ _tss ends
74 ║
75 ║ my_stk segment stack use16
76 ║    db 200h dup(0)
77 ║ end_of_my_stk label byte
78 ║ my_stk ends
79 ║
80 ║ ring0stk segment use32
81 ║    db 200h dup(0)
82 ║ end_of_ring0stk label byte
83 ║ ring0stk ends
84 ║
85 ║ ring3stk segment use32
86 ║    db 200h dup(0)
87 ║ end_of_ring3stk label byte
88 ║ ring3stk ends
89 ║
90 ║ data segment use16
91 ║ gdt   label byte
92 ║ null_desc _desc <0000h, 0000h, 00h, 00h, 00h, 00h>
93 ║ vram_desc _desc <0FFFh, 8000h, 0Bh, 93h, 00h, 00h>
94 ║ data_desc _desc <>
95 ║ code_desc _desc <>
96 ║ code32_desc     _desc <>
97 ║ ring3code_desc _desc <>
98 ║ my_stk_desc     _desc <>
99 ║ ring0stk_desc   _desc <>
100║ ring3stk_desc   _desc <>
101║ call_gate_desc _call_gate <>
102║ ring0tss_desc   _desc <>
103║ ring3tss_desc   _desc <>
104║ gdt_limit      = $ - offset gdt - 1
105║ ;
106║ idt label byte
107║               _int_gate 8 dup(<>)
108║ int_08h_desc _int_gate <>
109║ int_09h_desc _int_gate <>
110║ idt_limit      = $ - offset idt - 1
111║ ;
112║ int_08h_selector = offset int_08h_desc - offset idt
113║ int_09h_selector = offset int_09h_desc - offset idt
```

```
114  vram_selector = offset vram_desc - offset gdt
115  data_selector = offset data_desc - offset gdt
116  code_selector = offset code_desc - offset gdt
117  code32_selector     = offset code32_desc - offset gdt
118  ring3code_selector = offset ring3code_desc - offset gdt
119  my_stk_selector     = offset my_stk_desc - offset gdt
120  ring0stk_selector  = offset ring0stk_desc - offset gdt
121  ring3stk_selector  = offset ring3stk_desc - offset gdt
122  call_gate_selector = offset call_gate_desc - offset gdt
123  ring0tss_selector  = offset ring0tss_desc - offset gdt
124  ring3tss_selector  = offset ring3tss_desc - offset gdt
125  ring0tss _tss <>
126  ring3tss _tss <>
127  my_gdtr _gdtr <>
128  my_idtr _idtr <>
129  old_idtr _idtr <>
130  tick_count dw 0
131  seconds dw 0
132  s db 4 dup('0'), 0
133  t db "0123456789ABCDEF"
134  stop db 0
135  data ends
136
137  code32 segment use32
138  assume cs:code32, ds:data
139  ring0_query_stop:
140      push ds
141      mov ax, data_selector
142      mov ds, ax
143      mov al, [stop]
144      pop ds
145      retf
146      ;
147  ring0_int_08h:
148      push eax
149      push ds
150      mov ax, data_selector
151      mov ds, ax
152      inc [tick_count]
153      cmp [tick_count], 18
154      jb int_08h_done
155      mov [tick_count], 0
156      inc [seconds]
157      movzx eax, [seconds]
158      push eax
159      push offset s
160      call short2hex
161      add esp, 8
162      push offset s
163      call output
164      add esp, 4
```

```
165    int_08h_done:
166        mov al, 20h
167        out 20h, al
168        pop ds
169        pop eax
170        iretd; 32-bit interrupt return
171        ;
172    ring0_int_09h:
173        push ax
174        push ds
175        mov ax, data_selector
176        mov ds, ax
177        in al, 60h
178        cmp al, 81h; key code for Esc as it is released
179        jne int_09h_done
180        mov [stop], 1
181    int_09h_done:
182        mov al, 20h
183        out 20h, al
184        pop ds
185        pop ax
186        iretd
187        ;
188    short2hex:
189        push ebp
190        mov ebp, esp
191        push eax
192        push ebx
193        push ecx
194        push edi
195        mov ebx, offset t
196        mov ax, [ebp+0Ch]
197        mov edi, [ebp+8]
198        mov ecx, 4
199    short2hex_next:
200        rol ax, 4
201        push eax
202        and al, 0Fh
203        xlat
204        mov [edi], al
205        inc edi
206        pop eax
207        loop short2hex_next
208        mov byte ptr [edi], 0
209        pop edi
210        pop ecx
211        pop ebx
212        pop eax
213        pop ebp
214        ret
215        ;
```

```
216  output:
217      push ebp
218      mov ebp, esp
219      push eax
220      push esi
221      push edi
222      push es
223      mov ax, vram_selector
224      mov es, ax
225      mov esi, [ebp+8]
226      xor edi, edi
227      mov ah, 57h
228  output_next:
229      lodsb
230      or al, al
231      jz output_done
232      stosw
233      jmp output_next
234  output_done:
235      pop es
236      pop edi
237      pop esi
238      pop eax
239      pop ebp
240      ret
241  end_of_code32 label byte
242  code32 ends
243
244  ring3code segment use32
245  assume cs:ring3code
246  ring3func:
247  check_stop_again:
248      db 09Ah      ; call ring0_query_stop
249      dd 0
250      dw call_gate_selector
251  call_done:
252      or al, al
253      jz check_stop_again
254  ring3func_done:
255      db 0EAh
256      dd 0
257      dw ring0tss_selector
258  end_of_ring3code label byte
259  ring3code ends
260
261  code segment use16
262  assume cs:code, ds:data
263  protect:
264      mov ax, data_selector
265      mov ds, ax
266      mov es, ax
```

```
267        mov ax, my_stk_selector
268        mov ss, ax
269        mov sp, offset end_of_my_stk
270        ;
271        mov ring3tss._esp, offset end_of_ring3stk
272        mov ring3tss._ss, ring3stk_selector or 3
273        mov ring3tss._eip, offset ring3func
274        mov ring3tss._cs, ring3code_selector or 3
275        mov ring3tss._ds, 0
276        mov ring3tss._es, 0
277        mov ring3tss._efl, 200h; IF=1, enable interrupt
278        mov ring3tss.ss0, ring0stk_selector
279        mov ring3tss.esp0, offset end_of_ring0stk
280        ;
281        mov ax, ring0tss_selector
282        ltr ax; load task register
283        sti   ; enable interrupt after tr is loaded
284        ;
285        db 66h
286        db 0EAh
287        dd 0
288        dw ring3tss_selector
289   back_to_protect16:
290        mov ax, data_selector
291        mov ds, ax            ; reset DS's segment_limit to 0FFFFh
292        mov es, ax            ; reset ES's segment_limit to 0FFFFh
293        mov ax, my_stk_selector
294        mov ss, ax            ; reset SS's segment_limit to 0FFFFh
295        cli
296        lidt fword ptr old_idtr
297        mov eax, cr0
298        and eax, not 1001B   ; EAX's bit3(TS)=0, bit0(PE) = 0
299        mov cr0, eax         ; switch to real mode
300        db 0EAh                          ;\
301        dw offset back_to_real_mode ; \ jmp far ptr code:
302        dw seg back_to_real_mode    ;/  back_to_real_mode
303   main:
304        mov dx, 8A00h   ;\
305        mov ax, 8A00h   ; \
306        out dx, ax      ;  \ activate Bochs Enhanced Debugger
307        mov ax, 8AE0h   ; /
308        out dx, ax      ;/
309        ;
310        cld
311        mov ax, data
312        mov ds, ax
313        ;
314        mov dx, code
315        mov ebx, 10000h-1
316        mov al, 9Bh; P=1, DPL=00, S=1, TYPE=101, A=1
317        mov ah, 00h; G=0, D=0, L=0, AVL=0
```

```
318    mov si, code_selector
319    call fill_gdt_item
320    ;
321    mov dx, data
322    mov ebx, 10000h-1
323    mov al, 93h; P=1, DPL=00, S=1, TYPE=001, A=1
324    mov ah, 00h; G=0, D=0, L=0, AVL=0
325    mov si, data_selector
326    call fill_gdt_item
327    ;
328    mov dx, code32
329    mov ebx, offset end_of_code32 - 1
330    mov al, 9Bh; P=1, DPL=00, S=1, TYPE=101, A=1
331    mov ah, 40h; G=0, D=1, L=0, AVL=0
332    mov si, code32_selector
333    call fill_gdt_item
334    ;
335    mov dx, ring3code
336    mov ebx, offset end_of_ring3code - 1
337    mov al,0FBh; P=1, DPL=11, S=1, TYPE=101, A=1
338    mov ah, 40h; G=0, D=1, L=0, AVL=0
339    mov si, ring3code_selector
340    call fill_gdt_item
341    ;
342    mov dx, my_stk
343    mov ebx, 10000h-1
344    mov al, 93h; P=1, DPL=00, S=1, TYPE=001, A=1
345    mov ah, 00h; G=0, D=0, L=0, AVL=0
346    mov si, my_stk_selector
347    call fill_gdt_item
348    ;
349    mov dx, ring0stk
350    mov ebx, offset end_of_ring0stk - 1
351    mov al, 93h; P=1, DPL=00, S=1, TYPE=001, A=1
352    mov ah, 40h; G=0, D=1, L=0, AVL=0
353    mov si, ring0stk_selector
354    call fill_gdt_item
355    ;
356    mov dx, ring3stk
357    mov ebx, offset end_of_ring3stk - 1
358    mov al,0F3h; P=1, DPL=11, S=1, TYPE=001, A=1
359    mov ah, 40h; G=0, D=1, L=0, AVL=0
360    mov si, ring3stk_selector
361    call fill_gdt_item
362    ;
363    mov dx, seg ring0tss
364    mov cx, offset ring0tss
365    mov ebx, size _tss - 1
366    mov al,0E9h; P=1, DPL=11, S=0, TYPE=100, A=1
367    mov ah, 00h; G=0, D=0, L=0, AVL=0
368    mov si, ring0tss_selector
```

```
369    call fill_gdt_item
370    ;
371    mov dx, seg ring3tss
372    mov cx, offset ring3tss
373    mov ebx, size _tss - 1
374    mov al,0E9h; P=1, DPL=11, S=0, TYPE=100, A=1
375    mov ah, 00h; G=0, D=0, L=0, AVL=0
376    mov si, ring3tss_selector
377    call fill_gdt_item
378    ;
379    mov dx, code32_selector
380    mov ebx, offset ring0_query_stop
381    mov al,0ECh; P=1, DPL=11, S=0, TYPE=110, A=0
382    mov ah, 0  ; count of arguments
383    mov si, call_gate_selector
384    call fill_gdt_item
385    ;
386    mov dx, code32_selector
387    mov ebx, offset ring0_int_08h
388    mov al, 8Eh; P=1, DPL=00, S=0, TYPE=111, A=0
389               ; Hardware interrupts or exceptions DO NOT
390               ; check cs.cpl against int_gate.dpl, while
391               ; software interrupts DO, so we set i_atrrib
392               ; to 8Eh instead of 0EEh to allow hardware
393               ; int 08h interrupts to occur in ring3 code
394               ; and to deny executing any explicit int 08h
395               ; instructions in the code.
396    mov ah, 0  ; i_reserved=0
397    mov si, int_08h_selector
398    call fill_gdt_item
399    ;
400    mov dx, code32_selector
401    mov ebx, offset ring0_int_09h
402    mov al, 8Eh; P=1, DPL=00, S=0, TYPE=111, A=0
403    mov ah, 0  ; i_reserved=0
404    mov si, int_09h_selector
405    call fill_gdt_item
406    ;
407    mov ah, 0DFh    ; signal for A20 gated on
408    call switch_a20 ; enable A20
409    ;
410    mov my_gdtr._gdtr_lim, gdt_limit
411    mov dx, seg gdt
412    mov ax, offset gdt
413    movzx edx, dx
414    movzx eax, ax
415    shl edx, 4
416    add edx, eax; edx = physical address of gdt
417    mov my_gdtr._gdtr_bas_0_15, dx
418    shr edx, 10h
419    mov my_gdtr._gdtr_bas_16_31, dx
```

```
420     lgdt fword ptr my_gdtr; load gdt's base & limit into gdtr
421     ;
422     mov my_idtr._idtr_lim, idt_limit
423     mov dx, seg idt
424     mov ax, offset idt
425     movzx edx, dx
426     movzx eax, ax
427     shl edx, 4
428     add edx, eax; edx = physical address of idt
429     mov my_idtr._idtr_bas_0_15, dx
430     shr edx, 10h
431     mov my_idtr._idtr_bas_16_31, dx
432     sidt fword ptr old_idtr; save idtr in old_idtr
433     lidt fword ptr my_idtr; load idt's base & limit into idtr
434     ;
435     cli                ; disable interrupt before tr is loaded
436     mov eax, cr0
437     or eax, 1          ; enable protected mode flag
438     mov cr0, eax       ; switch to protected mode
439     ;
440     db 0EAh            ;\
441     dw offset protect ; \ jmp far ptr code_selector:protect
442     dw code_selector   ;/
443     ;
444 back_to_real_mode:
445     mov ax, my_stk    ; Replacing segment selector in SS
446     mov ss, ax        ; with segment address is a must here,
447                       ; else DOS will take that selector as
448                       ; a segment address and reassign it to SS.
449     mov sp, offset end_of_my_stk
450     sti
451     mov ah, 0DDh      ; signal for A20 gated off
452     call switch_a20 ; disable A20
453     mov ah, 4Ch
454     int 21h
455
456 ;input:
457 ;   DX = segment address or selector
458 ;   CX = offset address
459 ;   EBX= segment_limit or target offset
460 ;   AL = access or attrib
461 ;   AH = gran
462 ;   SI = selector to target descriptor
463 ;output:
464 ;gdt+si -> descriptor with full info
465 fill_gdt_item proc
466     test al, 10h
467     jz is_system_desc
468 is_segment_desc:
469     xor cx, cx
470     jmp is_386_tss
```

```
471  jmp_table dw is_reserved, is_286_tss, is_ldt, is_busy_286_tss
472          dw is_286_call_gate, is_task_gate, is_286_int_gate
473          dw is_286_trap_gate, is_reserved, is_386_tss
474          dw is_reserved, is_busy_386_tss, is_386_call_gate
475          dw is_reserved, is_386_int_gate, is_386_trap_gate
476  is_system_desc:
477     movzx di, al
478     and di, 0Fh
479     shl di, 1    ; DI = TYPE * 2
480     jmp word ptr cs:jmp_table[di]
481  is_386_tss:
482     mov gdt[si].access, al
483     mov gdt[si].gran, ah
484     mov gdt[si].lim_0_15, bx; set lower 16 bits of limit
485     shr ebx, 10h
486     or  gdt[si].gran, bl; set higher 4 bits of limit
487     movzx edx, dx ;
488     movzx ecx, cx ; dx:cx->tss
489     shl edx, 4
490     add edx, ecx; ; convert logical address to physical address
491     mov gdt[si].bas_0_15, dx ; set lower 16 bits of base address
492     shr edx, 10h
493     mov gdt[si].bas_16_23, dl; set mid 8 bits of base address
494     mov gdt[si].bas_24_31, dh; set higher 8 bits of base address
495     ret
496  is_386_call_gate:
497     mov gdt[si].selector, dx
498     mov gdt[si].offset_0_15, bx
499     shr ebx, 10h
500     mov gdt[si].offset_16_31, bx
501     mov gdt[si].arg_count, ah
502     mov gdt[si].attrib, al
503     ret
504  is_386_int_gate:
505     mov idt[si].i_selector, dx
506     mov idt[si].i_offset_0_15, bx
507     shr ebx, 10h
508     mov idt[si].i_offset_16_31, bx
509     mov idt[si].i_reserved, ah
510     mov idt[si].i_attrib, al
511     ret
512  is_task_gate:
513  is_386_trap_gate:
514  is_ldt:
515  is_286_tss:
516  is_busy_286_tss:
517  is_busy_386_tss:
518  is_286_call_gate:
519  is_286_int_gate:
520  is_286_trap_gate:
521  is_reserved:
```

```
522    ret
523 fill_gdt_item endp
524
525 switch_a20 proc
526    cli              ;
527    call test_8042   ; ensure 8042 input buffer empty
528    jnz  a20_fail    ;
529    mov  al, 0ADh    ; disable keyboard
530    out  64h, al
531    call test_8042
532    jnz  a20_fail
533    mov  al, 0D1h    ; 8042 cmd to write output port
534    out  64h, al     ; output cmd to 8042
535    call test_8042   ; wait for 8042 to accept cmd
536    jnz  a20_fail    ;
537    mov  al, ah      ; 8042 port data
538    out  60h, al     ; output port data to 8042
539    call test_8042   ; wait for 8042 to accept data
540    jnz  a20_fail
541    mov  al, 0AEh    ; enable keyboard
542    out  64h, al
543    call test_8042
544 a20_fail:
545    sti
546    ret
547 switch_a20 endp
548
549 test_8042 proc
550    push cx
551    xor cx, cx
552 test_again:
553    in al, 64h; 8042 status port
554    jmp $+2    ; wait a while
555    test al, 2; input buffer full flag (Bit1)
556    loopnz test_again
557    jz test_8042_ret
558 test_next:
559    in al, 64h
560    jmp $+2
561    test al, 2
562    loopnz test_next
563 test_8042_ret:
564    pop cx
565    ret
566 test_8042 endp
567 code ends
568 end main
```

习题

1. 保护模式相比实模式有哪些特征？

2. 保护模式下的代码段永远不可写，若是想要在程序运行期间改变代码段的内容应该怎么做？

3. 保护模式下的数据段永远不可执行，若是想要在程序运行期间跳到数据段内执行，应该怎么做？

4. 段描述符可以描述哪些对象？系统描述符可以描述哪些对象？描述符的哪个成员的哪个位等于1时表示当前描述符描述的对象是一个代码段或数据段？

5. 如何设置段描述的成员使得该段的段首地址等于8086C0DEh？

6. 如何设置段描述的成员使得该段最大可访问地址为0FFFFFFFFh？

7. 段描述符的哪个成员的哪个位等于1时表示该段是一个32位的段？

8. 32位代码段与16位代码段在CPU执行其中的指令时有什么区别？

9. 32位堆栈段与16位堆栈段在CPU执行push及pop指令时有什么区别？

10. 描述符成员access中的DPL起什么作用？

11. 什么是进程的CPL？它位于何处？CPL分成几个级别？CPL与进程的权限有什么关系？CPU根据什么来判断当前进程能否访问某个数据段或代码段？

12. 什么是段选择子？已知某个段的段描述符，如何计算该段的段选择子？

13. 什么是空描述符？它有什么意义？

14. 要让gdtr寄存器载入gdt表信息，应该执行什么指令？

15. 哪个寄存器的哪个位置1时，CPU会立即进入保护模式？

16. 设gdt表的首地址为10000h，从地址10018h起存放了以下8字节数据：

10018h	0FFh
10019h	0FFh
1001Ah	00h
1001Bh	57h
1001Ch	00h
1001Dh	0F3h
1001Eh	0C3h
1001Fh	42h

那么，18h这个选择子指向的段是数据段还是代码段？该段的段内最大偏移地址、段首地址、DPL分别等于多少？18h:12345678h对应的物理地址等于多少？

17. 从实模式段跳到一个32位的保护模式段，应该使用怎么样的指令编码？从实模式段跳到一个16位的保护模式段，又应该使用怎么样的指令编码？

18. 设s是某个数据段d的选择子，那进程p在满足什么条件时可以用s访问数据段d？

19. 进程p要满足什么条件才可以通过jmp far ptr s:off或call far ptr s:off指令访问代码段t（其中s是t的选择子）？

20. 从保护模式返回实模式时要做哪些工作？

21. 用什么指令可以把已定义的TSS赋予当前任务？

22. 如何从ring0任务切换到ring3任务？如何从ring3任务切换回ring0任务？

23. 假定用call指令调用调用门指定的目标函数，那么当调用者的CPL与目标函数所属代码段的DPL相等时，堆栈会发生怎样的变化？而当调用者的CPL大于目标函数所属代码段的DPL时，堆栈又会发生怎样的变化？

24. 当ring3函数通过调用门调用ring0函数时，ring0函数如何阻止ring3函数借用 ring0函数的权限去访问由ring3函数传递给ring0函数的远指针指向的数据段内容（该数据段原本是ring3函数无权访问的）？

25. 保护模式下执行int n指令时，CPU会做哪些操作？

26. 编写一个保护模式程序，在屏幕坐标(0,0)处显示30秒倒计时，同时要求在 30秒内于屏幕坐标(0,1)处输入一行用回车结束的字符串，再在屏幕坐标(0,2)处输出该字符串并结束程序运行，若在30秒内未检测到回车键则立即结束程序的运行。

参考文献

[1] STEPHEN P. MORSE. The 8086/8088 primer[M]. New Jersey: Hayden Book Company, Inc, 1982.

[2] ROSS P. NELSON. The 80386 book: assembly language programmer's guide for the 80386[M]. Washington: Microsoft Press, 1988.

[3] ROSS P. NELSON. Microsoft's 80386/80486 programming guide[M]. Washington: Microsoft Press, 1991.

[4] RICHARD WILTON. Programmer's guide to PC & PS/2 video systems[M]. Washington: Microsoft Press, 1987.

[5] TOM SWAN. Mastering turbo assembler[M]. Indianapolis: SAMS Publishing, 1995.

[6] RAY DUNCAN. Power programming with Microsoft macro assembler[M]. Washington: Microsoft Press, 1992.

[7] RAY DUNCAN. Advanced MS-DOS programming[M]. Washington: Microsoft Press, 1988.